建筑施工图集应用丛书

# 钢筋连接方法与实例

高少霞　主编

中国建筑工业出版社

**图书在版编目（CIP）数据**

钢筋连接方法与实例/高少霞主编．—北京：中国建筑工业出版社，2017.1

（建筑施工图集应用丛书）

ISBN 978-7-112-20131-0

Ⅰ.①钢… Ⅱ.①高… Ⅲ.①钢筋-连接技术 Ⅳ.①TU755.3

中国版本图书馆CIP数据核字（2016）第286882号

本书根据16G101平法系列图集、《钢筋机械连接技术规程》JGJ 107—2016、《钢筋焊接及验收规程》JGJ 18—2012、《钢筋焊接接头试验方法标准》JGJ/T 27—2014、《钢筋套筒灌浆连接应用技术规程》JGJ 355—2015等标准编写，内容围绕着钢筋连接技术而展开，主要介绍了钢筋材料、钢筋机械连接、钢筋焊接连接、钢筋绑扎搭接、钢筋连接施工安全技术等内容。

本书内容丰富，通俗易懂，具有很强的实用性与可操作性。可供施工人员以及相关院校的师生查阅。

责任编辑：张　磊
责任设计：李志立
责任校对：王宇枢　李美娜

建筑施工图集应用丛书
**钢筋连接方法与实例**
高少霞　主编
*
中国建筑工业出版社出版、发行（北京海淀三里河路9号）
各地新华书店、建筑书店经销
唐山龙达图文制作有限公司制版
北京富生印刷厂印刷
*
开本：787×1092毫米　1/16　印张：10¾　字数：262千字
2017年2月第一版　　2017年2月第一次印刷
定价：**30.00**元
ISBN 978-7-112-20131-0
（29586）

# 本书编委会

**主　　编：** 高少霞
**参　　编：**（按姓氏笔画排序）

| | | | |
|---|---|---|---|
| 于　涛 | 白雅君 | 王红微 | 刘艳君 |
| 刘慧燕 | 孙石春 | 孙丽娜 | 许　宁 |
| 陈阳波 | 何　影 | 李　瑞 | 张　彤 |
| 张黎黎 | 邹　雯 | 杨建珠 | 周晓光 |
| 董　慧 | | | |

# 前　言

随着我国经济和建设事业的迅猛发展，钢筋混凝土结构在工业与民用建筑中大量的被采用，与之相适应的是钢筋连接技术的快速发展。钢筋作为当前建筑工程施工中必不可少的一种施工材料，是影响建筑构件受力程度大小的关键，而钢筋的质量与连接技术又是影响其在建筑工程中应用效果优劣的主要因素。因此，除了要在施工中严格把关钢筋的原材料质量以外，更需要采用合理有效的连接技术使钢筋构造成设计图纸中要求的形状，以满足建筑施工需求。基于此，我们组织编写了这本书。

本书根据16G101平法系列图集、《钢筋机械连接技术规程》JGJ 107—2016、《钢筋焊接及验收规程》JGJ 18—2012、《钢筋焊接接头试验方法标准》JGJ/T 27—2014、《钢筋套筒灌浆连接应用技术规程》JGJ 355—2015等标准编写，内容围绕着钢筋连接技术而展开，主要介绍了钢筋材料、钢筋机械连接、钢筋焊接连接、钢筋绑扎搭接、钢筋连接施工安全技术等内容。本书内容丰富，通俗易懂，具有很强的实用性与可操作性。可供施工人员以及相关院校的师生查阅。

由于编写时间仓促，编写经验、理论水平有限，难免有疏漏、不足之处，敬请读者批评指正。

# 目 录

# 1　钢筋材料

## 1.1　钢筋的分类

钢筋按其在构件中起的作用不同，通常加工成各种不同的形状。构件中常见的钢筋可分为主钢筋（纵向受力钢筋）、弯起钢筋（斜钢筋）、箍筋、架立钢筋、腰筋、拉筋和分布钢筋几种类型，如图 1-1 所示。各种钢筋在构件中的作用如下。

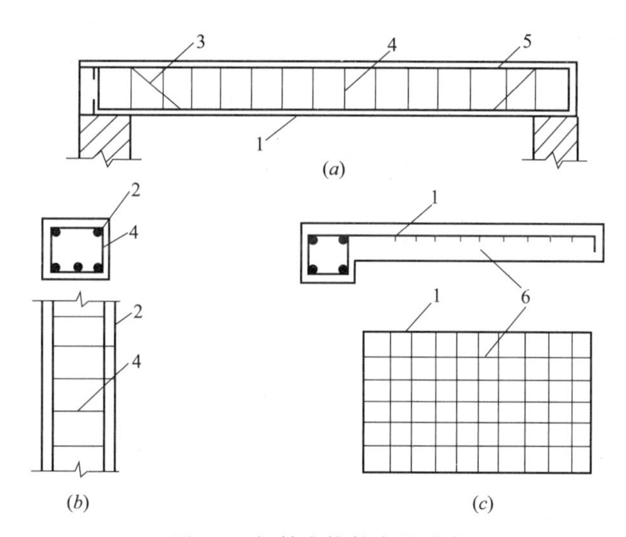


图 1-1　钢筋在构件中的种类

（a）梁；（b）柱；（c）悬壁板

1—受拉钢筋；2—受压钢筋；3—弯起钢筋；4—箍筋；5—架立钢筋；6—分布钢筋

**1. 主钢筋**

主钢筋又称纵向受力钢筋，可分受拉钢筋和受压钢筋两类。受拉钢筋配置在受弯构件的受拉区和受拉构件中承受拉力；受压钢筋配置在受弯构件的受压区和受压构件中，与混凝土共同承受压力。一般在受弯构件受压区配置主钢筋是不经济的，只有在受压区混凝土不足以承受压力时，才在受压区配置受压主钢筋以补强。受拉钢筋在构件中的位置如图 1-2 所示。

受压钢筋是通过计算用以承受压力的钢筋，一般配置在受压构件中，例如各种柱子、桩或屋架的受压腹杆内，还有受弯构件的受压区内也需配置受压钢筋。虽然混凝土的抗压强度较大，然而钢筋的抗压强度远大于混凝土的抗压强度，在构件的受压区配置受压钢筋，帮助混凝土承受压力，就可以减小受压构件或受压区的截面尺寸。受压钢筋在构件中的位置如图 1-3 所示。

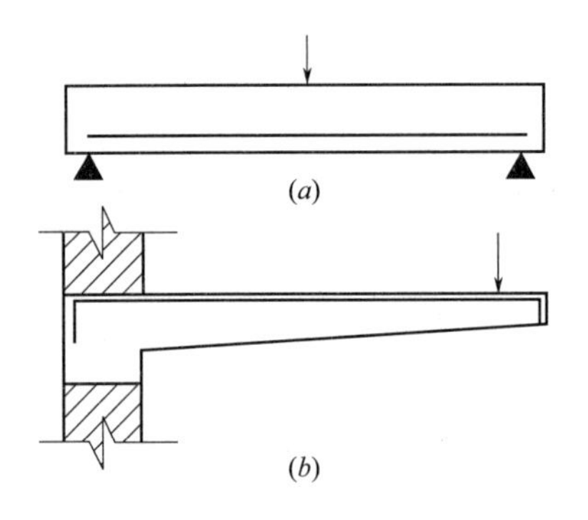


图 1-2　受拉钢筋在构件中的位置

（a）简支梁；（b）雨篷

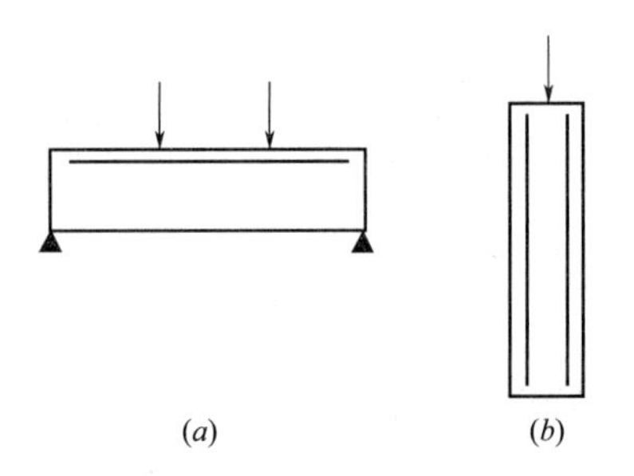


图 1-3　受压钢筋在构件中的位置

（a）梁；（b）柱

**2. 弯起钢筋**

它是受拉钢筋的一种变化形式。在简支梁中，为抵抗支座附近由于受弯和受剪而产生的斜向拉力，就将受拉钢筋的两端弯起来，承受这部分斜拉力，称为弯起钢筋。但在连续梁和连续板中，经实验证明受拉区是变化的：跨中受拉区在连续梁、板的下部；到接近支座的部位时，受拉区主要移到梁、板的上部。为了适应这种受力情况，受拉钢筋到一定位置就需弯起。弯起钢筋在构件中的位置如图 1-4 所示。斜钢筋一般由主钢筋弯起，当主钢筋长度不够弯起时，也可采用吊筋（图 1-5），但不得采用浮筋。

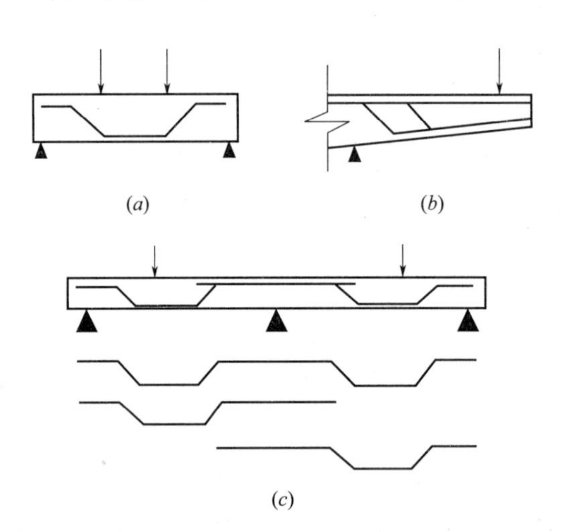


图 1-4　弯起钢筋在构件中的位置

（a）简支梁；（b）悬臂梁；（c）横梁

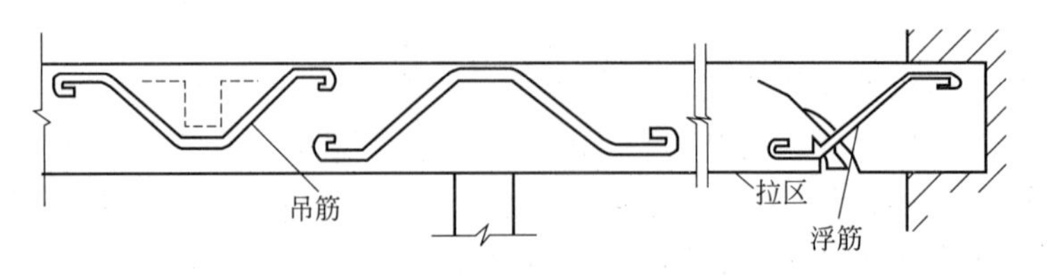


图 1-5　吊筋布置图

### 3. 架立钢筋

架立钢筋能够固定箍筋，并与主筋等一起连成钢筋骨架，保证受力钢筋的设计位置，使其在浇筑混凝土过程中不发生移动。

架立钢筋的作用是使受力钢筋和箍筋保持正确位置，以形成骨架。但当梁的高度小于150mm 时，可不设箍筋，在这种情况下，梁内也不设架立钢筋。架立钢筋的直径一般为8～12mm。架立钢筋位置如图 1-6 所示。

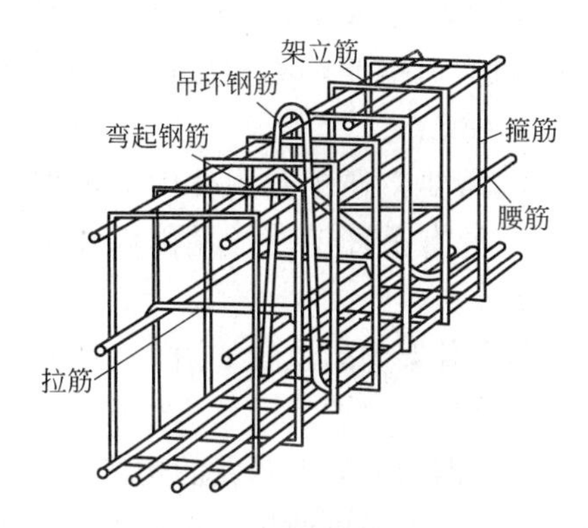


图 1-6　架立筋、腰筋等在钢筋骨架中的位置

### 4. 箍筋

箍筋除了可以满足斜截面抗剪强度外，还有使连接的受拉主钢筋和受压区的混凝土共同工作的作用。此外，亦可用于固定主钢筋的位置而使梁内各种钢筋构成钢筋骨架。

箍筋的主要作用是固定受力钢筋在构件中的位置，并使钢筋形成坚固的骨架，同时箍筋还可以承担部分拉力和剪力等。

箍筋的形式主要有开口式和闭口式两种。闭口式箍筋有三角形、圆形和矩形等多种形式。

单个矩形闭口式箍筋也称双肢箍；两个双肢箍拼在一起称为四肢箍。在截面较小的梁中可使用单肢箍；在圆形或有些矩形的长条构件中也有使用螺旋形箍筋的。

箍筋的构造形式如图 1-7 所示。

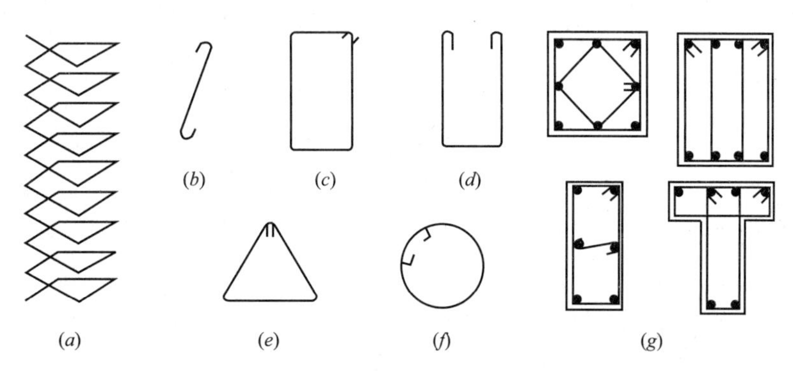


图 1-7　箍筋的构造形式

(*a*) 螺旋形箍筋；(*b*) 单肢箍；(*c*) 闭口双肢箍；(*d*) 开口双肢箍；
(*e*) 闭口三角箍；(*f*) 闭口圆形箍；(*g*) 各种组合箍筋

**5. 腰筋与拉筋**

腰筋的作用是防止梁太高时，由于混凝土收缩和温度变形而产生的竖向裂缝，同时也可加强钢筋骨架的刚度。腰筋用拉筋联系，如图 1-8 所示。

当梁的截面高度超过 700mm 时，为了保证受力钢筋与箍筋整体骨架的稳定，以及承受构件中部混凝土收缩或温度变化所产生的拉力，在梁的两侧面沿高度每隔 300～400mm 设置一根直径不小于 10mm 的纵向构造钢筋，称为腰筋。腰筋要用拉筋连接，拉筋直径采用 6～8mm。

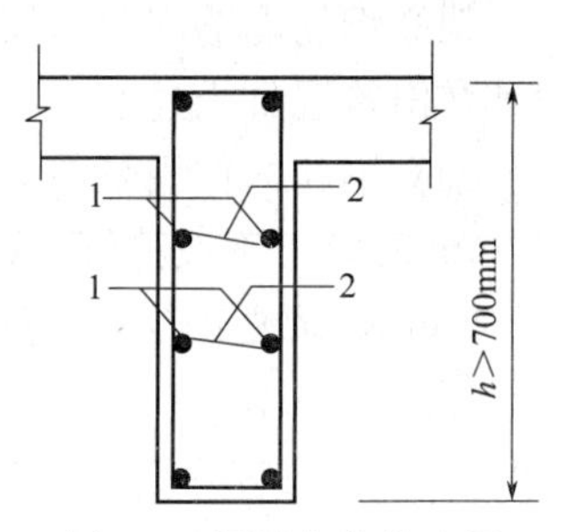

图 1-8　腰筋与拉筋布置

1—腰筋；2—拉筋

由于安装钢筋混凝土构件的需要，在预制构件中，根据构件体形和质量，在一定位置设置有吊环钢筋。在构件和墙体连接处，部分还预埋有锚固筋等。

腰筋、拉筋、吊环钢筋在钢筋骨架中的位置如图 1-6 所示。

**6. 分布钢筋**

分布钢筋是指在垂直于板内主钢筋方向上布置的构造钢筋。其作用是将板面上的荷载更均匀地传递给受力钢筋，同时在施工中可通过绑扎或点焊以固定主钢筋位置，同时也可抵抗温度应力和混凝土收缩应力。

分布钢筋在构件中的位置如图 1-9 所示。

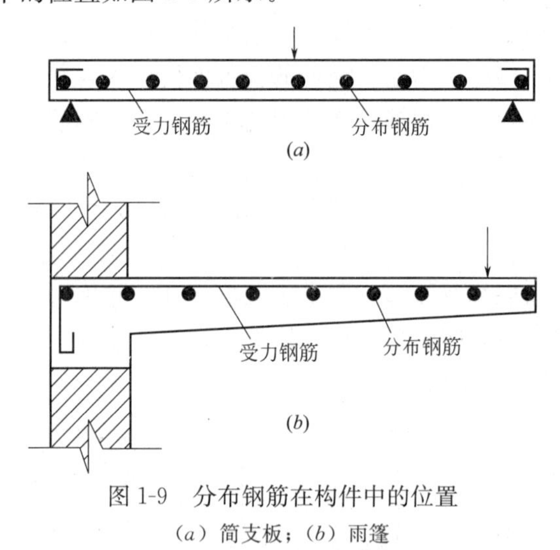

图 1-9　分布钢筋在构件中的位置

（a）简支板；（b）雨篷

## 1.2　钢筋的品种

### 1.2.1　热轧带肋钢筋

根据《钢筋混凝土用钢　第 2 部分：热轧带肋钢筋》GB 1499.2—2007 的规定，热轧带肋钢筋的规格见表 1-1，其表面形状如图 1-10 所示，化学成分和碳当量见表 1-2，力学性能见表 1-3。

**热轧带肋钢筋的公称横截面面积与理论质量** **表 1-1**

| 公称直径/mm | 公称横截面面积/$mm^2$ | 理论重量/(kg/m) | 实际重量与理论重量的偏差(%) |
|---|---|---|---|
| 6 | 28.27 | 0.222 | ±7 |
| 8 | 50.27 | 0.395 | |
| 10 | 78.54 | 0.617 | |
| 12 | 113.1 | 0.888 | |
| 14 | 153.9 | 1.21 | ±5 |
| 16 | 201.1 | 1.58 | |
| 18 | 254.5 | 2.00 | |
| 20 | 314.2 | 2.47 | |
| 22 | 380.1 | 2.98 | ±4 |
| 25 | 490.9 | 3.85 | |
| 28 | 615.8 | 4.83 | |
| 32 | 804.2 | 6.31 | |
| 36 | 1018 | 7.99 | |
| 40 | 1257 | 9.87 | |
| 50 | 1964 | 15.42 | |

注：本表中理论重量按密度为 7.85g/$cm^3$ 计算。

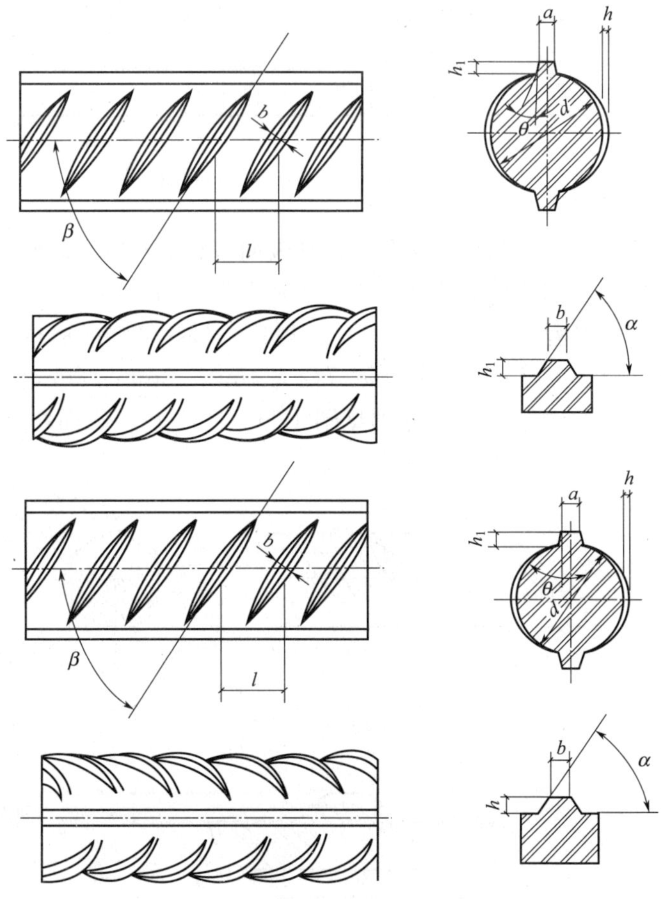


图 1-10　月牙肋钢筋（带纵肋）表面及截面形状

$d$—钢筋内径；$\alpha$—横肋斜角；$h$—横肋高度；$\beta$—横肋与轴线夹角；
$h_1$—纵肋高度；$\theta$—纵肋斜角；$a$—纵肋顶宽；$l$—横肋间距；$b$—横肋顶宽

**热轧带肋钢筋的化学成分和碳当量（熔炼分析）**　　　**表 1-2**

| 牌号 | 化学成分(质量分数)(%)，不大于 | | | | | |
|---|---|---|---|---|---|---|
| | C | Si | Mn | P | S | $C_{eq}$ |
| HRB335<br>HRBF335 | 0.25 | 0.80 | 1.60 | 0.045 | 0.045 | 0.52 |
| HRB400<br>HRBF400 | | | | | | 0.54 |
| HRB500<br>HRBF500 | | | | | | 0.55 |

**热轧带肋钢筋力学性能**　　　**表 1-3**

| 牌号 | 公称直径 $d$/mm | 弯芯直径 /mm | $R_{eL}$/MPa | $R_m$/MPa | $A$(%) | $A_{gt}$(%) |
|---|---|---|---|---|---|---|
| | | | 不小于 | | | |
| HRB335<br>HRBF335 | 6～25 | $3d$ | 335 | 455 | 17 | 7.5 |
| | 28～40 | $4d$ | | | | |
| | >40～50 | $5d$ | | | | |
| HRB400<br>HRBF400 | 6～25 | $4d$ | 400 | 540 | 16 | |
| | 28～40 | $5d$ | | | | |
| | >40～50 | $6d$ | | | | |
| HRB500<br>HRBF500 | 6～25 | $6d$ | 500 | 630 | 15 | |
| | 28～40 | $7d$ | | | | |
| | >40～50 | $8d$ | | | | |

## 1.2.2 冷轧带肋钢筋

冷轧带肋钢筋是热轧圆盘条经冷轧后，在其表面带有沿长度方向均匀分布的三面或二面横肋的钢筋。它的生产和使用应符合《冷轧带肋钢筋》GB 13788—2008 和《冷轧带肋钢筋混凝土结构技术规程》JGJ 95—2011 的规定。CRB550 钢筋的公称直径范围为 4～12mm。CRB650 及以上牌号钢筋的公称直径为 4mm、5mm、6mm。

（1）三面肋和二面肋钢筋的外形分别见图 1-11、图 1-12，三面肋和二面肋钢筋的尺寸、重量及允许偏差应符合表 1-4 的规定。

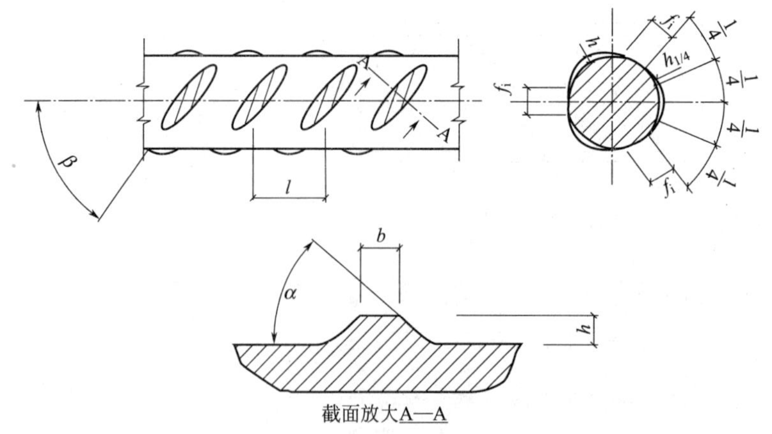


图 1-11　三面肋钢筋表面及截面形状

$\alpha$—横肋斜角；$\beta$—横肋与钢筋轴线夹角；$h$—横肋中点高；$l$—横肋间距；$b$—横肋顶宽；$f_i$—横肋间隙

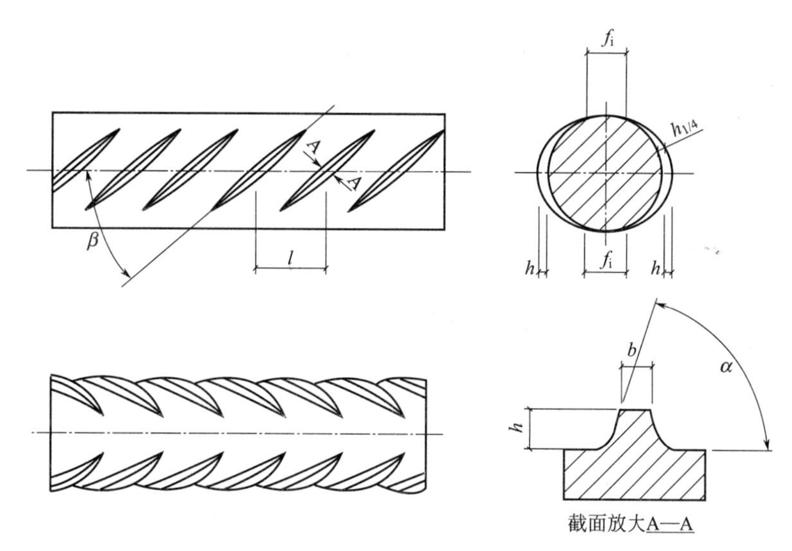


图 1-12　二面肋钢筋表面及截面形状

α—横肋斜角；β—横肋与钢筋轴线夹角；h—横肋中点高；

l—横肋间距；b—横肋顶宽；$f_i$—横肋间隙

**三面肋和二面肋钢筋的尺寸、重量及允许偏差　　　表 1-4**

| 公称直径 $d$/mm | 公称横截面积/mm² | 重量 | | 横肋中点高 | | 横肋 1/4 处高 $h_{1/4}$ /mm | 横肋顶宽 $b$ /mm | 横肋间距 | | 相对肋面积 $f_r$ 不小于 |
|---|---|---|---|---|---|---|---|---|---|---|
| | | 理论重量 /(kg/m) | 允许偏差 (%) | $h$ /mm | 允许偏差 /mm | | | $l$ /mm | 允许偏差 (%) | |
| 4 | 12.6 | 0.099 | | 0.30 | | 0.24 | | 4.0 | | 0.036 |
| 4.5 | 15.9 | 0.125 | | 0.32 | | 0.26 | | 4.0 | | 0.039 |
| 5 | 19.6 | 0.154 | | 0.32 | | 0.26 | | 4.0 | | 0.039 |
| 5.5 | 23.7 | 0.186 | | 0.40 | +0.10<br>−0.05 | 0.32 | | 5.0 | | 0.039 |
| 6 | 28.3 | 0.222 | | 0.40 | | 0.32 | | 5.0 | | 0.039 |
| 6.5 | 33.2 | 0.261 | | 0.46 | | 0.37 | | 5.0 | | 0.045 |
| 7 | 38.5 | 0.302 | | 0.46 | | 0.37 | | 5.0 | | 0.045 |
| 7.5 | 44.2 | 0.347 | | 0.55 | | 0.44 | | 6.0 | | 0.045 |
| 8 | 50.3 | 0.395 | ±4 | 0.55 | | 0.44 | ~0.2$d$ | 6.0 | ±15 | 0.045 |
| 8.5 | 56.7 | 0.445 | | 0.55 | | 0.44 | | 7.0 | | 0.045 |
| 9 | 63.6 | 0.499 | | 0.75 | | 0.60 | | 7.0 | | 0.052 |
| 9.5 | 70.8 | 0.556 | | 0.75 | | 0.60 | | 7.0 | | 0.052 |
| 10 | 78.5 | 0.617 | | 0.75 | | 0.60 | | 7.0 | | 0.052 |
| 10.5 | 86.5 | 0.679 | | 0.75 | ±0.10 | 0.60 | | 7.4 | | 0.052 |
| 11 | 95.0 | 0.746 | | 0.85 | | 0.68 | | 7.4 | | 0.056 |
| 11.5 | 103.8 | 0.815 | | 0.95 | | 0.76 | | 8.4 | | 0.056 |
| 12 | 113.1 | 0.888 | | 0.95 | | 0.76 | | 8.4 | | 0.056 |

注：1. 横肋 1/4 处高，横肋顶宽供孔型设计用；

2. 二面肋钢筋允许有高度不大于 0.5$h$ 的纵肋。

（2）技术性能

1）冷轧带肋钢筋用盘条的参考牌号和化学成分见表 1-5。

**冷轧带肋钢筋用盘条的参考牌号和化学成分　　表 1-5**

| 钢筋牌号 | 盘条牌号 | 化学成分(%) | | | | | |
|---|---|---|---|---|---|---|---|
| | | C | Si | Mn | V、Ti | S | P |
| CRB550<br>CRB650 | Q215 | 0.09～0.15 | ≤0.30 | 0.25～0.55 | — | ≤0.050 | ≤0.045 |
| | Q235 | 0.14～0.22 | ≤0.30 | 0.30～0.65 | — | ≤0.050 | ≤0.045 |
| CRB800 | 24MnTi | 0.19～0.27 | 0.17～0.37 | 1.20～1.60 | Ti:0.01～0.05 | ≤0.045 | ≤0.045 |
| | 20MnSi | 0.17～0.25 | 0.40～0.80 | 1.20～1.60 | — | ≤0.045 | ≤0.045 |
| CRB970 | 41MnSiV | 0.37～0.45 | 0.60～1.10 | 1.00～1.40 | V:0.05～0.12 | ≤0.045 | ≤0.045 |
| | 60 | 0.57～0.65 | 0.17～0.37 | 0.50～0.80 | — | ≤0.035 | ≤0.035 |

2）钢筋的力学性能和工艺性能应符合表 1-6 的规定。当进行弯曲试验时，受弯曲部位表面不得产生裂纹。反复弯曲试验的弯曲半径应符合表 1-7 的规定。

**冷轧带肋钢筋的力学性能和工艺性能　　表 1-6**

| 牌号 | $R_{p0.2}$/MPa 不小于 | $R_m$/MPa 不小于 | 伸长率(%) 不小于 | | 弯曲试验 180° | 反复弯曲次数 | 应力松弛初始应力应相当于公称抗拉强度的 70% |
|---|---|---|---|---|---|---|---|
| | | | $A_{11.3}$ | $A_{100}$ | | | 1000h 松弛率(%)不大于 |
| CRB550 | 500 | 550 | 8.0 | — | $D=3d$ | — | — |
| CRB650 | 585 | 650 | — | 4.0 | — | 3 | 8 |
| CRB800 | 720 | 800 | — | 4.0 | — | 3 | 8 |
| CRB970 | 875 | 970 | — | 4.0 | — | 3 | 8 |

注：表中 $D$ 为弯心直径，$d$ 为钢筋公称直径。

**反复弯曲试验的弯曲半径（mm）　　表 1-7**

| 钢筋公称直径 | 4 | 5 | 6 |
|---|---|---|---|
| 弯曲半径 | 10 | 15 | 15 |

（3）强度取值

1）冷轧带肋钢筋的强度标准值应具有不小于 95%的保证率。钢筋混凝土用冷轧带肋钢筋的强度标准值 $f_{yk}$ 应由抗拉屈服强度表示，并应按表 1-8 采用。预应力混凝土用冷轧带肋钢筋的强度标准值 $f_{ptk}$ 应由抗拉强度表示，并应按表 1-9 采用。

**钢筋混凝土用冷轧带肋钢筋强度标准值（N/mm²）　　表 1-8**

| 牌号 | 符号 | 钢筋直径/mm | $f_{yk}$ |
|---|---|---|---|
| CRB550 | $\Phi^R$ | 4～12 | 500 |
| CRB600H | $\Phi^{RH}$ | 5～12 | 520 |

**预应力混凝土用冷轧带肋钢筋强度标准值**（$N/mm^2$）　　**表 1-9**

| 牌号 | 符号 | 钢筋直径/mm | $f_{ptk}$ |
|---|---|---|---|
| CRB650 | $\Phi^{R}$ | 4、5、6 | 650 |
| CRB650H | $\Phi^{RH}$ | 5～6 | |
| CRB800 | $\Phi^{R}$ | 5 | 800 |
| CRB800H | $\Phi^{RH}$ | 5～6 | |
| CRB970 | $\Phi^{R}$ | 5 | 970 |

2）冷轧带肋钢筋的抗拉强度设计值 $f_y$ 及抗压强度设计值 $f'_y$ 应按表 1-10、表 1-11 采用。

**钢筋混凝土用冷轧带肋钢筋强度设计值**（$N/mm^2$）　　**表 1-10**

| 牌号 | 符号 | $f_y$ | $f'_y$ |
|---|---|---|---|
| CRB550 | $\Phi^{R}$ | 400 | 380 |
| CRB600H | $\Phi^{RH}$ | 415 | 380 |

注：冷轧带肋钢筋用作横向钢筋的强度设计值 $f_{yv}$ 应按表中 $f_y$ 的数值采用；当用作受剪、受扭、受冲切承载力计算时，其数值应取 $360N/mm^2$。

**预应力混凝土用冷轧带肋钢筋强度设计值**（$N/mm^2$）　　**表 1-11**

| 牌号 | 符号 | $f_{py}$ | $f'_{py}$ |
|---|---|---|---|
| CRB650 | $\Phi^{R}$ | 430 | 380 |
| CRB650H | $\Phi^{RH}$ | | |
| CRB800 | $\Phi^{R}$ | 530 | |
| CRB800H | $\Phi^{RH}$ | | |
| CRB970 | $\Phi^{R}$ | 650 | |

3）冷轧带肋钢筋弹性模量 $E_s$ 可取 $1.9\times10^5 N/mm^2$。

4）CRB550、CRB600H 钢筋用于需作疲劳性能验算的板类构件，当钢筋的最大应力不超过 $300N/mm^2$ 时，钢筋的 200 万次疲劳应力幅限值可取 $150N/mm^2$。

5）钢筋混凝土结构的混凝土强度等级不应低于 C20，预应力混凝土结构构件的混凝土强度等级不应低于 C30。

（4）钢筋加工与安装

1）冷轧带肋钢筋应采用调直机调直。钢筋调直后不应有局部弯曲和表面明显擦伤，直条钢筋每米长度的侧向弯曲不应大于 4mm，总弯曲度不应大于钢筋总长的千分之四。

2）冷轧带肋钢筋末端可不制作弯钩。当钢筋末端需制作 90°或 135°弯折时，钢筋的弯弧内直径不应小于钢筋直径的 5 倍。当用作箍筋时，钢筋的弯弧内直径尚不应小于纵向受力钢筋的直径，弯折后平直段长度应符合现行国家标准《混凝土结构工程施工规范》GB 50666—2011 的有关规定。

3）钢筋加工的形状、尺寸应符合设计要求。钢筋加工的允许偏差应符合表 1-12 的规定。

钢筋加工的允许偏差　　表 1-12

| 项目 | 允许偏差/mm |
| --- | --- |
| 受力钢筋顺长度方向全长的净尺寸 | ±10 |
| 箍筋尺寸 | ±5 |

4）冷轧带肋钢筋的连接可采用绑扎搭接或专门焊机进行的电阻点焊，不得采用对焊或手工电弧焊。

5）钢筋的绑扎施工应符合现行国家标准《混凝土结构工程施工规范》GB 50666—2011 的有关规定。绑扎网和绑扎骨架外形尺寸的允许偏差，应符合表 1-13 的规定。

绑扎网和绑扎骨架的允许偏差　　表 1-13

| 项目 | | 允许偏差/mm |
| --- | --- | --- |
| 网的长、宽 | | ±10 |
| 网眼尺寸 | | ±20 |
| 骨架的宽及高 | | ±5 |
| 骨架的长 | | ±10 |
| 箍筋间距 | | ±20 |
| 受力钢筋 | 间距 | ±10 |
| | 排距 | ±5 |

## 1.2.3 冷轧扭钢筋

冷轧扭钢筋是指低碳钢热轧圆盘条经专用钢筋冷轧扭机调直、冷轧并冷扭（冷滚）一次成型具有规定截面形式和相应节距的连续螺旋状钢筋，如图 1-13 所示。

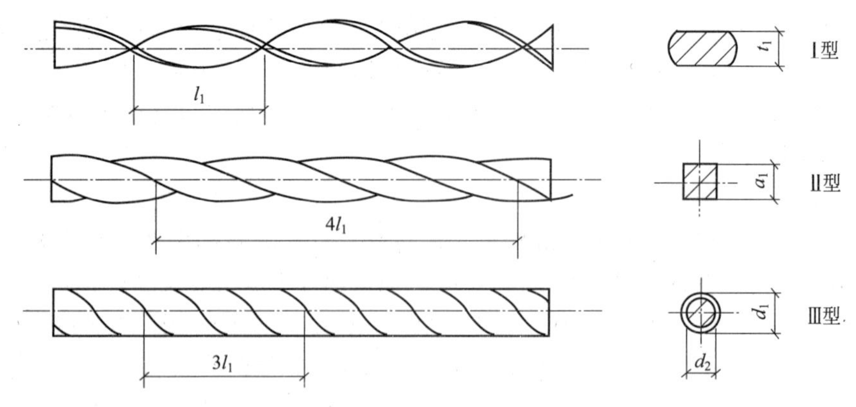


图 1-13　冷轧扭钢筋形状及截面控制尺寸

**1. 技术要求**

（1）冷轧扭钢筋的截面控制尺寸、节距应符合表 1-14 的规定。

**截面控制尺寸、节距** **表 1-14**

| 强度级别 | 型号 | 标志直径 $d$/mm | 截面控制尺寸/mm 不小于 | | | | 节距 $l_1$/mm 不大于 |
|---|---|---|---|---|---|---|---|
| | | | 轧扁厚度 $t_1$ | 正方形边长 $a_1$ | 外圆直径 $d_1$ | 内圆直径 $d_2$ | |
| CTB550 | Ⅰ | 6.5 | 3.7 | — | — | — | 75 |
| | | 8 | 4.2 | — | — | — | 95 |
| | | 10 | 5.3 | — | — | — | 110 |
| | | 12 | 6.2 | — | — | — | 150 |
| | Ⅱ | 6.5 | — | 5.40 | — | — | 30 |
| | | 8 | — | 6.50 | — | — | 40 |
| | | 10 | — | 8.10 | — | — | 50 |
| | | 12 | — | 9.60 | — | — | 80 |
| | Ⅲ | 6.5 | — | — | 6.17 | 5.67 | 40 |
| | | 8 | — | — | 7.59 | 7.09 | 60 |
| | | 10 | — | — | 9.49 | 8.89 | 70 |
| CTB650 | Ⅲ | 6.5 | — | — | 6.00 | 5.50 | 30 |
| | | 8 | — | — | 7.38 | 6.88 | 50 |
| | | 10 | — | — | 9.22 | 8.67 | 70 |

（2）冷轧扭钢筋的公称横截面面积和理论质量应符合表 1-15 的规定。

**公称横截面面积和理论质量** **表 1-15**

| 强度级别 | 型号 | 标志直径 $d$/mm | 公称横截面面积 $A_s$/mm$^2$ | 理论质量/(kg/m) |
|---|---|---|---|---|
| CTB550 | Ⅰ | 6.5 | 29.50 | 0.232 |
| | | 8 | 45.30 | 0.356 |
| | | 10 | 68.30 | 0.536 |
| | | 12 | 96.14 | 0.755 |
| | Ⅱ | 6.5 | 29.20 | 0.229 |
| | | 8 | 42.30 | 0.332 |
| | | 10 | 66.10 | 0.519 |
| | | 12 | 92.74 | 0.728 |
| | Ⅲ | 6.5 | 29.86 | 0.234 |
| | | 8 | 45.24 | 0.355 |
| | | 10 | 70.69 | 0.555 |
| CTB650 | Ⅲ | 6.5 | 28.20 | 0.221 |
| | | 8 | 42.73 | 0.335 |
| | | 10 | 66.76 | 0.524 |

（3）冷轧扭钢筋力学性能和工艺性能应符合表 1-16 的规定。

**力学性能和工艺性能指标** **表 1-16**

| 强度级别 | 型号 | 抗拉强度 $\sigma_b$ /(N/mm²) | 伸长率 $A$ (%) | 180°弯曲试验（弯心直径=3$d$） | 应力松弛率(%)(当 $\sigma_{con}=0.7f_{ptk}$) | |
|---|---|---|---|---|---|---|
| | | | | | 10h | 1000h |
| CTB550 | Ⅰ | ≥550 | $A_{11.3}\geqslant4.5$ | 受弯曲部位钢筋表面不得产生裂纹 | — | — |
| | Ⅱ | ≥550 | $A\geqslant10$ | | — | — |
| | Ⅲ | ≥550 | $A\geqslant12$ | | — | — |
| CTB650 | Ⅲ | ≥650 | $A_{100}\geqslant4$ | | ≤5 | ≤8 |

注：1. $d$ 为冷轧扭钢筋标志直径。

2. $A$、$A_{11.3}$分别表示以标距 $5.65\sqrt{S_0}$ 或 $11.3\sqrt{S_0}$（$S_0$ 为试样原始截面面积）的试样拉断伸长率，$A_{100}$表示标距为 100mm 的试样拉断伸长率。

3. $\sigma_{con}$为预应力钢筋张拉控制应力；$f_{ptk}$为预应力冷轧扭钢筋抗拉强度标准值。

## 2. 强度取值

（1）冷轧扭钢筋强度标准值应按表 1-17 采用。

**冷轧扭钢筋强度标准值**（N/mm²） **表 1-17**

| 强度级别 | 型号 | 符号 | 钢筋直径/mm | $f_{yk}$或 $f_{ptk}$ |
|---|---|---|---|---|
| CTB550 | Ⅰ | $\Phi^T$ | 6.5、8、10、12 | 550 |
| | Ⅱ | | 6.5、8、10、12 | 550 |
| | Ⅲ | | 6.5、8、10 | 550 |
| CTB650 | Ⅲ | | 6.5、8、10 | 650 |

（2）冷轧扭钢筋抗拉（压）强度设计值和弹性模量应按表 1-18 采用。

**冷轧扭钢筋抗拉（压）强度设计值和弹性模量**（N/mm²） **表 1-18**

| 强度级别 | 型号 | 符号 | $f_y(f'_y)$或 $f_{py}(f'_{py})$ | 弹性模量 $E_s$ |
|---|---|---|---|---|
| CRB550 | Ⅰ | $\Phi^T$ | 360 | $1.9\times10^5$ |
| | Ⅱ | | 360 | $1.9\times10^5$ |
| | Ⅲ | | 360 | $1.9\times10^5$ |
| CRB650 | Ⅲ | | 430 | $1.9\times10^5$ |

## 3. 混凝土保护层

（1）纵向受力的冷轧扭钢筋及预应力冷轧扭钢筋，其混凝土保护层厚度（钢筋外边缘至最近混凝土表面的距离）不应小于钢筋的公称直径，且应符合表 1-19 的规定。

**纵向受力的冷轧扭钢筋及预应力冷轧扭钢筋的混凝土保护层最小厚度**（mm） **表 1-19**

| 环境类别 | | 构件类别 | 混凝土强度等级 | | |
|---|---|---|---|---|---|
| | | | C20 | C25～C45 | ≥C50 |
| 一 | | 板、墙 | 20 | 15 | 15 |
| | | 梁 | 30 | 25 | 25 |
| 二 | a | 板、墙 | — | 20 | 20 |
| | | 梁 | — | 30 | 30 |

续表

| 环境类别 | | 构件类别 | 混凝土强度等级 | | |
|---|---|---|---|---|---|
| | | | C20 | C25～C45 | ≥C50 |
| 二 | b | 板、墙 | — | 25 | 20 |
| | | 梁 | — | 35 | 30 |
| 三 | | 板、墙 | — | 30 | 25 |
| | | 梁 | — | 40 | 35 |

注：1. 基础中纵向受力的冷轧扭钢筋的混凝土保护层厚度不应小于40mm；当无垫层时不应小于70mm。

2. 处于一类环境且由工厂生产的预制构件，当混凝土强度等级不低于C20时，其保护层厚度可按表中规定减少5mm，但预制构件中预应力钢筋的保护层厚度不应小于15mm，处于二类环境且由工厂生产的预制构件，当表面采取有效保护措施时，保护层厚度可按表中一类环境值取用。

3. 有防火要求的建筑物，其保护层厚度尚应符合国家现行有关防火规范的规定。

（2）板中分布钢筋的保护层厚度应符合国家标准《混凝土结构设计规范》GB 50010—2010的规定。属于二、三类环境中的悬臂板，其上表面应采取有效的保护措施。

（3）对有防火要求和处于四、五类环境的建筑物，其混凝土保护层厚度尚应符合国家有关标准的要求。

**4. 冷轧扭钢筋的锚固及接头**

（1）当计算中充分利用钢筋的抗拉强度时，冷轧扭受拉钢筋的锚固长度应按表1-20取用，在任何情况下，纵向受拉钢筋的锚固长度不应小于200mm。

**冷轧扭钢筋最小锚固长度 $l_a$**（mm） **表1-20**

| 钢筋级别 | 混凝土强度等级 | | | | |
|---|---|---|---|---|---|
| | C20 | C25 | C30 | C35 | ≥C40 |
| CTB550 | $45d(50d)$ | $40d(45d)$ | $35d(40d)$ | $35d(40d)$ | $30d(35d)$ |
| CTB650 | — | — | $50d$ | $45d$ | $40d$ |

注：1. $d$ 为冷轧扭钢筋标志直径。

2. 两根并筋的锚固长度按上表数值乘以1.4后取用。

3. 括号内数字用于Ⅱ型冷轧扭钢筋。

（2）纵向受力冷轧扭钢筋不得采用焊接接头。

（3）纵向受拉冷轧扭钢筋搭接长度 $l_l$ 不应小于最小锚固长度 $l_a$ 的1.2倍，且不应小于300mm。

（4）纵向受拉冷轧扭钢筋不宜在受拉区截断；当必须截断时，接头位置宜设在受力较小处，并相互错开。在规定的搭接长度区段内，有接头的受力钢筋截面面积不应大于总钢筋截面面积的25%。设置在受压区的接头不受此限。

（5）预制构件的吊环严禁采用冷轧扭钢筋制作。

**5. 冷轧扭钢筋混凝土构件的施工**

（1）冷轧扭钢筋混凝土构件的模板工程、混凝土工程，应符合现行国家标准《混凝土结构工程施工规范》GB 50666—2011的规定。

（2）严禁采用对冷轧扭钢筋有腐蚀作用的外加剂。

（3）冷轧扭钢筋的铺设应平直，其规格、长度、间距和根数应符合设计要求，并应采取措施控制混凝土保护层厚度。

(4) 钢筋网片、骨架应绑扎牢固。双向受力网片每个交叉点均应绑扎；单向受力网片除外边缘网片应逐点绑扎外，中间可隔点交错绑扎。绑扎网片和骨架的外形尺寸允许偏差应符合表 1-21 的规定。

**绑扎网片和绑扎骨架外形尺寸允许偏差**（mm） **表 1-21**

| 项目 | 允许偏差 |
| --- | --- |
| 网片的长、宽 | ±25 |
| 网眼尺寸 | ±15 |
| 骨架高、宽 | ±10 |
| 骨架长 | ±10 |

(5) 叠合薄板构件脱模时混凝土强度等级应达到设计强度的 100%。起吊时应先消除吸附力，然后平衡起吊。

(6) 预制构件堆放场地应平整坚实，不积水。板类构件可叠层堆放，用于两端支承的垫木应上下对齐。

(7) Ⅲ型冷轧扭钢筋（CTB550 级）可用于焊接网。

## 1.2.4 热轧光圆钢筋

(1) 钢筋混凝土用热轧光圆钢筋的尺寸及质量见表 1-22，尺寸图如图 1-14 所示。

**钢筋混凝土用热轧光圆钢筋** **表 1-22**

| 公称直径/mm | 公称截面面积/mm² | 理论重量/(kg/m) |
| --- | --- | --- |
| 6(6.5) | 28.27(33.18) | 0.222(0.260) |
| 8 | 50.27 | 0.395 |
| 10 | 78.54 | 0.617 |
| 12 | 113.1 | 0.888 |
| 14 | 153.9 | 1.21 |
| 16 | 201.1 | 1.58 |
| 18 | 254.5 | 2.00 |
| 20 | 314.2 | 2.47 |
| 22 | 380.1 | 2.98 |

注：表中理论重量按密度为 7.85g/cm³ 计算。公称直径 6.5mm 的产品为过渡性产品。

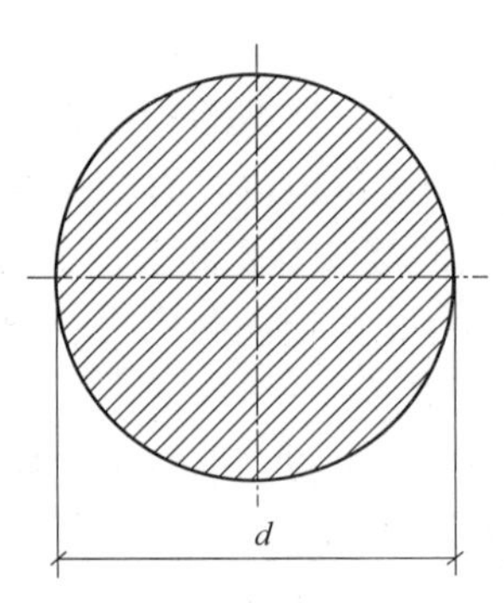


图 1-14 光圆钢筋的形状

$d$—钢筋直径

(2) 光圆钢筋的直径允许偏差和不圆度，见表 1-23。

**光圆钢筋的直径允许偏差和不圆度　　表 1-23**

| 公称直径/mm | 允许偏差/mm | 不圆度/mm |
|---|---|---|
| 6(6.5) | ±0.3 | ≤0.4 |
| 8 | | |
| 10 | | |
| 12 | | |
| 14 | ±0.4 | |
| 16 | | |
| 18 | | |
| 20 | | |
| 22 | | |

(3) 钢筋实际重量与理论重量的允许偏差，见表 1-24。

**直条钢筋实际重量与理论重量的允许偏差　　表 1-24**

| 公称直径/mm | 实际重量与理论重量的允许偏差/% |
|---|---|
| 6～12 | ±7 |
| 14～22 | ±5 |

(4) 直条钢筋的弯曲度应当不影响正常使用，总弯曲度不大于钢筋总长度的 0.4%。

(5) 钢筋端部应当剪切正直，局部变形应不影响使用。

(6) 按盘卷交货的钢筋，每根盘条重量应不小于 500kg，每盘重量应不小于 1000kg。

(7) 热轧光圆钢筋的牌号与化学成分应符合表 1-25 的规定。钢中残余元素铬、镍、铜含量应各不大于 0.30%，氧气转炉钢的氮含量不应大于 0.008%。钢中砷的残余含量不应大于 0.08%。

**热轧光圆钢筋的化学成分　　表 1-25**

| 牌号 | 化学成分(质量分数)/%，不大于 | | | | |
|---|---|---|---|---|---|
| | C | Si | Mn | P | S |
| HPB300 | 0.25 | 0.55 | 1.50 | 0.045 | 0.050 |

(8) 钢筋的屈服强度 $R_{eL}$、抗拉强度 $R_m$、断后伸长率 $A$、最大力总伸长率 $A_{gt}$ 等力学性能特征值，见表 1-26。

**光圆钢筋的力学性能　　表 1-26**

| 牌号 | $R_{eL}$/MPa | $R_m$/MPa | $A$/% | $A_{gt}$/% | 冷弯试验 180°<br>$d$—弯心直径<br>$a$—钢筋公称直径 |
|---|---|---|---|---|---|
| | 不小于 | | | | |
| HPB300 | 300 | 420 | 25.0 | 10.0 | $d=a$ |

(9) 按表 1-26 规定的弯芯直径弯曲 180°后，钢筋受弯曲部位表面不得产生裂纹。

### 1.2.5 预应力混凝土用钢丝

（1）光圆钢丝的尺寸及允许偏差应符合表 1-27 的规定。每米理论重量参见表 1-27。

**光圆钢丝尺寸及允许偏差、每米参考重量　　　　表 1-27**

| 公称直径 $d_n$/mm | 直径允许偏差/mm | 公称横截面面积 $S_n$/mm² | 每米理论重量/(g/m) |
| --- | --- | --- | --- |
| 4.00 | ±0.04 | 12.57 | 98.6 |
| 4.80 | | 18.10 | 142 |
| 5.00 | ±0.05 | 19.63 | 154 |
| 6.00 | | 28.27 | 222 |
| 6.25 | | 30.68 | 241 |
| 7.00 | | 38.48 | 302 |
| 7.50 | | 44.18 | 347 |
| 8.00 | ±0.06 | 50.26 | 394 |
| 9.00 | | 63.62 | 499 |
| 9.50 | ±0.06 | 70.88 | 556 |
| 10.00 | | 78.54 | 616 |
| 11.00 | | 95.03 | 746 |
| 12.00 | | 113.1 | 888 |

（2）螺旋肋钢丝的尺寸及允许偏差应符合表 1-28 的规定，外形如图 1-15 所示，钢筋的公称横截面积、每米理论重量与光圆钢丝相同。

**螺旋肋钢丝的尺寸及允许偏差　　　　表 1-28**

| 公称直径 $d_n$/mm | 螺旋肋数量/条 | 基圆尺寸 | | 外轮廓尺寸 | | 单肋尺寸 | 螺旋肋导程 $C$/mm |
| --- | --- | --- | --- | --- | --- | --- | --- |
| | | 基圆直径 $D_1$/mm | 允许偏差/mm | 外轮廓直径 $D$/mm | 允许偏差/mm | 宽度 $a$/mm | |
| 4.00 | 4 | 3.85 | ±0.05 | 4.25 | ±0.05 | 0.90～1.30 | 24～30 |
| 4.80 | 4 | 4.60 | | 5.10 | | 1.30～1.70 | 28～36 |
| 5.00 | 4 | 4.80 | | 5.30 | | | |
| 6.00 | 4 | 5.80 | | 6.30 | | 1.60～2.00 | 30～38 |
| 6.25 | 4 | 6.00 | | 6.70 | | | 30～40 |
| 7.00 | 4 | 6.73 | | 7.46 | ±0.10 | 1.80～2.20 | 35～45 |
| 7.50 | 4 | 7.26 | | 7.96 | | 1.90～2.30 | 36～46 |
| 8.00 | 4 | 7.75 | | 8.45 | | 2.00～2.40 | 40～50 |
| 9.00 | 4 | 8.75 | | 9.45 | | 2.10～2.70 | 42～52 |
| 9.50 | 4 | 9.30 | | 10.10 | | 2.20～2.80 | 44～53 |
| 10.00 | 4 | 9.75 | | 10.45 | | 2.50～3.00 | 45～58 |
| 11.00 | 4 | 10.76 | | 11.47 | | 2.60～3.10 | 50～64 |
| 12.00 | 4 | 11.78 | | 12.50 | | 2.70～3.20 | 55～70 |

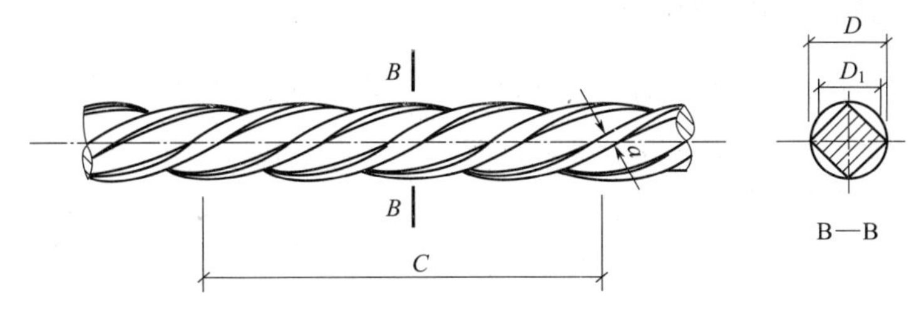


图 1-15　螺旋肋钢丝外形示意图

（3）三面刻痕钢丝的尺寸及允许偏差应符合表 1-29 的规定，外形如图 1-16 所示。钢丝的横截面积、每米理论重量与光圆钢丝相同。三条痕中的其中一条倾斜方向与其他两条相反。

**三面刻痕钢丝尺寸及允许偏差　　表 1-29**

| 公称直径 $d_n$/mm | 刻痕深度 | | 刻痕长度 | | 节距 | |
|---|---|---|---|---|---|---|
| | 公称深度 $a$ /mm | 允许偏差 /mm | 公称长度 $b$ /mm | 允许偏差 /mm | 公称节距 $L$ /mm | 允许偏差 /mm |
| ≤5.00 | 0.12 | ±0.05 | 3.5 | ±0.05 | 5.5 | ±0.05 |
| ＞5.00 | 0.15 | | 5.0 | | 8.0 | |

注：公称直径指横截面积等同于光圆钢丝横截面积时所对应的直径。

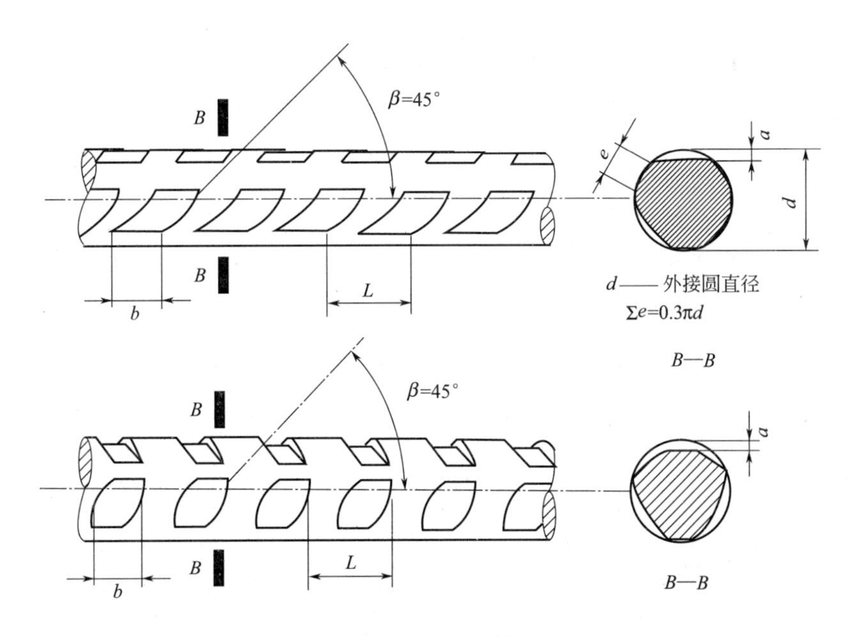


图 1-16　三面刻痕钢丝外形示意图

（4）压力管道用无涂（镀）层冷拉钢丝的力学性能应符合表 1-30 的规定。0.2%屈服力 $F_{p0.2}$应不小于最大力的特征值 $F_m$ 的 75%。

**压力管道用冷拉钢丝的力学性能**　　　　**表 1-30**

| 公称直径 $d_n$/mm | 公称抗拉强度 $R_m$/MPa | 最大力的特征值 $F_m$/kN | 最大力的最大值 $F_{m,nib}$/kN | 0.2%屈服力 $F_{p0.2}$/kN ≥ | 每 210mm 扭矩的扭转次数 $N$ ≥ | 断面收缩率 $Z$(%)≥ | 氢脆敏感性能负载为 70%最大力时，断裂时间 $t$/h≥ | 应力松弛性能初始力为最大力 70%时，1000h 应力松弛率 $r$(%)≤ |
|---|---|---|---|---|---|---|---|---|
| 4.00 | 1470 | 18.48 | 20.99 | 13.86 | 10 | 35 | 75 | 7.5 |
| 5.00 | | 28.86 | 32.79 | 21.65 | 10 | 35 | | |
| 6.00 | | 41.56 | 47.21 | 31.17 | 8 | 30 | | |
| 7.00 | | 56.57 | 64.27 | 42.42 | 8 | 30 | | |
| 8.00 | | 73.88 | 83.93 | 55.41 | 7 | 30 | | |
| 4.00 | 1570 | 19.73 | 22.24 | 14.80 | 10 | 35 | | |
| 5.00 | | 30.82 | 34.75 | 23.11 | 10 | 35 | | |
| 6.00 | | 44.38 | 50.03 | 33.29 | 8 | 30 | | |
| 7.00 | | 60.41 | 68.11 | 45.31 | 8 | 30 | | |
| 8.00 | | 78.91 | 88.96 | 59.18 | 7 | 30 | | |
| 4.00 | 1670 | 20.99 | 23.50 | 15.74 | 10 | 35 | | |
| 5.00 | | 32.78 | 36.71 | 24.59 | 10 | 35 | | |
| 6.00 | | 47.21 | 52.86 | 35.41 | 8 | 30 | | |
| 7.00 | | 64.26 | 71.96 | 48.20 | 8 | 30 | | |
| 8.00 | | 83.93 | 93.99 | 62.95 | 6 | 30 | | |
| 4.00 | 1770 | 22.25 | 24.76 | 16.69 | 10 | 35 | | |
| 5.00 | | 34.75 | 38.68 | 26.06 | 10 | 35 | | |
| 6.00 | | 50.04 | 55.69 | 37.53 | 8 | 30 | | |
| 7.00 | | 68.11 | 75.81 | 51.08 | 6 | 30 | | |

（5）消除应力的光圆及螺旋肋钢丝的力学性能应符合表 1-31 的规定。0.2%屈服力 $F_{p0.2}$应不小于最大力的特征值 $F_m$ 的 88%。

（6）消除应力的刻痕钢丝的力学性能，除弯曲次数外其他应符合表 1-31 的规定。对所有规格消除应力的刻痕钢丝，其弯曲次数均应不小于 3 次。

**消除应力光圆及螺旋肋钢丝的力学性能**　　　　**表 1-31**

| 公称直径 $d_n$/mm | 公称抗拉强度 $R_m$/MPa | 最大力的特征值 $F_m$/kN | 最大力的最大值 $F_{m,nib}$/kN | 0.2%屈服力 $F_{p0.2}$/kN ≥ | 最大力总伸长率($L_0$=200mm) $A_{gt}$(%)≥ | 反复弯曲性能 | | 应力松弛性能 | |
|---|---|---|---|---|---|---|---|---|---|
| | | | | | | 弯曲次数/(次/180°)≥ | 弯曲半径 $R$/mm | 初始力柘当于实际最大力的百分数(%) | 1000h 应力松弛率 $r$(%)≤ |
| 4.00 | 1470 | 18.48 | 20.99 | 16.22 | 3.5 | 3 | 10 | 70<br>80 | 2.5<br>4.5 |
| 4.80 | | 26.61 | 30.23 | 23.35 | | 4 | 15 | | |
| 5.00 | | 28.86 | 32.78 | 25.32 | | 4 | 15 | | |
| 6.00 | | 41.56 | 47.21 | 36.47 | | 4 | 15 | | |
| 6.25 | | 45.10 | 51.24 | 39.58 | | 4 | 20 | | |
| 7.00 | | 56.57 | 64.26 | 49.64 | | 4 | 20 | | |

续表

| 公称直径 $d_n$ /mm | 公称抗拉强度 $R_m$ /MPa | 最大力的特征值 $F_m$/kN | 最大力的最大值 $F_{m,nib}$/kN | 0.2%屈服力 $F_{p0.2}$/kN ≥ | 最大力总伸长率 ($L_0$=200mm) $A_{gt}$(%)≥ | 反复弯曲性能 | | 应力松弛性能 | |
|---|---|---|---|---|---|---|---|---|---|
| | | | | | | 弯曲次数 /(次/180°) ≥ | 弯曲半径 $R$/mm | 初始力相当于实际最大力的百分数(%) | 1000h 应力松弛率 $r$(%)≤ |
| 7.50 | 1470 | 64.94 | 73.78 | 56.99 | | 4 | 20 | | |
| 8.00 | | 73.88 | 83.93 | 64.84 | | 4 | 20 | | |
| 9.00 | | 93.52 | 106.25 | 82.07 | | 4 | 25 | | |
| 9.50 | | 104.19 | 118.37 | 91.44 | | 4 | 25 | | |
| 10.00 | | 115.45 | 131.16 | 101.32 | | 4 | 25 | | |
| 11.00 | | 139.69 | 158.70 | 122.59 | | — | — | | |
| 12.00 | | 166.26 | 188.88 | 145.90 | | — | — | | |
| 4.00 | 1570 | 19.73 | 22.24 | 17.37 | | 3 | 10 | | |
| 4.80 | | 28.41 | 32.03 | 25.00 | | 4 | 15 | | |
| 5.00 | | 30.82 | 34.75 | 27.12 | | 4 | 15 | | |
| 6.00 | | 44.38 | 50.03 | 39.06 | | 4 | 15 | | |
| 6.25 | | 48.17 | 54.31 | 42.39 | | 4 | 20 | | |
| 7.00 | | 60.41 | 68.11 | 53.16 | | 4 | 20 | | |
| 7.50 | | 69.36 | 78.20 | 61.04 | | 4 | 20 | | |
| 8.00 | | 78.91 | 88.96 | 69.44 | | 4 | 20 | | |
| 9.00 | | 99.88 | 112.60 | 87.89 | | 4 | 25 | | |
| 9.50 | | 111.28 | 125.46 | 97.93 | | 4 | 25 | 70 | 2.5 |
| 10.00 | | 123.31 | 139.02 | 108.51 | 3.5 | 4 | 25 | 80 | 4.5 |
| 11.00 | | 149.20 | 168.21 | 131.30 | | — | — | | |
| 12.00 | | 177.57 | 200.19 | 156.26 | | — | — | | |
| 4.00 | 1670 | 20.99 | 23.50 | 18.47 | | 3 | 10 | | |
| 5.00 | | 32.78 | 36.71 | 28.85 | | 4 | 15 | | |
| 6.00 | | 47.21 | 52.86 | 41.54 | | 4 | 15 | | |
| 6.25 | | 51.24 | 57.38 | 45.09 | | 4 | 20 | | |
| 7.00 | | 64.26 | 71.96 | 56.55 | | 4 | 20 | | |
| 7.50 | | 73.78 | 82.62 | 64.93 | | 4 | 20 | | |
| 8.00 | | 83.93 | 93.98 | 73.86 | | 4 | 20 | | |
| 9.00 | | 106.25 | 118.97 | 93.50 | | 4 | 25 | | |
| 4.00 | 1770 | 22.25 | 24.76 | 19.58 | | 3 | 10 | | |
| 5.00 | | 34.75 | 38.68 | 30.58 | | 4 | 15 | | |
| 6.00 | | 50.04 | 55.69 | 44.03 | | 4 | 15 | | |
| 7.00 | | 68.11 | 75.81 | 59.94 | | 4 | 20 | | |
| 7.50 | | 78.20 | 87.04 | 68.81 | | 4 | 20 | | |
| 4.00 | 1860 | 23.38 | 25.89 | 20.57 | | 3 | 10 | | |

续表

| 公称直径 $d_n$ /mm | 公称抗拉强度 $R_m$ /MPa | 最大力的特征值 $F_m$/kN | 最大力的最大值 $F_{m,nib}$/kN | 0.2%屈服力 $F_{p0.2}$/kN ≥ | 最大力总伸长率 ($L_0$=200mm) $A_{gt}$(%)≥ | 反复弯曲性能 | | 应力松弛性能 | |
|---|---|---|---|---|---|---|---|---|---|
| | | | | | | 弯曲次数 /(次/180°) ≥ | 弯曲半径 $R$/mm | 初始力相当于实际最大力的百分数(%) | 1000h应力松弛率 $r$(%)≤ |
| 5.00 | 1860 | 36.51 | 40.44 | 32.13 | 3.5 | 4 | 15 | 70<br>80 | 2.5<br>4.5 |
| 6.00 | | 52.58 | 58.23 | 46.27 | | 4 | 15 | | |
| 7.00 | | 71.57 | 79.27 | 62.98 | | 4 | 20 | | |

## 1.2.6 预应力混凝土用钢绞线

(1) 钢绞线按结构分为8类。其代号为：

用两根钢丝捻制的钢绞线　　1×2

用三根钢丝捻制的钢绞线　　1×3

用三根刻痕钢丝捻制的钢绞线　　1×3 I

用七根钢丝捻制的标准型钢绞线　　1×7

用六根刻痕钢丝和一根光圆中心钢丝捻制的钢绞线　　1×7 I

用七根钢丝捻制又经模拔的钢绞线　　(1×7)C

用十九根钢丝捻制的1+9+9西鲁式钢绞线　　1×19S

用十九根钢丝捻制的1+6+6/6瓦林吞式钢绞线　　1×19W

(2) 1×2结构钢绞线的尺寸及允许偏差、每米理论重量应符合表1-32的规定。

**1×2结构钢绞线尺寸及允许偏差、每米理论重量　　表1-32**

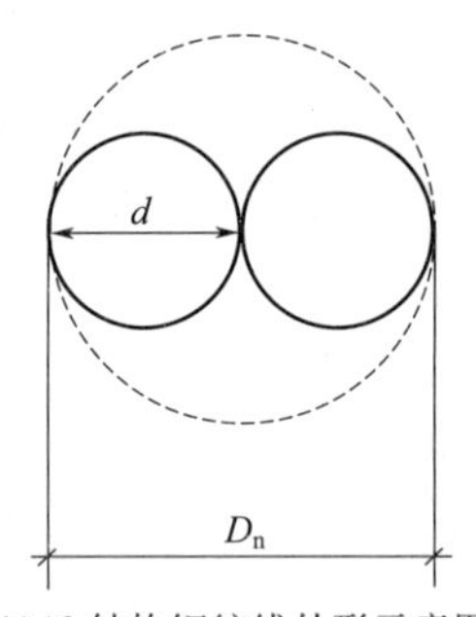

1×2结构钢绞线外形示意图

| 钢绞线结构 | 公称直径 | | 钢绞线直径允许偏差/mm | 钢绞线公称横截面积 $S_n$/mm² | 每米理论重量/(g/m) |
|---|---|---|---|---|---|
| | 钢绞线直径 $D_n$/mm | 钢丝直径 $d$/mm | | | |
| 1×2 | 5.00 | 2.50 | +0.15<br>−0.05 | 9.82 | 77.1 |
| | 5.80 | 2.90 | | 13.2 | 104 |
| | 8.00 | 4.00 | +0.25<br>−0.10 | 25.1 | 197 |
| | 10.00 | 5.00 | | 39.3 | 309 |
| | 12.00 | 6.00 | | 56.5 | 444 |

(3) 1×3结构钢绞线的尺寸及允许偏差、每米理论重量应符合表1-33的规定。

**1×3 结构钢绞线尺寸及允许偏差、每米理论重量　　　　表 1-33**

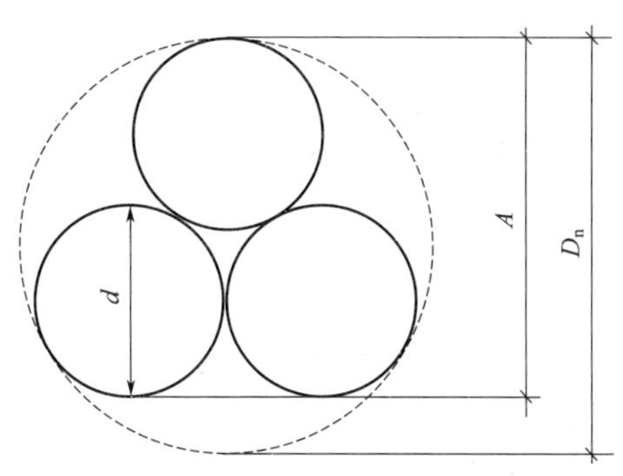


1×3 结构钢绞线外形示意图

| 钢绞线结构 | 公称直径 | | 钢绞线测量尺寸 $A$/mm | 测量尺寸 $A$ 允许偏差/mm | 钢绞线公称横截面积 $S_n$/mm² | 每米理论重量/(g/m) |
|---|---|---|---|---|---|---|
| | 钢绞线直径 $D_n$/mm | 钢丝直径 $d$/mm | | | | |
| 1×3 | 6.20 | 2.90 | 5.41 | +0.15<br>−0.05 | 19.8 | 155 |
| | 6.50 | 3.00 | 5.60 | | 21.2 | 166 |
| | 8.60 | 4.00 | 7.46 | +0.20<br>−0.10 | 37.7 | 296 |
| | 8.74 | 4.05 | 7.56 | | 38.6 | 303 |
| | 10.80 | 5.00 | 9.33 | | 58.9 | 462 |
| | 12.90 | 6.00 | 11.20 | | 84.8 | 666 |
| 1×3 I | 8.70 | 4.04 | 7.54 | | 38.5 | 302 |

（4）1×7 结构钢绞线的尺寸及允许偏差、每米理论重量应符合表 1-34 的规定，当用于煤矿时，需标识说明，其直径允许偏差为：−0.20～+0.60mm。

**1×7 结构钢绞线尺寸及允许偏差、每米理论重量　　　　表 1-34**

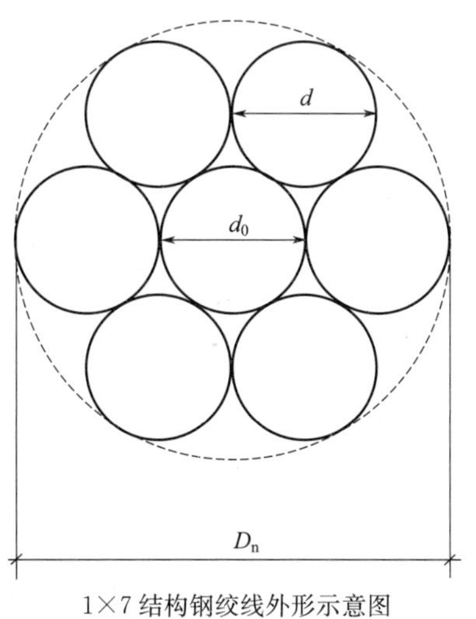


1×7 结构钢绞线外形示意图

续表

| 钢绞线结构 | 公称直径 $D_n$/mm | 直径允许偏差/mm | 钢绞线公称横截面积 $S_n/mm^2$ | 每米理论重量 /(g/m) | 中心钢丝直径 $d_0$ 加大范围(%)≥ |
|---|---|---|---|---|---|
| 1×7 | 9.50 (9.53) | +0.30 −0.15 | 54.8 | 430 | 2.5 |
| | 11.10 (11.11) | | 74.2 | 582 | |
| | 12.70 | +0.40 −0.15 | 98.7 | 775 | |
| | 15.20 (15.24) | | 140 | 1101 | |
| | 15.70 | | 150 | 1178 | |
| | 17.80 (17.78) | | 191 (189.7) | 1500 | |
| | 18.90 | | 220 | 1727 | |
| | 21.60 | | 285 | 2237 | |
| 1×7Ⅰ | 12.70 | | 98.7 | 775 | |
| | 15.20 (15.24) | | 140 | 1101 | |
| (1×7)C | 12.70 | | 112 | 890 | |
| | 15.20 (15.24) | | 165 | 1295 | |
| | 18.00 | | 223 | 1750 | |

注：可按括号内规格供货。

(5) 1×19 结构钢绞线的尺寸及允许偏差、每米理论重量应符合表 1-35 的规定。

**1×19 结构钢绞线尺寸及允许偏差、每米理论重量　　表 1-35**

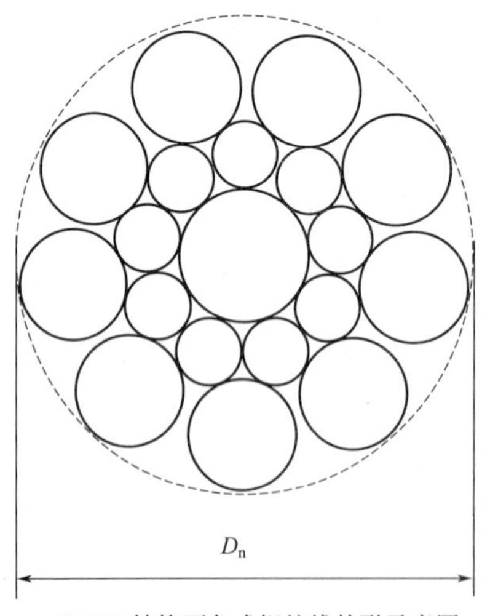

1×19 结构西鲁式钢绞线外形示意图

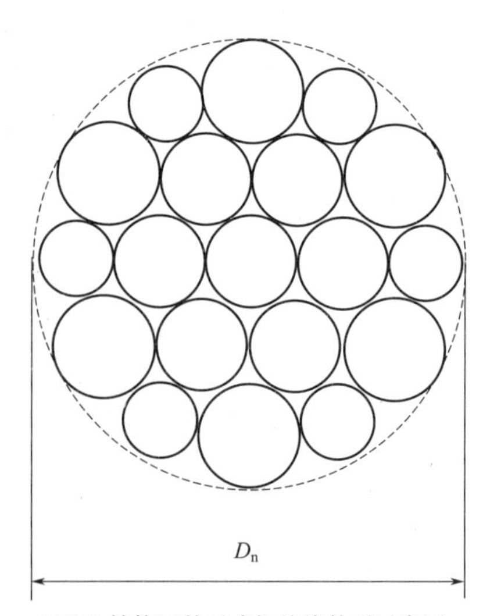

1×19 结构瓦林吞式钢绞线外形示意图

续表

| 钢绞线结构 | 公称直径 $D_n$/mm | 直径允许偏差/mm | 钢绞线公称横截面积 $S_n$/mm² | 每米理论重量/(g/m) |
|---|---|---|---|---|
| 1×19S<br>(1+9+9) | 17.8 | +0.40<br>−0.15 | 208 | 1652 |
| | 19.3 | | 244 | 1931 |
| | 20.3 | | 271 | 2149 |
| | 21.8 | | 313 | 2482 |
| | 28.6 | | 532 | 4229 |
| 1×19W<br>(1+6+6/6) | 28.6 | | 532 | 4229 |

(6) 1×2 结构钢绞线的力学性能应符合表 1-36 的规定。

**1×2 结构钢绞线力学性能** **表 1-36**

| 钢绞线结构 | 钢绞线公称直径 $D_n$/mm | 公称抗拉强度 $R_m$/MPa | 整根钢绞线最大力 $F_m$/kN≥ | 整根钢绞线最大力的最大值 $F_{m,nib}$/kN | 0.2%屈服力 $F_{p0.2}$/kN ≥ | 最大力总伸长率 ($L_0$≥400mm) $A_{gt}$(%)≥ | 应力松弛性能 | |
|---|---|---|---|---|---|---|---|---|
| | | | | | | | 初始负荷相当于实际最大力的百分数(%) | 1000h 应力松弛率 $r$(%) ≤ |
| 1×2 | 8.00 | 1470 | 36.9 | 41.9 | 32.5 | 对所有规格 | 对所有规格 | 对所有规格 |
| | 10.00 | | 57.8 | 65.6 | 50.9 | | | |
| | 12.00 | | 83.1 | 94.4 | 73.1 | | | |
| | 5.00 | 1570 | 15.4 | 17.4 | 13.6 | | | |
| | 5.80 | | 20.7 | 23.4 | 18.2 | | | |
| | 8.00 | | 39.4 | 44.4 | 34.7 | | | |
| | 10.00 | | 61.7 | 69.6 | 54.3 | | | |
| | 12.00 | | 88.7 | 100 | 78.1 | | | |
| | 5.00 | 1720 | 16.9 | 18.9 | 14.9 | | | |
| | 5.80 | | 22.7 | 25.3 | 20.0 | | 70 | 2.5 |
| | 8.00 | | 43.2 | 48.2 | 38.0 | | | |
| | 10.00 | | 67.6 | 75.5 | 59.5 | 3.5 | | |
| | 12.00 | | 97.2 | 108 | 85.5 | | | |
| | 5.00 | 1860 | 18.3 | 20.2 | 16.1 | | 80 | 4.5 |
| | 5.80 | | 24.6 | 27.2 | 21.6 | | | |
| | 8.00 | | 46.7 | 51.7 | 41.1 | | | |
| | 10.00 | | 73.1 | 81.0 | 64.3 | | | |
| | 12.00 | | 105 | 116 | 92.5 | | | |
| | 5.00 | 1960 | 19.2 | 21.2 | 16.9 | | | |
| | 5.80 | | 25.9 | 28.5 | 22.8 | | | |
| | 8.00 | | 49.2 | 54.2 | 43.3 | | | |
| | 10.00 | | 77.0 | 84.9 | 67.8 | | | |

（7）1×3 结构钢绞线的力学性能应符合表 1-37 的规定。

**1×3 结构钢绞线力学性能** **表 1-37**

| 钢绞线结构 | 钢绞线公称直径 $D_n$/mm | 公称抗拉强度 $R_m$/MPa | 整根钢绞线最大力 $F_m$/kN≥ | 整根钢绞线最大力的最大值 $F_{m,nib}$/kN | 0.2%屈服力 $F_{p0.2}$/kN ≥ | 最大力总伸长率（$L_0$≥400mm）$A_{gt}$（%）≥ | 应力松弛性能 | |
|---|---|---|---|---|---|---|---|---|
| | | | | | | | 初始负荷相当于实际最大力的百分数（%） | 1000h 应力松弛率 $r$（%）≤ |
| 1×3 | 8.60 | 1470 | 55.4 | 63.0 | 48.8 | 对所有规格 | 对所有规格 | 对所有规格 |
| | 10.80 | | 86.6 | 98.4 | 76.2 | | | |
| | 12.90 | | 125 | 142 | 110 | | | |
| | 6.20 | 1570 | 31.1 | 35.0 | 27.4 | | | |
| | 6.50 | | 33.3 | 37.5 | 29.3 | | | |
| | 8.60 | | 59.2 | 66.7 | 52.1 | | | |
| | 8.74 | | 60.6 | 68.3 | 53.3 | | | |
| | 10.80 | | 92.5 | 104 | 81.4 | | | |
| | 12.90 | | 133 | 150 | 117 | | | |
| | 8.74 | 1670 | 64.5 | 72.2 | 56.8 | | | |
| | 6.20 | 1720 | 34.1 | 38.0 | 30.0 | | | |
| | 6.50 | | 36.5 | 40.7 | 32.1 | | | |
| | 8.60 | | 64.8 | 72.4 | 57.0 | | | |
| | 10.80 | | 101 | 113 | 88.9 | | 70 | 2.5 |
| | 12.90 | | 146 | 163 | 128 | | | |
| | 6.20 | 1860 | 36.8 | 40.8 | 32.4 | 3.5 | | |
| | 6.50 | | 39.4 | 43.7 | 34.7 | | 80 | 4.5 |
| | 8.60 | | 70.1 | 77.7 | 61.7 | | | |
| | 8.74 | | 71.8 | 79.5 | 63.2 | | | |
| | 10.80 | | 110 | 121 | 96.8 | | | |
| | 12.90 | | 158 | 175 | 139 | | | |
| | 6.20 | 1960 | 38.8 | 42.8 | 34.1 | | | |
| | 6.50 | | 41.6 | 45.8 | 36.6 | | | |
| | 8.60 | | 73.9 | 81.4 | 65.0 | | | |
| | 10.80 | | 115 | 127 | 101 | | | |
| | 12.90 | | 166 | 183 | 146 | | | |
| 1×3 I | 8.70 | 1570 | 60.4 | 68.1 | 53.2 | | | |
| | | 1720 | 66.2 | 73.9 | 58.3 | | | |
| | | 1860 | 71.6 | 79.3 | 63.0 | | | |

（8）1×7 结构钢绞线的力学性能应符合表 1-38 的规定。

**1×7 结构钢绞线力学性能** 表 1-38

| 钢绞线结构 | 钢绞线公称直径 $D_n$/mm | 公称抗拉强度 $R_m$/MPa | 整根钢绞线最大力 $F_m$/kN≥ | 整根钢绞线最大力的最大值 $F_{m,nib}$/kN | 0.2%屈服力 $F_{p0.2}$/kN ≥ | 最大力总伸长率 ($L_0$≥400mm) $A_{gt}$(%)≥ | 应力松弛性能 | |
|---|---|---|---|---|---|---|---|---|
| | | | | | | | 初始负荷相当于实际最大力的百分数(%) | 1000h 应力松弛率 $r$(%) ≤ |
| 1×7 | 15.20 (15.24) | 1470 | 206 | 234 | 181 | 对所有规格 | 对所有规格 | 对所有规格 |
| | | 1570 | 220 | 248 | 194 | | | |
| | | 1670 | 234 | 262 | 206 | | | |
| | 9.50 (9.53) | 1720 | 94.3 | 105 | 83.0 | | | |
| | 11.10 (11.11) | | 128 | 142 | 113 | | | |
| | 12.70 | | 170 | 190 | 150 | | | |
| | 15.20 (15.24) | | 241 | 269 | 212 | | | |
| | 17.80 (17.78) | | 327 | 365 | 288 | | | |
| | 18.90 | 1820 | 400 | 444 | 352 | | | |
| | 15.70 | 1770 | 266 | 296 | 234 | | | |
| | 21.60 | | 504 | 561 | 444 | | | |
| | 9.50 (9.53) | 1860 | 102 | 113 | 89.8 | | | |
| | 11.10 (11.11) | | 138 | 153 | 121 | | 70 | 2.5 |
| | 12.70 | | 184 | 203 | 162 | | | |
| | 15.20 (15.24) | | 260 | 288 | 229 | 3.5 | | |
| | 15.70 | | 279 | 309 | 246 | | | |
| | 17.80 (17.78) | | 355 | 391 | 311 | | 80 | 4.5 |
| | 18.90 | | 409 | 453 | 360 | | | |
| | 21.60 | | 530 | 587 | 466 | | | |
| | 9.50 (9.53) | 1960 | 107 | 118 | 94.2 | | | |
| | 11.10 (11.11) | | 145 | 160 | 128 | | | |
| | 12.70 | | 193 | 213 | 170 | | | |
| | 15.20 (15.24) | | 274 | 302 | 241 | | | |
| 1×7 I | 12.70 | 1860 | 184 | 203 | 162 | | | |
| | 15.20 (15.24) | | 260 | 288 | 229 | | | |
| (1×7)C | 12.70 | 1860 | 208 | 231 | 183 | | | |
| | 15.20 (15.24) | 1820 | 300 | 333 | 264 | | | |
| | 18.00 | 1720 | 384 | 428 | 338 | | | |

（9）1×19 结构钢绞线的力学性能应符合表 1-39 的规定。

**1×19 结构钢绞线力学性能　　表 1-39**

| 钢绞线结构 | 钢绞线公称直径 $D_n$/mm | 公称抗拉强度 $R_m$/MPa | 整根钢绞线最大力 $F_m$/kN≥ | 整根钢绞线最大力的最大值 $F_{m,nib}$/kN | 0.2%屈服力 $F_{p0.2}$/kN ≥ | 最大力总伸长率（$L_0$≥400mm）$A_{gt}$（%）≥ | 应力松弛性能 | |
|---|---|---|---|---|---|---|---|---|
| | | | | | | | 初始负荷相当于实际最大力的百分数（%） | 1000h 应力松弛率 $r$（%）≤ |
| 1×19S（1+9+9） | 28.6 | 1720 | 915 | 1021 | 805 | 对所有规格 | 对所有规格 | 对所有规格 |
| | 17.8 | 1770 | 368 | 410 | 334 | 3.5 | 70 | 2.5 |
| | 19.3 | | 431 | 481 | 379 | | | |
| | 20.3 | | 480 | 534 | 422 | | | |
| | 21.8 | | 554 | 617 | 488 | | | |
| | 28.6 | | 942 | 1048 | 829 | | | |
| | 20.3 | 1810 | 491 | 545 | 432 | | | |
| | 21.8 | | 567 | 629 | 499 | | | |
| | 17.8 | 1860 | 387 | 428 | 341 | | 80 | 4.5 |
| | 19.3 | | 454 | 503 | 400 | | | |
| | 20.3 | | 504 | 558 | 444 | | | |
| | 21.8 | | 583 | 645 | 513 | | | |
| 1×19W（1+6+6/6） | 28.6 | 1720 | 915 | 1021 | 805 | | | |
| | | 1770 | 942 | 1048 | 829 | | | |
| | | 1860 | 990 | 1096 | 854 | | | |

## 1.3　钢筋的性能

### 1.3.1　物理性能

**1. 密度**

单位体积钢材的重量（现称质量）为密度，单位为 g/cm³。对于不同的钢材，其密度亦稍有不同，钢筋的密度按 7.85g/cm³ 计算。

钢丝及钢筋的公称横截面面积与理论重量见表 1-40。

**钢丝及钢筋公称横截面面积与理论重量　　表 1-40**

| 公称直径/mm | 公称横截面面积/mm² | 理论重量/(kg/m) |
|---|---|---|
| 8 | 50.27 | 0.395 |
| 10 | 78.57 | 0.617 |
| 12 | 113.1 | 0.888 |
| 14 | 153.9 | 1.21 |
| 16 | 201.1 | 1.58 |

续表

| 公称直径/mm | 公称横截面面积/$mm^2$ | 理论重量/(kg/m) |
|---|---|---|
| 18 | 254.5 | 2.00 |
| 20 | 314.2 | 2.47 |
| 22 | 380.1 | 2.98 |
| 25 | 490.9 | 3.85 |
| 28 | 615.8 | 4.83 |
| 32 | 804.2 | 6.31 |
| 36 | 1018 | 7.99 |
| 40 | 1257 | 9.87 |
| 50 | 1964 | 15.42 |

注：理论重量按密度 7.85g/$cm^3$ 计算。

**2. 可熔性**

钢材在常温时为固体，当其温度升高到一定程度，就能熔化成液体，这叫作可熔性。钢材开始熔化的温度叫熔点，纯铁的熔点为 1534℃。

**3. 线（膨）胀系数**

钢材加热时膨胀的能力，叫热膨胀性。受热膨胀的程度，常用线膨胀系数来表示。钢材温度上升 1℃时，伸长的长度与原来长度之比值，叫钢材的热（膨）胀系数，单位符号为 mm/(mm·℃)。

**4. 热导率**

钢材的导热能力用热导率来表示，工业上用的热导率是以面积热流量除以温度梯度来表示，单位符号为 W/(m·K)。

## 1.3.2 化学性能

**1. 耐腐蚀性**

钢材在介质的侵蚀作用下被破坏的现象，称为腐蚀。钢材抵抗各种介质（大气、水蒸气、酸、碱、盐）侵蚀的能力，称为耐腐蚀性。

**2. 抗氧化性**

有些钢材在高温下不被氧化而能稳定工作的能力称为抗氧化性。

**3. 钢筋中合金元素的影响**

在钢中，除绝大部分是铁元素外，还存在很多其他元素。在钢筋中，这些元素有：碳、硅、锰、钒、钛、铌等；此外，还有杂质元素硫、磷，以及可能存在的氧、氢、氮。

（1）碳（C）

碳与铁形成化合物渗碳体，分子式 $Fe_3C$，性硬而脆。随着钢中含碳量的增加，钢中渗碳体的量也增多，钢的硬度、强度也提高，而塑性、韧性则下降，性能变脆，焊接性能也随之变坏。

（2）硅（Si）

硅是强脱氧剂，在含量小于1%时，能使钢的强度和硬度增加；但含量超过2%时，会降低钢的塑性和韧性，并使焊接性能变差。

(3) 锰（Mn）

锰是一种良好的脱氧剂，又是一种很好的脱硫剂。锰能提高钢的强度和硬度；但如果含量过高，会降低钢的塑性和韧性。

(4) 钒（V）

钒是良好的脱氧剂，能除去钢中的氧，钒能形成碳化物碳化钒，提高了钢的强度和淬透性。

(5) 钛（Ti）

钛与碳形成稳定的碳化物，能提高钢的强度和韧性，还能改善钢的焊接性。

(6) 铌（Nb）

铌作为微合金元素，在钢中形成稳定的化合物碳化铌（NbC）、氮化铌（NbN），或它们的固溶体Nb（CN），弥散析出，可以阻止奥氏体晶粒粗化，从而细化铁素体晶粒，提高钢的强度。

(7) 硫（S）

硫是一种有害杂质。硫几乎不溶于钢，它与铁生成低熔点的硫化铁（FeS），导致热脆性。焊接时，容易产生焊缝热裂纹和热影响区出现液化裂纹，使焊接性能变坏，硫以薄膜形式存在于晶界，使钢的塑性和韧性下降。

(8) 磷（P）

磷亦是一种有害杂质。磷使钢的塑性和韧性下降，提高钢的脆性转变温度，引起冷脆性。磷还能恶化钢的焊接性能，使焊缝和热影响区产生冷裂纹。

除此之外，钢中还可能存在氧、氢、氮，部分是从原材料中带来的；部分是在冶炼过程中从空气中吸收的，氧、氮超过溶解度时，多数以氧化物、氮化物形式存在。这些元素的存在均会导致钢材强度、塑性、韧性的降低，使钢材性能变坏。但是，当钢中含有钒元素时，由于氮化钒（VN）的存在。能起到沉淀强化、细化晶粒等有利作用。

### 1.3.3 力学性能

**1. 抗拉性能**

钢筋的抗拉性能，一般是以钢筋在拉力作用下的应力-应变图来表示。热轧钢筋具有软钢性质，有明显的屈服点，其应力-应变关系，如图1-17所示。

(1) 弹性阶段

图中的$OA$段，施加外力时，钢筋伸长；除去外力，钢筋恢复到原来的长度。这个阶段称为弹性阶段，在此段内发生的变形称为弹性变形。$A$点所对应的应力叫作弹性极限或比例极限，用$\sigma_p$表示。$OA$呈直线状，表明在$OA$阶段内应力与应变的比值为一常数，此常数被称为弹性模量，用符号$E$表示。弹性模量$E$反映了材料抵抗弹性变形的能力。工程上常用的HPB300级钢筋，其弹性模量$E=(2.0\sim2.1)\times10^5\text{N/mm}^2$。

(2) 屈服阶段

图中的$B_上B$段。应力超过弹性阶段，达到某一数值时，应力与应变不再成正比关

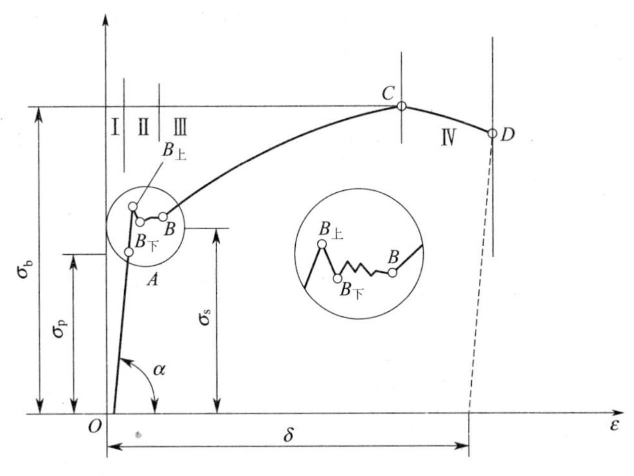


图 1-17　软钢受拉时的应力-应变图

系，在 $B_下B$ 段内图形成呈锯齿形，这时应力在一个很小范围内波动，而应变却自动增长，犹如停止了对外力的抵抗，或者说屈服于外力，所以叫作屈服阶段。

钢筋到达屈服阶段时，虽尚未断裂，但一般已不能满足结构的设计要求，所以设计时是以这一阶段的应力值为依据，为了安全起见，取其下限值。这样，屈服下限也叫屈服强度或屈服点，用“$R_{el}$”表示。如 HPB300 级钢筋的屈服强度（屈服点）为不小于 $300N/mm^2$。

（3）强化阶段（BC 段）

经过屈服阶段之后，试件变形能力又有了新的提高，此时变形的发展虽然很快，但它是随着应力的提高而增加的。BC 段称为强化阶段，对应于最高点 C 的应力称为抗拉强度，用“$R_m$”表示。如：HPB300 级钢筋的抗拉强度 $R_m \geqslant 370N/mm^2$。

屈服点 $R_{el}$ 与抗拉强度 $R_m$ 的比值叫屈强比。屈强比 $R_{el}/R_m$ 愈小，表明钢材在超过屈服点以后的强度储备能力愈大，则结构的安全性愈高，但屈服比太小，则表明钢材的利用率太低，造成钢材浪费。反之屈服比大，钢材的利用率虽然提高了，但其安全可靠性却降低了。HPB300 级钢筋的屈强比为 0.71 左右。

（4）颈缩阶段（CD）

如图 1-17 中的 CD 段，当试件强度达到 C 点后，其抵抗变形的能力开始有明显下降，试件薄弱部件的断面开始出现显著缩小，此现象称为颈缩，如图 1-18 所示。试件在 D 点断裂，故称 CD 段为颈缩阶段。

硬钢（高碳钢-余热处理钢筋和冷拔钢丝）的应力-应变曲线，如图 1-19 所示。从图上可看出其屈服现象不明显，无法测定其屈服点。一般以发生 0.2%的残余变形时的应力值当作屈服点，用“$\sigma_{0.2}$”表示，$\sigma_{0.2}$ 也称为条件屈服强度。

**2. 塑性变形**

通过钢材受拉时的应力-应变图，可对其延性（塑性变形）性能进行分析。钢筋的延性必须满足一定的要求，才能防止钢筋在加工时弯曲处出现毛刺、裂纹、翘曲现象及构件在受荷过程中可能出现的脆裂破坏。

影响延性的主要因素是钢筋材质。热轧低碳钢筋强度虽低但延性好。随着加入合金元素和碳当量加大，强度提高但延性减小。对钢筋进行热处理和冷加工同样可提高强度，但延性降低。

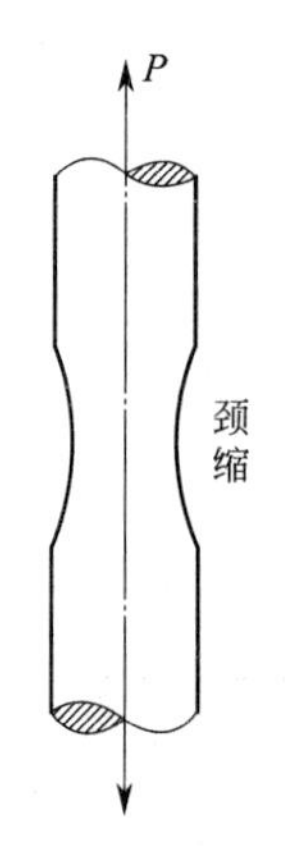


图 1-18　颈缩现象示意图

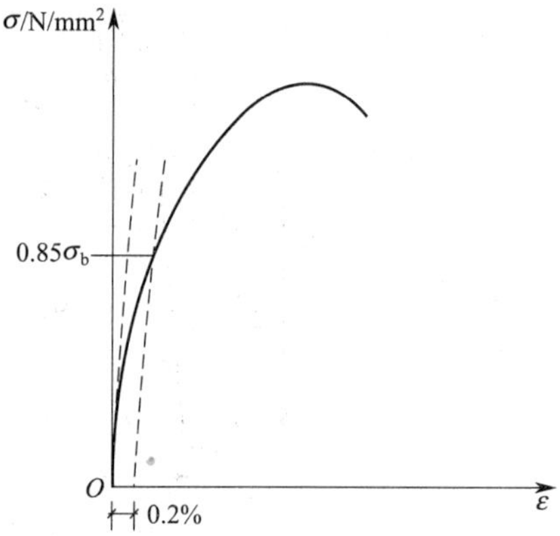

图 1-19　硬钢的应力-应变图

钢筋的延性通常用拉伸试验测得的断后伸长率和截面收缩率表示。

（1）断后伸长率

用 $A$ 表示，它的计算式为

$$A=\frac{\text{标距长度内总伸长度}}{\text{标距长度 }L}\times 100\% \qquad (1\text{-}1)$$

由于试件标距的长度不同，所以伸长率的表示方法也不一样。一般热轧钢筋的标距取 10 倍钢筋直径长和 5 倍钢筋直径长，其伸长率分别用 $A_{10}$ 和 $A_5$ 来表示。钢丝的标距取 100 倍直径长，用 $A_{100}$ 表示。钢绞线标距取 200 倍直径长，用 $A_{200}$ 来表示。

伸长率为衡量钢筋（钢丝）塑性性能的重要指标，伸长率越大，钢筋的塑性就越好。这是钢筋冷加工的保证条件。

（2）断面收缩率

其计算公式为

$$\text{断面收缩率}=\frac{\text{试件的原始截面面积}-\text{试件拉断时断口截面面积}}{\text{试件的原始截面面积}}\times 100\% \qquad (1\text{-}2)$$

**3. 冲击韧度**

冲击韧度是指钢材抵抗冲击荷载的能力。其指标是通过标准试件的弯曲冲击韧度试验确定的。

钢材的冲击韧度是衡量钢材质量的一项指标。特别对经常承受冲击荷载作用的构件，要经过冲击韧度的鉴定，比如重量级的吊车梁等。冲击韧度越大，就表示钢材的冲击韧度越好。

**4. 耐疲劳性**

钢筋混凝土构件在交变荷载的反复作用下，往往在应力远小于屈服点时，发生突然的脆性断裂，这种现象称为疲劳破坏。

疲劳破坏的危险应力用疲劳极限（$\sigma_r$）来表示。它是指疲劳试验中，试件在交变荷载的反复作用下，在规定的周期基数内不发生断裂所能承受的最大应力。钢筋的疲劳极限与其抗拉强度有关，一般抗拉强度高，其疲劳极限也较高。由于疲劳裂纹是在应力集中处形成和发展的，故钢筋的疲劳极限不仅与其内部组织有关，也和其表面质量有关。

测定钢筋的疲劳极限时，应当根据结构使用条件确定所采用的应力循环类型、应力比值（最小与最大应力之比）和循环基数。通常采用的是承受大小改变的拉应力大循环，非预应力筋的应力比值通常为 0.1～0.8，预应力筋的应力比值通常为 0.7～0.85；循环基数一般为 200 万次或 400 万次以上。

**5. 冷弯性能**

冷弯性能是指钢筋在常温（20±3)℃条件下承受弯曲变形的能力。冷弯是检验钢筋原材料质量和钢筋焊接接头质量的重要项目之一；借助冷弯试验拉应力试验更容易暴露钢材内部存在的夹渣、气孔、裂纹等缺陷；特别是焊接接头如有缺陷时，在进行冷弯试验过程中能够敏感地暴露出来。

冷弯性能指标通过冷弯试验确定，常用弯曲角度（$\alpha$）和弯心直径（$d$）对试件的厚度或直径（$a$）的比值来表示。弯曲角度越大，弯心直径对试件厚度或者直径的比值就越小，表明钢筋的冷弯性能越好，如图 1-20 所示。

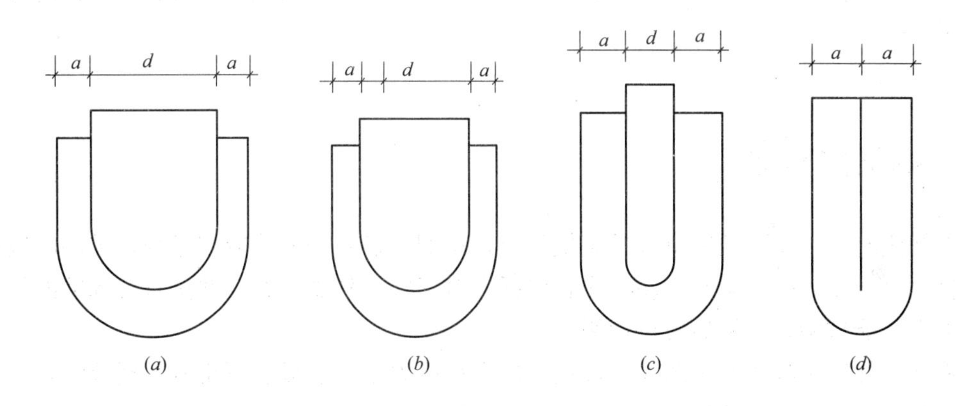


图 1-20　钢筋的冷弯图

（$a$）$d=3a$；（$b$）$d=2a$；（$c$）$d=a$；（$d$）$d=0$

**6. 焊接性能**

钢材的焊接性能是指被焊钢材在采用一定焊接材料、焊接工艺条件下，获得优质焊接接头的难易程度，即钢材对焊接加工的适应性。它包括以下两个方面。

（1）工艺焊接性（接合性能）

工艺焊接性（接合性能）是指在一定焊接工艺条件下焊接接头中出现各种裂纹及其他工艺缺陷的敏感性和可能性。这种敏感性和可能性越大，则其工艺焊接性越差。

（2）使用焊接性

使用焊接性是指在一定焊接条件下焊接接头对使用要求的适应性，以及影响使用可靠性的程度。这种适应性和使用可靠性越大，则其使用焊接性越好。

钢筋的化学成分对钢筋的焊接性能有很大的影响，具体影响因素见表 1-41。

**影响钢筋性能的化学成分　　表 1-41**

| 元素名称 | 内容说明 |
|---|---|
| 碳(C) | 钢筋中含碳量的多少，对钢筋的性能有决定性的影响。含碳量增加时，强度及硬度提高，但塑性和韧性降低；焊接和冷弯性能也降低；钢的冷脆性提高 |
| 硅(Si) | 在含量小于1%时，可显著提高钢的抗拉强度、硬度、抗蚀性能、湿氧化能力；若含量过高，则会降低钢的塑性和韧性，并使焊接性能更差 |
| 锰(Mn) | 能显著提高钢的屈服强度及抗拉强度，改善钢的热加工性能，因此锰的含量不应低于标准规定。但含量过高，焊接性能差 |
| 磷(P) | 磷是钢材的有害元素，能使钢的塑性、韧性以及焊接性能显著降低 |
| 硫(S) | 硫也是钢材的有害元素，能使钢的焊接性能、力学性能、抗蚀性能以及疲劳强度显著降低，使钢变脆 |

**7. 锚固性能**

钢筋在混凝土中的粘结锚固作用主要有：

(1) 胶结力。即接触面上的化学吸附作用，但其影响不大。

(2) 摩阻力。它与接触面的粗糙程度及侧压力有关，且随滑移发展其作用逐渐减小。

(3) 咬合力。这是带肋钢筋横肋对肋前混凝土挤压而产生的，是带肋钢筋锚固力的主要来源。

(4) 机械锚固力。这是指弯钩、弯折及附加锚固等措施（如焊锚板、贴焊钢筋等）提供的锚固作用。

## 1.4 钢筋的检验

钢筋应有出厂质量证明书或试验报告单，每捆（盘）钢筋均应有标牌。进场时应按炉罐（批）号及直径分批验收。验收内容包括查对标牌、外观检查，并按有关标准的规定取试样力学性能试验，合格后方可使用。

钢筋在加工过程中发现脆断、焊接性能不良或力学性能显著不正常等现象时，应进行化学成分检验或其他专项检验。

### 1.4.1 热轧钢筋的检验

热轧钢筋进场时，应按批进行检查和验收。每批由同一牌号、同一炉罐号、同一规格的钢筋组成，重量不大于60t。允许由同一牌号、同一冶炼方法、同一浇注方法的不同炉罐号组成混合批，但各炉罐号含碳量之差不得大于0.02%，含锰量之差不大于0.15%。

**1. 外观检查**

从每批钢筋中抽取5%进行外观检查。钢筋表面不得有裂纹、结疤和折叠。钢筋表面允许有凸块，但不得超过横肋的高度，钢筋表面上其他缺陷的深度和高度不得大于所在部位尺寸的允许偏差。

**2. 力学性能试验**

从每批钢筋中任选两根钢筋，每根取两个试件分别进行拉伸试验（包括屈服点、抗拉强度和断后伸长率）和冷弯试验。如有一项试验结果不符合要求，则从同一批中另取双倍数量的试件重作各项试验。如仍有一个试件不合格，则该批钢筋为不合格品。

### 1.4.2 余热处理钢筋的检验

余热处理钢筋应成批验收。每批由同一外形截面尺寸、同一热处理制度和同一炉罐号的钢筋组成。每批重量不大于60t。公称容量不大于30t炼钢炉冶炼的钢轧成的钢材，允许不同的钢号组成混合批，但每批中不得多于10个炉号。各炉号间钢的含碳量差不大于0.02%，含锰量差不得大于0.15%，含硅量差不得大于0.20%。

**1. 外观检查**

从每批钢筋中选取10%盘数（不少于25盘）进行表面质量与尺寸偏差检查。钢筋表面不得裂纹、结疤和折叠，钢筋表面允许有局部凸块，但不得超过螺纹的高度。如检查不合格，则应将该批钢筋进行逐盘检查。

**2. 力学性能试验**

从每批钢筋中选取10%盘数（不少于25盘）进行拉力试验（包括屈服强度、抗拉强度和伸长率）和冷弯试验。如有一项指标不合格，则该不合格盘报废。再从未试验过的钢筋中取双倍数量的试样进行复验，如仍有一项指标不合格，则该批为不合格品。

### 1.4.3 冷拉钢筋的检验

冷拉钢筋应分批验收，每批由不大于20t的同级别同直径的冷拉钢筋组成。

**1. 外观检查**

从每批中抽取5%（但不少于5盘或5捆）进行表面质量、尺寸偏差和重量偏差的检查。钢筋表面不得有裂纹和局部缩颈。其中有一盘（捆）不合格，则应将该批钢筋进行逐盘检查。作预应力筋时，应逐根检查。

**2. 力学性能试验**

从每批冷拉钢筋中抽取两根钢筋，每根取两个试样分别进行拉力和冷弯试验，如有一项试验结果不符合要求时，应另取双倍数量的试样重做各项试验；如仍有一个试样不合格，则该批冷拉钢筋为不合格品。

### 1.4.4 冷轧扭钢筋的检验

（1）冷轧扭钢筋的成品规格及检验方法。应符合现行行业标准《冷轧扭钢筋》JG 190—2006的规定。

（2）冷轧扭钢筋成品应有出厂合格证书或试验合格报告单。进入现场时应分批分规格捆扎，用垫木架空码放，并应采取防雨措施。每捆均应挂标牌，注明钢筋的规格、数量、生产日期、生产厂家，并应对标牌进行核实，分批验收。

（3）冷轧扭钢筋进场后应分批进行复检，检验批应由同一型号、同一强度等级、同一规格、同一台（套）轧机生产的钢筋组成。每批应不大于20t，不足20t应按一批计。

（4）冷轧扭钢筋成品复检的项目，取样数量应符合表1-42的规定。

**检验项目、取样数量** **表 1-42**

| 序　号 | 检验项目 | 取样数量 | 备　注 |
|---|---|---|---|
| 1 | 外观质量 | 逐根 | — |
| 2 | 截面控制尺寸 | 每批三根 | |
| 3 | 节　距 | 每批三根 | |
| 4 | 定尺长度 | 每批三根 | |
| 5 | 重　量 | 每批三根 | |
| 6 | 拉伸试验 | 每批二根 | 可采用前 5 项检验合格的相同试样 |
| 7 | 弯曲试验 | 每批一根 | |

（5）冷轧扭钢筋成品加工质量的复检，其测试方法应符合现行行业标准《冷轧扭钢筋》JG 190—2006 的规定，其截面参数和外形尺寸应符合本规程的相关规定，并应符合下列规定：

1）外观质量：钢筋表面不应有裂纹、折叠、结疤、压痕、机械损伤或其他影响使用的缺陷，采用逐根目测。

2）截面控制尺寸：Ⅰ型、Ⅱ型冷轧扭钢筋截面尺寸的测量，用精度为 0.02mm 的游标卡尺在试样两端量取，并取其算术平均值，Ⅲ型钢筋内、外圆直径的测量用带滑尺的精度为 0.02mm 游标卡尺，量测试样三个不同位置取其算术平均值。

3）节距的量测用精度为 1.0mm 直尺量取不少于 3 个整节距长度，取其平均值。

4）冷轧扭钢筋定尺长度用精度为 1.0mm 钢尺量测，其允许偏差为：单根长度大于 8m 时为±15mm；单根长度小于或等于 8m 时为±10mm。

5）冷轧扭钢筋的重量测量用精度为 1.0g 台秤称重，用精度为 1.0mm 钢尺测量其长度。然后计算其重量。计算时钢的密度采用 7850kg/m$^3$，试样长度不应小于 400mm。重量偏差应按下式计算：

$$\Delta G=\frac{G'-LG}{LG} \tag{1-3}$$

式中　$\Delta G$——重量偏差，单位为百分比（%）；

$G'$——实测试样重量，单位为千克（kg）；

$G$——冷轧扭钢筋的公称质量（线密度），单位为千克每米（kg/m）；

$L$——实测试样长度，单位为米（m）。

## 1.4.5　冷轧带肋钢筋的检验

冷轧带肋钢筋应按批进行检查和验收。每批由同一钢号、同一规格和同一级别的钢筋组成，每批不大于 50t。

**1. 外观检查**

每批钢筋应有出厂合格证明书，每盘或捆均应有标牌。每批抽取 5%（但不少于 5 盘或 5 捆）进行外形尺寸、表面质量和重量偏差的检查。检查结果应符合表 1-4 的规定，如其中有一盘或一捆不合格，则应对该批钢筋逐盘或逐捆进行检查。

**2. 力学性能检验**

钢筋的力学性能和工艺性能应逐盘、逐捆进行检验。从每盘或每捆任一端截去500mm以后取两个试样，一个作抗拉强度和伸长率试验，另一个作冷弯试验。检查结果如有一项指标不符合表1-6的规定，则判该盘钢筋不合格。

对成捆供应的550级钢筋应逐捆检验，从每捆中同一根钢筋上截取两个试样，一个作抗拉强度和断后伸长率试验，另一个作冷弯试验。检查结果如有一项指标不符合表1-6的规定，应从该捆钢筋中取双倍数量的试件进行复验，复验结果仍有一个试样不合格，则判该批钢筋不合格。

## 1.5 钢筋进场复验与保管

### 1.5.1 进场钢筋的复验

**1. 检验数量与方法**

(1) 检验数量

按进场的批次和产品的抽样检验方案确定，每批质量不大于60t。

(2) 检验方法

检查产品合格证、出厂检验报告和进场复验报告。

**2. 钢筋复验项目**

(1) 轧带肋钢筋复验项目

热轧带肋钢筋力学性能复验项目见表1-43。

**热轧带肋钢筋力学性能复验项目** **表1-43**

| 序　　号 | 检验项目 | 取样数量 | 取样方法 |
|---|---|---|---|
| 1 | 力学 | 2 | 任选两根钢筋切取 |
| 2 | 弯曲 | 2 | 任选两根钢筋切取 |
| 3 | 反向弯曲 | 1 | — |

1) 拉伸、弯曲、反向弯曲试验试样不允许进行切削加工。

2) 根据需方要求，钢筋可进行反向弯曲性能试验，其弯心直径比弯曲试验时相应增加一个钢筋直径。先正弯45°，后反向弯曲23°。经反向弯曲试验后，钢筋受弯曲部位表面不得产生裂纹。

(2) 热轧光圆钢筋和余热处理钢筋复验项目见表1-44。

**热轧光圆钢筋、余热处理钢筋力学性能复验项目** **表1-44**

| 序　　号 | 检验项目 | 取样数量 | 取样方法 |
|---|---|---|---|
| 1 | 拉伸 | 2 | 任选两根钢筋切取 |
| 2 | 冷弯 | 2 | 任选两根钢筋切取 |

（3）低碳钢热轧圆盘条复验项目见表1-45。

低碳钢热轧圆盘条力学性能复验项目　　表1-45

| 序　　号 | 检验项目 | 取样数量 | 取样方法 |
|---|---|---|---|
| 1 | 拉伸试验 | 1 | — |
| 2 | 冷弯试验 | 2 | 不同根 |

## 1.5.2　钢筋的保管

钢筋运到使用地点后，必须妥善保存和加强管理，否则会造成极大的浪费和损失。钢筋入库时，材料管理人员要详细检查和验收。在分捆发料时，一定要防止钢筋窜捆。分捆后应随时复制标牌并及时捆扎牢固，以避免使用时错用。

钢筋在贮存时应做好保管工作，并注意以下几点：

（1）钢筋入库要点数验收，要对钢筋的规格等级、牌号进行检验。

（2）钢筋应尽量堆入仓库或料棚内，当条件不具备时，应选择地势较高、土质坚实、较为平坦的露天场地堆放。在仓库、料棚或场地四周，应有一定排水坡度，或挖掘排水沟，以利泄水。钢筋堆下应有垫木，使钢筋离地不小于200mm，也可用钢筋存放架存放。

（3）钢筋应按不同等级、牌号、炉号、规格、长度分别挂牌堆放，并标明其数量。凡储存的钢筋均应附有出厂证明和试验报告单。

（4）钢筋不得和酸、盐、油等类物品存放在一起。堆放地点不应和产生有害气体的车间靠近，以防腐蚀钢筋。

# 2 钢筋机械连接

## 2.1 一般规定

### 2.1.1 接头性能要求

（1）接头的设计应满足强度及变形性能的要求。

（2）钢筋连接用套筒应符合现行行业标准《钢筋机械连接用套筒》JG/T 163—2013的有关规定；套筒原材料采用45号钢冷拔或冷轧精密无缝钢管时，钢管应进行退火处理，并应满足现行行业标准《钢筋机械连接用套筒》JG/T 163—2013对钢管强度限值和断后伸长率的要求。不锈钢钢筋连接套筒原材料宜采用与钢筋母材同材质的棒材或无缝钢管，其外观及力学性能应符合现行国家标准《不锈钢棒》GB/T 1220—2007、《结构用不锈钢无缝钢管》GB/T 14975—2012的规定。

（3）接头性能应包括单向拉伸、高应力反复拉压、大变形反复拉压和疲劳性能，应根据接头的性能等级和应用场合选择相应的检验项目。

（4）接头应根据极限抗拉强度、残余变形、最大力下总伸长率以及高应力和大变形条件下反复拉压性能，分为Ⅰ级、Ⅱ级、Ⅲ级三个等级，其性能应符合下列规定：

1）Ⅰ级、Ⅱ级、Ⅲ级接头的极限抗拉强度必须符合表2-1的规定。

**接头极限抗拉强度** **表2-1**

| 接头等级 | Ⅰ级 | | Ⅱ级 | Ⅲ级 |
|---|---|---|---|---|
| 极限抗拉强度 | $f_{mst}^{o} \geq f_{stk}$ | 钢筋拉断 | $f_{mst}^{o} \geq f_{stk}$ | $f_{mst}^{o} \geq 1.25 f_{yk}$ |
| | 或 $f_{mst}^{o} \geq 1.10 f_{stk}$ | 连接件破坏 | | |

注：1. 钢筋拉断指断于钢筋母材、套筒外钢筋丝头和钢筋镦粗过渡段。

2. 连接件破坏指断于套筒、套筒纵向开裂或钢筋从套筒中拔出以及其他连接组件破坏。

2）Ⅰ级、Ⅱ级、Ⅲ级接头应能经受规定的高应力和大变形反复拉压循环，且在经历拉压循环后，其极限抗拉强度仍应符合表2-1的规定。

3）Ⅰ级、Ⅱ级、Ⅲ级接头变形性能应符合表2-2的规定。

**接头变形性能** **表2-2**

| 接头等级 | | Ⅰ级 | Ⅱ级 | Ⅲ级 |
|---|---|---|---|---|
| 单向拉伸 | 残余变形/mm | $u_0 \leq 0.10 (d \leq 32)$<br>$u_0 \leq 0.14 (d > 32)$ | $u_0 \leq 0.14 (d \leq 32)$<br>$u_0 \leq 0.16 (d > 32)$ | $u_0 \leq 0.14 (d \leq 32)$<br>$u_0 \leq 0.16 (d > 32)$ |
| | 最大力总伸长率(%) | $A_{sgt} \geq 6.0$ | $A_{sgt} \geq 6.0$ | $A_{sgt} \geq 3.0$ |
| 高应力反复拉压 | 残余变形/mm | $u_{20} \leq 0.3$ | $u_{20} \leq 0.3$ | $u_{20} \leq 0.3$ |
| 大变形反复拉压 | 残余变形/mm | $u_4 \leq 0.3$ 且 $u_8 \leq 0.6$ | $u_4 \leq 0.3$ 且 $u_8 \leq 0.6$ | $u_4 \leq 0.6$ |

（5）对直接承受重复荷载的结构构件，设计应根据钢筋应力幅提出接头的抗疲劳性能要求。当设计无专门要求时，剥肋滚轧直螺纹钢筋接头、镦粗直螺纹钢筋接头和带肋钢筋套筒挤压接头的疲劳应力幅限值不应小于现行国家标准《混凝土结构设计规范》GB 50010—2010 中普通钢筋疲劳应力幅限值的 80%。

（6）钢筋套筒灌浆连接应符合现行行业标准《钢筋套筒灌浆连接应用技术规程》JGJ 355—2015 的有关规定。

### 2.1.2　接头应用

（1）接头等级的选用应符合下列规定：

1）混凝土结构中要求充分发挥钢筋强度或对延性要求高的部位应选用Ⅱ级或Ⅰ级接头；当在同一连接区段内钢筋接头面积百分率为 100%时，应选用Ⅰ级接头。

2）混凝土结构中钢筋应力较高但对延性要求不高的部位可选用Ⅲ级接头。

（2）连接件的混凝土保护层厚度宜符合现行国家标准《混凝土结构设计规范》GB 50010—2010 中的规定，且不应小于 0.75 倍钢筋最小保护层厚度和 15mm 的较大值。必要时可对连接件采取防锈措施。

（3）结构构件中纵向受力钢筋的接头宜相互错开。钢筋机械连接的连接区段长度应按 $35d$ 计算，当直径不同的钢筋连接时，按直径较小的钢筋计算。位于同一连接区段内的钢筋机械连接接头的面积百分率应符合下列规定：

1）接头宜设置在结构构件受拉钢筋应力较小部位，高应力部位设置接头时，同一连接区段内Ⅲ级接头的接头面积百分率不应大于 25%，Ⅱ级接头的接头面积百分率不应大于 50%。Ⅰ级接头的接头面积百分率除本条 2）和 4）所列情况外可不受限制。

2）接头宜避开有抗震设防要求的框架的梁端、柱端箍筋加密区；当无法避开时，应采用Ⅱ级接头或Ⅰ级接头，且接头面积百分率不应大于 50%。

3）受拉钢筋应力较小部位或纵向受压钢筋，接头面积百分率可不受限制。

4）对直接承受重复荷载的结构构件，接头面积百分率不应大于 50%。

（4）对直接承受重复荷载的结构，接头应选用包含有疲劳性能的型式检验报告的认证产品。

### 2.1.3　接头型式检验

（1）下列情况应进行型式检验：

1）确定接头性能等级时。

2）套筒材料、规格、接头加工工艺改动时。

3）型式检验报告超过 4 年时。

（2）接头型式检验试件应符合下列规定：

1）对每种类型、级别、规格、材料、工艺的钢筋机械连接接头，型式检验试件不应少于 12 个；其中钢筋母材拉伸强度试件不应少于 3 个，单向拉伸试件不应少于 3 个，高应力反复拉压试件不应少于 3 个，大变形反复拉压试件不应少于 3 个。

2）全部试件的钢筋均应在同一根钢筋上截取。

3）型式检验试件不得采用经过预拉的试件。

（3）接头的型式检验应按《钢筋机械连接技术规程》JGJ 107—2016 附录 A 的规定进行，当试验结果符合下列规定时评为合格：

1）强度检验：每个接头试件的强度实测值均应符合表 2-1 中相应接头等级的强度要求。

2）变形检验：3 个试件残余变形和最大力下总伸长率实测值的平均值应符合表 2-2 的规定。

（4）型式检验应详细记录连接件和接头参数，宜按《钢筋机械连接技术规程》JGJ 107—2016 附录 B 的格式出具检验报告和评定结论。

（5）接头用于直接承受重复荷载的构件时，接头的型式检验应按表 2-3 的要求和《钢筋机械连接技术规程》JGJ 107—2016 附录 A 的规定进行疲劳性能检验。

**HRB400 钢筋接头疲劳性能检验的应力幅和最大应力** **表 2-3**

| 应力组别 | 最小与最大应力比值 $\rho$ | 应力幅值/MPa | 最大应力/MPa |
|---|---|---|---|
| 第一组 | 0.70～0.75 | 60 | 230 |
| 第二组 | 0.45～0.50 | 100 | 190 |
| 第三组 | 0.25～0.30 | 120 | 165 |

（6）接头的疲劳性能型式检验应符合下列规定：

1）应取直径不小于 32mm 钢筋做 6 根接头试件，分为 2 组，每组 3 根。

2）可任选表 2-3 中的 2 组应力进行试验。

3）经 200 万次加载后，全部试件均未破坏，该批疲劳试件型式检验应评为合格。

### 2.1.4 接头的现场加工与安装

**1. 一般规定**

（1）钢筋丝头现场加工与接头安装应按接头技术提供单位的加工、安装技术要求进行，操作工人应经专业培训合格后上岗。

（2）钢筋丝头加工与接头安装应经工艺检验合格后方可进行。

**2. 钢筋丝头加工**

（1）直螺纹钢筋丝头加工应符合下列规定：

1）钢筋端部应采用带锯、砂轮锯或带圆弧形刀片的专用钢筋切断机切平。

2）墩粗头不应有与钢筋轴线相垂直的横向裂纹。

3）钢筋丝头长度应满足产品设计要求，极限偏差应为 0～2.0$p$。

4）钢筋丝头宜满足 6$f$ 级精度要求，应当采用专用直螺纹量规检验，通规应能顺利旋入并达到要求的拧入长度，止规旋入不得超过 3$p$。各规格的自检数量不应少于 10%，检验合格率不应小于 95%。

（2）锥螺纹钢筋丝头加工应符合下列规定：

1）钢筋端部不得有影响螺纹加工的局部弯曲。

2）钢筋丝头长度应满足产品设计要求，拧紧后的钢筋丝头不得相互接触，丝头加工长度极限偏差应为−0.5$p$～−1.5$p$。

3）钢筋丝头的锥度和螺距应采用专用锥螺纹量规检验；各规格丝头的自检数量不应

少于10%，检验合格率不应小于95%。

**3. 接头的安装**

（1）直螺纹接头的安装应符合下列规定：

1）安装接头时可用管钳扳手拧紧，钢筋丝头应在套筒中央位置相互顶紧，标准型、正反丝型、异径型接头安装后的单侧外露螺纹不宜超过2$p$；对无法对顶的基础直螺纹接头，应附加锁紧螺母、顶紧凸台等措施紧固。

2）接头安装后应用扭力扳手校核拧紧扭矩，最小拧紧扭矩值应符合表2-4的规定。

**直螺纹接头安装时最小拧紧扭矩值** **表2-4**

| 钢筋直径/mm | ≤16 | 18～20 | 22～25 | 28～32 | 36～40 | 50 |
|---|---|---|---|---|---|---|
| 拧紧扭矩/(N·m) | 100 | 200 | 260 | 320 | 360 | 460 |

3）校核用扭力扳手的准确度级别可选用10级。

（2）锥螺纹接头的安装应符合下列规定：

1）接头安装时应严格保证钢筋与连接件的规格相一致。

2）接头安装时应用扭力扳手拧紧，拧紧扭矩值应满足表2-5的要求。

**锥螺纹接头安装时拧紧扭矩值** **表2-5**

| 钢筋直径/mm | ≤16 | 18～20 | 22～25 | 28～32 | 36～40 | 50 |
|---|---|---|---|---|---|---|
| 拧紧扭矩/(N·m) | 100 | 180 | 240 | 300 | 360 | 460 |

3）校核用扭力扳手与安装用扭力扳手应区分使用，校核用扭力扳手应每年校核1次，准确度级别不应低于5级。

（3）套筒挤压接头的安装应符合下列规定：

1）钢筋端部不得有局部弯曲，不得有严重锈蚀和附着物。

2）钢筋端部应有挤压套筒后可检查钢筋插入深度的明显标记，钢筋端头离套筒长度中点不宜超过10mm。

3）挤压应从套筒中央开始，依次向两端挤压，挤压后的压痕直径或套筒长度的波动范围应用专用量规检验；压痕处套筒外径应为原套筒外径的0.80～0.90倍，挤压后套筒长度应为原套筒长度的1.10～1.15倍。

4）挤压后的套筒不应有可见裂纹。

## 2.2 钢筋套筒挤压连接

### 2.2.1 钢筋套筒挤压连接特点及适用范围

钢筋套筒挤压连接是通过挤压力使连接件钢套塑性变形与带肋钢筋紧密咬合形成接头的连接技术。套筒挤压连接有两种，一种是套筒的变形有径向塑性变形——钢筋径向套筒挤压连接接头；另一种是套筒钢筋轴向变形挤压连接等两种套筒挤压连接。

带肋钢筋套筒径向挤压连接是采用挤压机沿径向（即与套筒轴线垂直方向）将钢套筒

挤压使之产生塑性变形，紧密地咬住带肋钢筋的横肋，实现两根钢筋的连接，如图 2-1 所示。不同直径的带肋钢筋采用挤压接头连接时，若套筒两端外径与壁厚相同，被连接钢筋的直径相差不宜大于 5mm。挤压连接工艺流程：钢筋套筒经验→钢筋断料，刻划钢筋套入长度定出标记→套筒套入钢筋→安装挤压机→开动液压泵，逐渐加压套筒至接头成型→卸下挤压机→接头外形检查。

钢筋轴向挤压连接是采用挤压机和压模对钢套筒以及插入的两根对接钢筋，朝轴向方向进行挤压，使套筒咬合在带肋钢筋的肋间，使其结合成一体，见图 2-2。

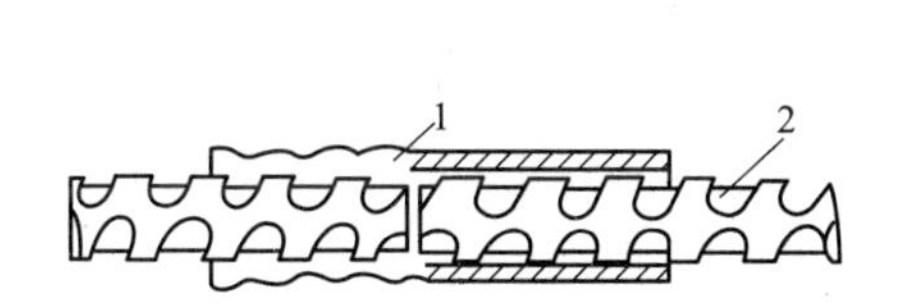


图 2-1 钢筋径向挤压

1—钢套管；2—钢筋

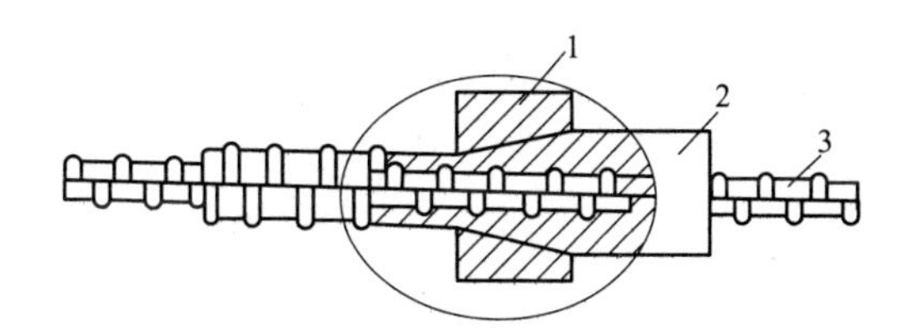


图 2-2 钢筋轴向挤压

1—压模；2—钢套管；3—钢筋

**1. 特点**

(1) 钢筋接头抗拉强度实测值达到或超过钢筋母材的实际强度。

(2) 操作简单，普通工人经培训后就可上岗。

(3) 连接速度快，一般 3～4min 就可连接一个接头。

(4) 无明火作业，没有爆炸着火危险。

(5) 可以全天施工，工期有保障。

(6) 节约了大量钢筋及能源。

**2. 适用范围**

钢筋径向挤压连接适用于地震区和非地震区的钢筋混凝土结构的带肋钢筋连接施工。可连接 HRB335、HRB400 级直径为 12～40mm 的钢筋。

钢筋轴向挤压连接适用于按一、二级抗震区和非地震区的钢筋混凝土结构的钢筋连接施工。连接钢筋规格为 HRB335、HRB400 级直径为 $\phi 20$～$\phi 32$ 的竖向、斜向和水平钢筋。

## 2.2.2 钢筋套筒挤压连接设备

1. 带肋钢筋套筒径向挤压连接设备

带肋钢筋套筒径向挤压连接工艺是采用挤压机将钢套筒挤压变形，使之紧密地咬住变形钢筋的横肋，实现两根钢筋的连接（图 2-3）。它适用于任何直径变形钢筋的连接，包括同径和异径（当套筒两端外径和壁厚相同时，被连接钢筋的直径相差应不大于 5mm）钢筋。适用于 $\phi 16$～$\phi 40$ 的 HPB300、HRB400 级带肋钢筋的径向挤压连接。

(1) 设备组成

设备主要由挤压机、超高压泵站、平衡器、吊挂小车等组成（图 2-4）。

采用径向挤压连接工艺使用的挤压机有以下几种：

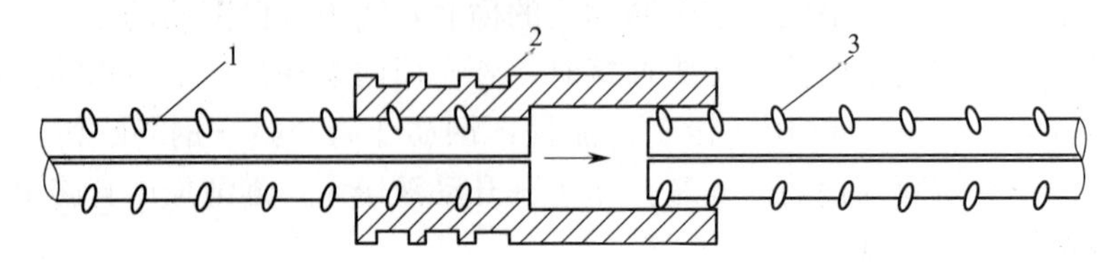


图 2-3　套筒挤压连接
1—已挤压的钢筋；2—钢套筒；3—未挤压的钢筋

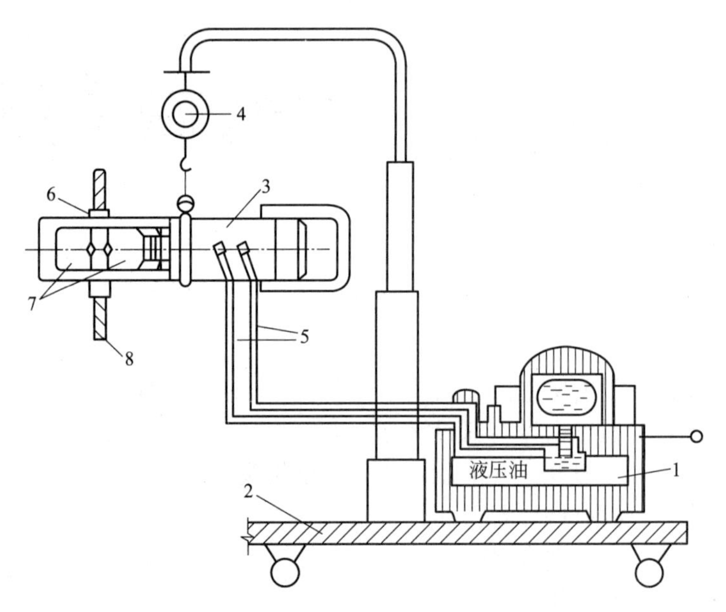


图 2-4　钢筋径向挤压连接设备示意图
1—超高压泵站；2—吊挂小车；3—挤压机；4—平衡器；
5—超高压软管；6—钢套筒；7—模具；8—钢筋

1）YJ-32 型。可用于直径 25～32mm 变形钢筋的挤压连接。该机由于采用双作用油路和双作用油缸体，所以压接和回程速度较快。但机架宽度较小，只可用于挤压间距较小（但净距必须大于 60mm）的钢筋（图 2-5）。其主要技术性能见表 2-6。

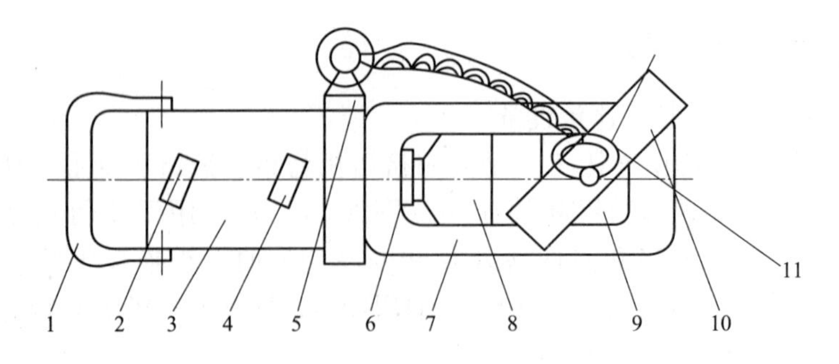


图 2-5　YJ-32 型挤压机构造简图
1—手把；2—进油口；3—缸体；4—回油口；5—吊环；
6—活塞；7—机架；8、9—压模；10—卡板；11—链条

**YJ-32 型挤压机主要技术性能** **表 2-6**

| 项　　目 | 技术参数 |
| --- | --- |
| 额定工作油压力/MPa | 108 |
| 额定压力/kN | 650 |
| 工作行程/mm | 50 |
| 挤压一次循环时间/s | ≤10 |
| 外形尺寸/mm | $\phi$130×160(机架宽)×426 |
| 自重/kg | 约 28 |

该机的动力源（超高压泵站）为二极定量轴向柱塞泵，输出油压为 31.38～122.8MPa，连续可调。它设有中、高压二级自动转换装置，在中压范围内输出流量可达 2.86dm³/min，使挤压机在中压范围内进入返程有较快的速度。当进入高压或超高压范围内，中压泵自动卸荷，用超高压的压力来保证足够的压接力。

2）YJ650 型。用于直径 32mm 以下变形钢筋的挤压连接（图 2-6），其主要技术性能见表 2-7。

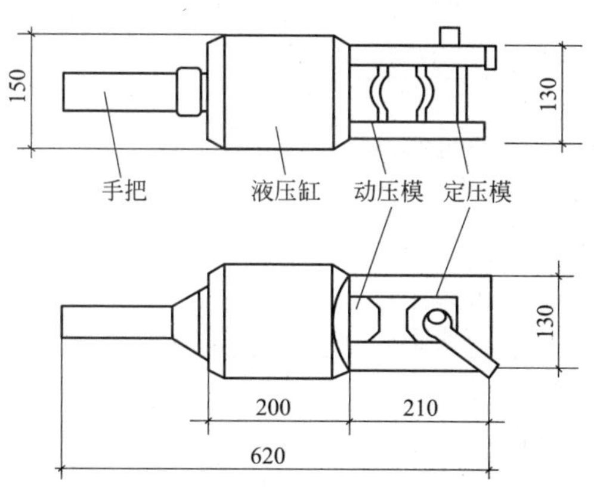


图 2-6　YJ650 型挤压机构造简图

**YJ650 型挤压机主要技术性能** **表 2-7**

| 项　　目 | 技术参数 |
| --- | --- |
| 额定压力/kN | 650 |
| 外形尺寸/mm | $\phi$144×450 |
| 自重/kg | 43 |

该机液压源可选用 ZB0.6/630 型油泵，额定油压 63MPa。

3）YJ800 型。用于直径 32mm 以上变形钢筋的挤压连接，其主要技术性能见表 2-8。

**YJ800 型挤压机主要技术性能** **表 2-8**

| 项　　目 | 技术参数 |
| --- | --- |
| 额定压力/kN | 800 |
| 外形尺寸/mm | $\phi$170×468 |
| 自重/kg | 55 |

该机液压源可选用 ZB4/500 高压油泵，额定油压为 50MPa。

4）YJH-25、YJH-32 和 YJH-40 径向挤压设备，其性能见表 2-9。平衡器是一种辅助工具，它是利用卷簧张紧力的变化进行平衡力调节。利用平衡器吊挂挤压机，将平衡重量调节到与挤压机重量一致或稍大时，使挤压机在任何位置均达到平衡，即操作人员手持挤压机处于无重状态，在被挤压的钢筋接头附近的空间进行挤压施工作业，从而大大减轻了工人的劳动强度，提高挤压效率。

**钢筋径向挤压连接设备主要技术参数** **表 2-9**

| 设备组成 | 项目 | 设备型号及技术参数 | | |
|---|---|---|---|---|
| | | YJH-25 | YJH-32 | YJH-40 |
| 压接钳 | 额定压力/MPa | 80 | 80 | 80 |
| | 额定挤压力/kN | 760 | 760 | 900 |
| | 外形尺寸/mm | $\phi$150×433 | $\phi$150×480 | $\phi$170×530 |
| | 质量/kg | 23(不带压模) | 27(不带压模) | 34(不带压模) |
| 压模 | 可配压模型号 | M18、M20、M22、M25 | M20、M22、M25、M28、M32 | M32、M36、M40 |
| | 可连接钢筋的直径/mm | $\phi$18、$\phi$20、$\phi$22、$\phi$25 | $\phi$20、$\phi$22、$\phi$25、$\phi$28、$\phi$32 | $\phi$32、$\phi$36、$\phi$40 |
| | 质量/(kg/副) | 5.6 | 6 | 7 |
| 超高压泵站 | 电动机 | 输入电压:380V 50Hz(220V 60Hz)<br>功率:1.5kW | | |
| | 高压泵 | 额定压力:80MPa<br>高压流量:0.8L/min | | |
| | 低压泵 | 额定压力:2.0MPa<br>低压流量:4.0～6.0L/min | | |
| | 外形尺寸/mm | 750×540×785(长×宽×高) | | |
| | 质量/kg | 96 | 油箱容积/L | 20 |
| 超高压软管 | 额定压力/MPa | 100 | | |
| | 内径/mm | 6.0 | | |
| | 长度/m | 3.0(5.0) | | |

吊挂小车是车底盘下部有四个轮子，并将超高压泵放在车上，将挤压机和平衡器吊于挂钩下。这样，靠吊挂小车移动进行操作。

（2）钢筋

用于挤压连接的钢筋应符合现行标准《钢筋混凝土用余热处理钢筋》GB 13014—2013 的要求。

（3）钢套筒

钢套筒的材料宜选用强度适中、延性好的优质钢材，其力学性能宜符合表 2-10 的要求。

考虑到套筒的尺寸及强度偏差，套筒的设计屈服承载力和极限承载力应比钢筋的标准屈服承载力和极限承载力大 10%。

钢套筒的规格和尺寸，宜符合表 2-11 的规定。其允许偏差：当外径小于或等于 50mm 时，为±0.5mm；外径大于 50mm 时，为±0.01mm；壁厚为+12%、−10%；长度为±2mm。

套筒材料的力学性能　　表 2-10

| 项　　目 | 力学性能指标 |
|---|---|
| 屈服强度/MPa | 225～350 |
| 抗拉强度/MPa | 375～500 |
| 伸长率 $\delta_5$(%) | ≥20 |
| 硬度/HRB 或/HB | 60～80<br>102～133 |

钢套筒的规格和尺寸　　表 2-11

| 钢套筒型号 | 钢套筒尺寸/mm | | | 压接标志道数 |
|---|---|---|---|---|
| | 外径 | 壁厚 | 长度 | |
| G40 | 70 | 12 | 240 | 8×2 |
| G36 | 63 | 11 | 216 | 7×2 |
| G32 | 56 | 10 | 192 | 6×2 |
| G28 | 50 | 8 | 168 | 5×2 |
| G25 | 45 | 7.5 | 150 | 4×2 |
| G22 | 40 | 6.5 | 132 | 3×2 |
| G20 | 36 | 6 | 120 | 3×2 |

**2. 带肋钢筋套筒轴向挤压连接设备**

钢筋轴向挤压连接，是采用挤压机和压模对钢套筒和插入的两根对接钢筋，沿其轴线方向进行挤压，使套筒咬合到变形钢筋的肋间，结合成一体（图 2-7）。与钢筋径向挤压连接相同。适用于同直径或相差一个型号直径的钢筋连接，如 $\phi$25 与 $\phi$28、$\phi$28 与 $\phi$32。其适用材料及组成部件介绍如下。

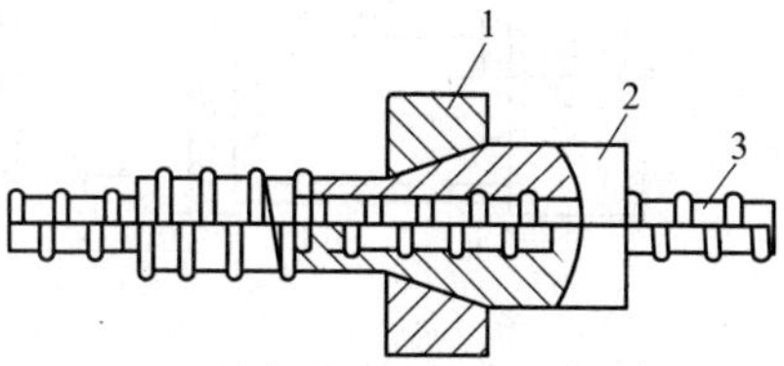

图 2-7　钢筋轴向挤压连接
1—压模；2—钢套筒；3—钢筋

（1）钢筋

钢筋要求与钢筋径向挤压连接相同。

（2）钢套筒

钢套筒材质应符合现行标准《高压锅炉用无缝钢管》GB 5310—2008 的优质碳素结构钢，其力学性能应符合表 2-12 的要求。

钢套筒力学性能　　表 2-12

| 项　　目 | 力学性能 |
|---|---|
| 屈服强度 | ≥250MPa |
| 抗拉强度 | ≥420～560MPa |
| 伸长率 $\delta_5$ | ≥24% |
| HRB | ≤75 |

钢套筒的规格尺寸和要求，见表 2-13。

**钢套筒规格尺寸** 　　　　**表 2-13**

| 套筒尺寸/mm \ 钢筋直径/mm | | $\phi 25$ | $\phi 28$ | $\phi 32$ |
|---|---|---|---|---|
| 外径 | | $\phi\,45^{+0.1}_{0}$ | $\phi\,49^{+0.1}_{0}$ | $\phi\,55.5^{+0.1}_{0}$ |
| 内径 | | $\phi\,33^{0}_{-0.1}$ | $\phi\,35^{0}_{-0.1}$ | $\phi\,39^{0}_{-0.1}$ |
| 长度 | 钢筋端面紧贴连接时 | $190^{+0.3}_{0}$ | $200^{+0.3}_{0}$ | $210^{+0.3}_{0}$ |
| | 钢筋端面间隙小于或等于 30mm 连接时 | $200^{+0.3}_{0}$ | $230^{+0.3}_{0}$ | $240^{+0.3}_{0}$ |

（3）主要设备

其主要组成设备有挤压机、半挤压机、超高压泵站等，现分别介绍如下。

挤压机可用于全套筒钢筋接头的压接和少量半套筒接头的压接（图 2-8）。其主要技术参数见表 2-14。

**挤压机主要技术参数** 　　　　**表 2-14**

| 钢筋公称直径/mm | 套管直径/mm | | 压模直径/mm | |
|---|---|---|---|---|
| | 内径 | 外径 | 同径钢筋及异径钢筋粗径用 | 异径钢筋接头细径用 |
| $\phi 25$ | $\phi 33$ | $\phi 45$ | 38.4±0.02 | 40±0.02 |
| $\phi 28$ | $\phi 35$ | $\phi 49.1$ | 42.3±0.02 | 45±0.02 |
| $\phi 32$ | $\phi 39$ | $\phi 55.5$ | 48.3±0.02 | — |

半挤压机适用于半套筒钢筋接头的压接（图 2-9）。其主要技术参数见表 2-15。

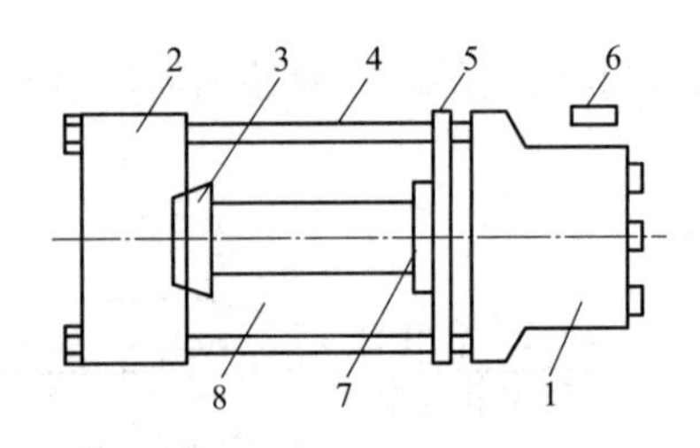


图 2-8　GTZ32 型挤压机简图

1—油缸；2—压模座；3—压模；4—导向杆；5—撑力架；6—管拉头；7—垫块座；8—套筒

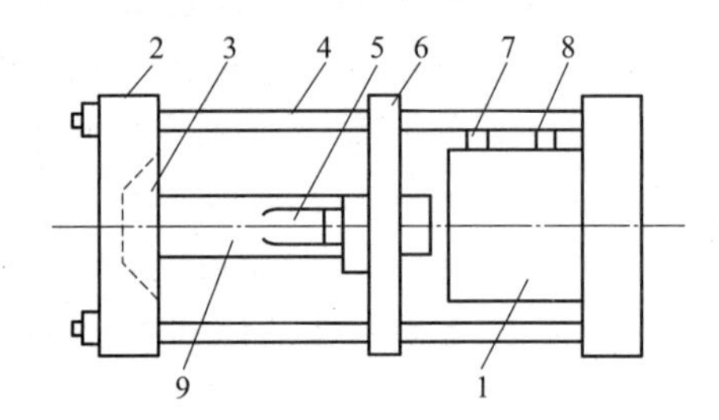


图 2-9　GTZ32 型半挤压机简图

1—油缸；2—压模座；3—压模；4—导向杆；5—限位器；6—撑力架；7、8—管接头；9—套管

**半挤压机主要技术参数** 　　　　**表 2-15**

| 项　次 | 项　目 | 单　位 | 技术性能 | |
|---|---|---|---|---|
| | | | 挤压机 | 半挤压机 |
| 1 | 额定工作压力 | MPa | 70 | 70 |
| 2 | 额定工作推力 | kN | 400 | 470 |
| 3 | 油缸最大行程 | mm | 104 | 110 |
| 4 | 外形尺寸(长×宽×高) | mm | 755×158×215 | 180×180×780 |
| 5 | 自重 | kg | 65 | 70 |

超高压泵站为双泵双油路电控液压泵站。由电动机驱动高、低压泵。当三位四通换向阀左边接通时，油缸大腔进油，当压力达到 65MPa 时，高压继电器断电，换向阀回到中位；当换向阀右边接通时，油缸小腔进油，当压力达到 35MPa 时，低压继电器断电，换向阀又回到中位。其技术性能参见表 2-16。

压模分半挤压机用压模和挤压机用压模，使用时要按钢筋的规格选用见表 2-16。

**超高压泵站技术性能** **表 2-16**

| 项次 | 项目 | 单位 | 技术性能 | |
|---|---|---|---|---|
| | | | 挤压机 | 半挤压机 |
| 1 | 额定工作压力 | MPa | 70 | 7 |
| 2 | 额定流量 | L/min | 2.5 | 7 |
| 3 | 继电器调定压力 | N/min | 72 | 36 |
| 4 | 电动机($J100L_2$—4—$B_5$)<br>电压<br>功率<br>频率 | <br>V<br>kW<br>Hz | <br>380<br>3<br>50 | — |

## 2.2.3 钢筋套筒挤压连接的工艺

### 1. 带肋钢筋套筒径向挤压连接工艺

(1) 将钢筋套入钢套筒内，使钢套筒端面同钢筋伸入位置的标记线对齐，如图 2-10 所示。

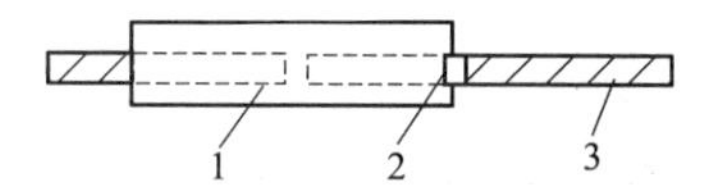


图 2-10 钢筋伸入位置标记线

1—铜套筒；2—标记线；3—钢筋

为减少高空作业的难度，加快施工速度，可先在地面预先压接半个钢筋接头，再集装吊运到作业区，完成另半个钢筋接头的压接（图 2-11）。

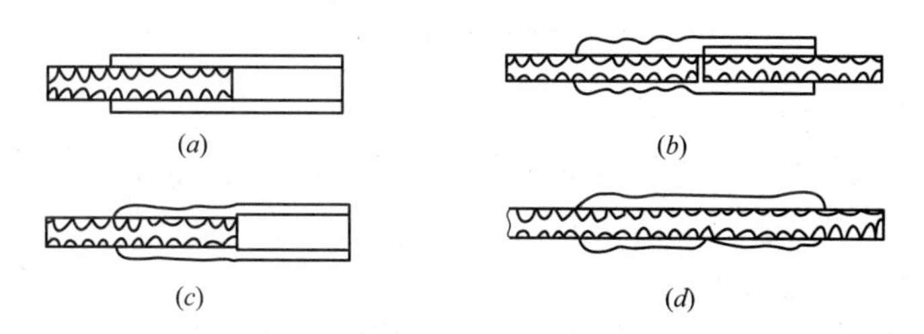


图 2-11 预制半个钢筋接头工序示意图

(*a*) 把已下好料的钢筋插到套管中央；(*b*) 放在挤压机内，压结已插钢筋的半边；(*c*) 把已预压半边的钢筋插到待接钢筋上；(*d*) 压接另一半套筒

(2) 按钢套筒压痕位置标记，对正压模位置，并使压模运动方向同钢筋两纵肋所在的平面相垂直，即保证最大压接面在钢筋的横肋上。

压痕通常由各生产厂家根据各自设备、压模刃口的尺寸和形状，通过在其所售的钢套筒上喷挤压道数标志或出厂技术文件中确定。凡属于压痕道数只在出厂技术文件中确定的，宜在施工现场按照出厂技术文件涂刷压接标记，压痕宽度为 12mm（允许偏差±1mm），压痕间距 4mm（允许偏差±1.5mm），如图 2-12 所示。

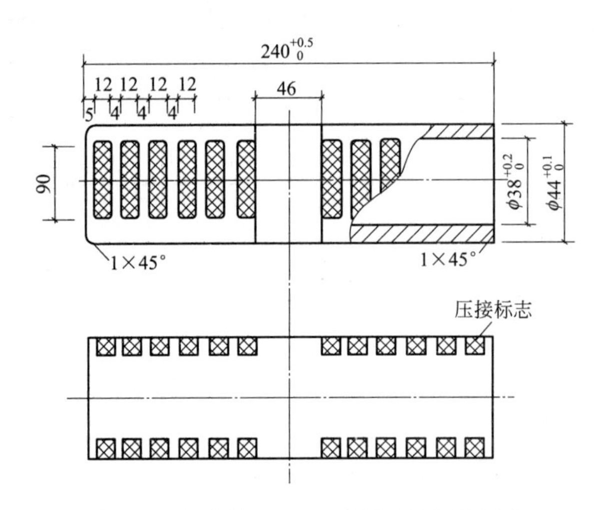


图 2-12 钢套筒（G32）的尺寸及压接标志

**2. 带肋钢筋套筒轴向挤压连接工艺**

（1）为了能够准确地判断出钢筋伸入钢套筒内的长度，在钢筋两端用标尺画出油漆标志线，如图 2-13 所示。

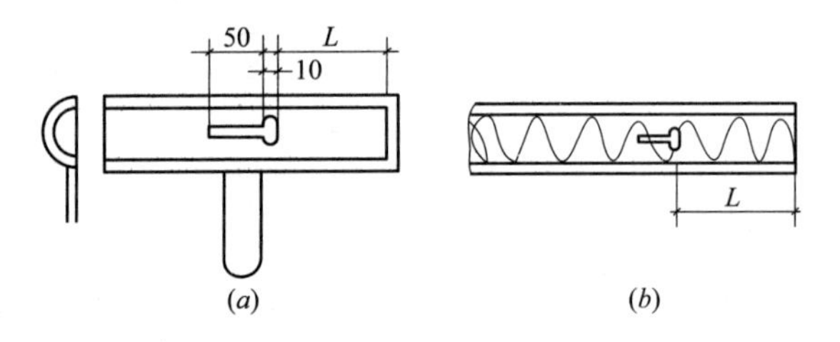


图 2-13 标尺画油漆标志线

（a）标尺；（b）钢筋上已画好油漆标志线

（2）选定套筒与压模，并使其配套。

（3）接好泵站电源及其与半挤压机（或挤压机）的超高压油管。

（4）启动泵站，按手控开关的“上”、“下”按钮，使油缸往复运动几次，检查泵站和半挤压机（或挤压机）是否正常。

（5）常采取预先压接半个钢筋接头后，再运往作业地点进行另外半个钢筋接头的整根压接连接。

（6）半根钢筋挤压作业步骤，见表 2-17。

（7）整根钢筋挤压作业步骤，见表 2-18。

（8）压接后的接头，其套筒握裹钢筋的长度宜达到油漆标记线，达不到的，可绑扎补强钢筋或切去重新压接。

半根钢筋挤压作业步骤　　表 2-17

| 步　骤 | 图　示 | 说　明 |
|---|---|---|
| 步骤一 | 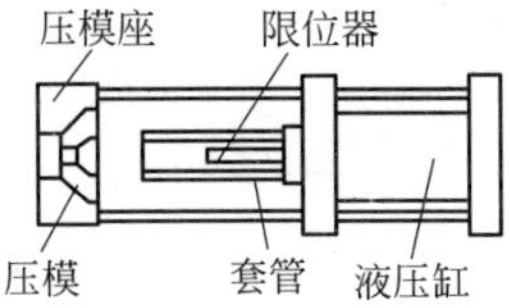 压模座　限位器　压模　套管　液压缸 | 装好高压油管和钢筋配用的限位器、套管、压模，并在压模内孔涂羊油 |
| 步骤二 | 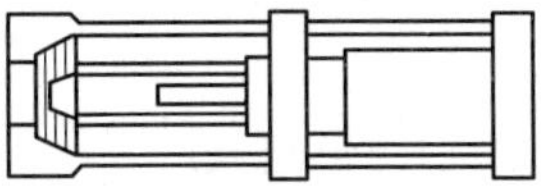 | 按手控“上”按钮，使套管对正压模内孔，再按手控“停止”按钮 |
| 步骤三 | 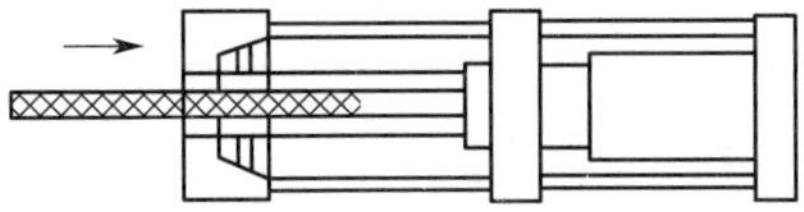 | 插入钢筋；顶在限位器立柱上，扶正 |
| 步骤四 | 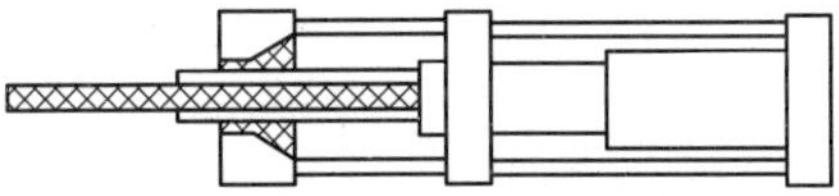 | 按手控“上”按钮，进行挤压 |
| 步骤五 | 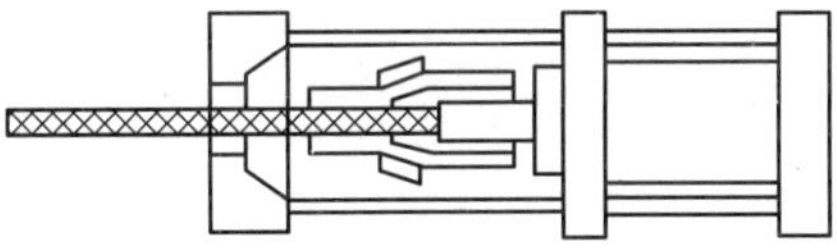 | 当听到溢流“吱吱”声，再按手控“下”按钮，退回柱塞，取下压模 |
| 步骤六 | 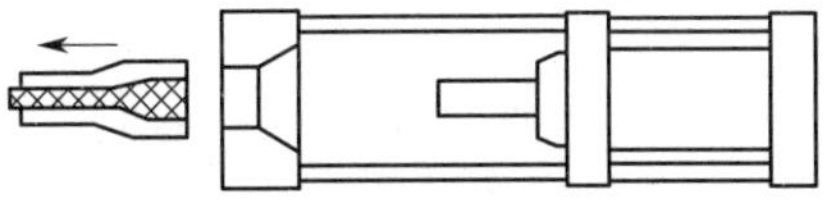 | 取出半套管接头，挤压作业结束 |

整根钢筋挤压作业步骤　　表 2-18

| 步　骤 | 图　示 | 说　明 |
|---|---|---|
| 步骤一 | 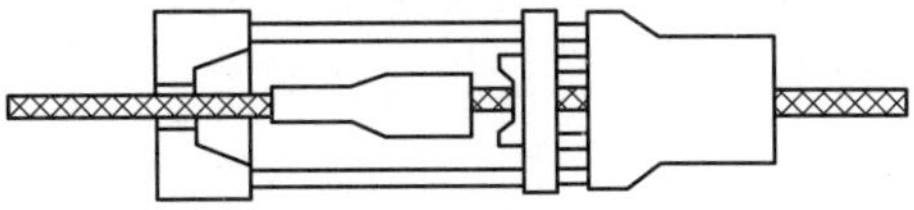 | 将半套管接头，插入结构钢筋，挤压机就位 |
| 步骤二 | 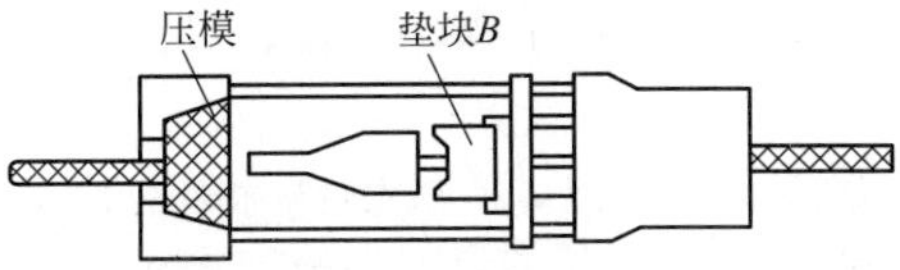 压模　垫块$B$ | 放置与钢筋配用的垫块 $B$ 和压模 |
| 步骤三 | 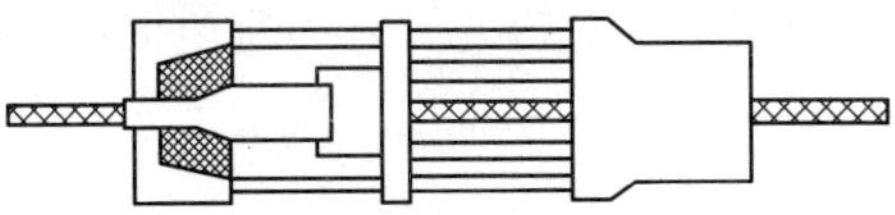 | 按手控“上”按钮，进行挤压，听到“吱吱”溢流声 |

续表

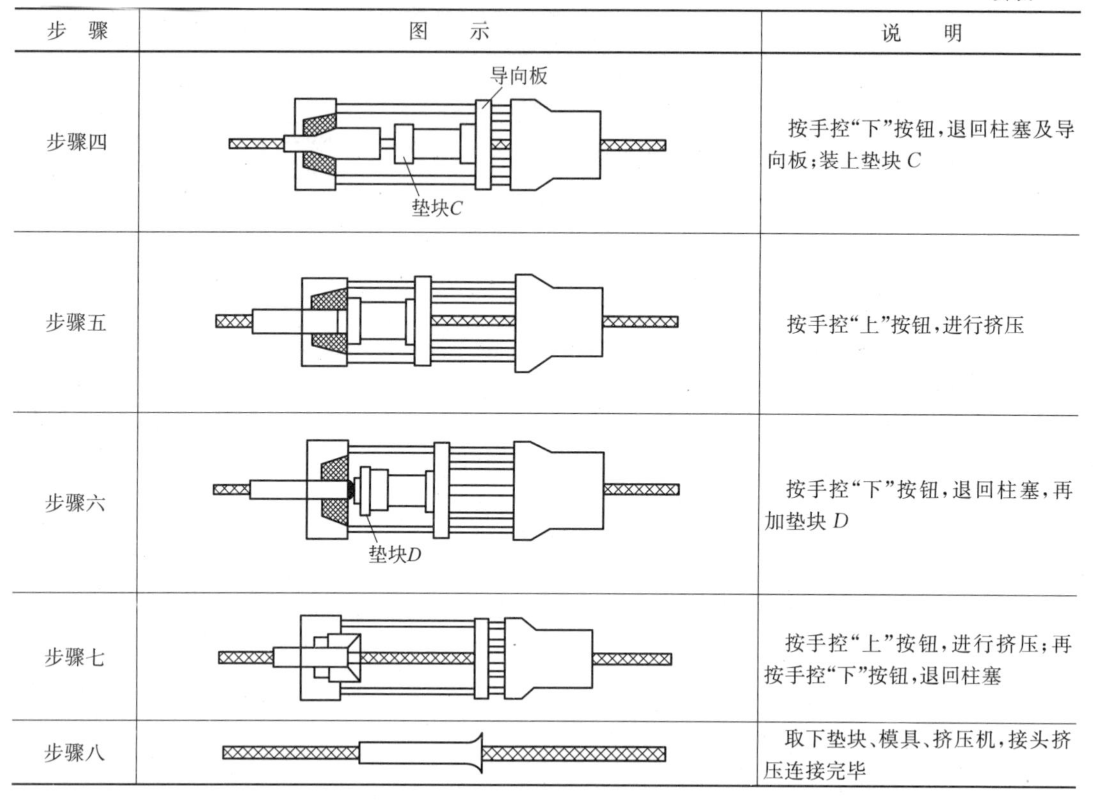


| 步　骤 | 图　　示 | 说　　明 |
|---|---|---|
| 步骤四 | | 按手控"下"按钮，退回柱塞及导向板；装上垫块 $C$ |
| 步骤五 | | 按手控"上"按钮，进行挤压 |
| 步骤六 | | 按手控"下"按钮，退回柱塞，再加垫块 $D$ |
| 步骤七 | | 按手控"上"按钮，进行挤压；再按手控"下"按钮，退回柱塞 |
| 步骤八 | | 取下垫块、模具、挤压机，接头挤压连接完毕 |

## 2.2.4 钢筋套筒挤压连接的实例

**【例 2-1】** 汕头某电厂位于汕头特区，施工现场在海边，施工条件艰苦。施工时间为台风季节，经常出现风雨天气，高空作业不允许出现明火。气候条件和施工环境限制不能使用常规的钢筋连接方法。烟囱高度 210m，钢筋接头数为 2 万多个。在采用钢筋挤压连接技术后，该烟囱在采用 3 台 JM-YJH32-4 型设备配合滑模工艺施工的工艺方法，保证了施工质量和施工安全，大大提高施工速度，整个烟囱施工仅用四个月时间就全部完成。

**【例 2-2】** 在大量兴建的水利工程如大坝、渡槽、拦海闸墩、码头、港口、船闸和船坞等工程中大量采用钢筋挤压连接技术。钢筋笼挤压对接的施工工艺示意图，如图 2-14 所示。

如：经过三峡水电站、小浪底水利工程中的导流洞工程和青海拉西瓦水利工程导流洞等大型工程中大量采用钢筋挤压连接技术，取得了使用方便、灵活、简单，节省工期，提高效益等效果。

又如：目前亚洲最大的铁矿石中转基地工程——宝钢马迹山港口工程位于浙江嵊泗列岛西南，风大、浪急、水深、气温高，腐蚀条件苛刻，因而在码头工程中采用 22～32mm 环氧树脂涂层钢筋，涂层钢筋的连接是工程的关键之一，为避免损伤涂层，工程全部采用挤压连接涂层钢筋，效果非常好。挤压连接给进一步推广涂层钢筋的应用提供了基础技术保证。

**【例 2-3】** 某中心建筑面积 28 万 $m^2$，该工程仅基础底板厚 1.4m，面积 30000$m^2$，混

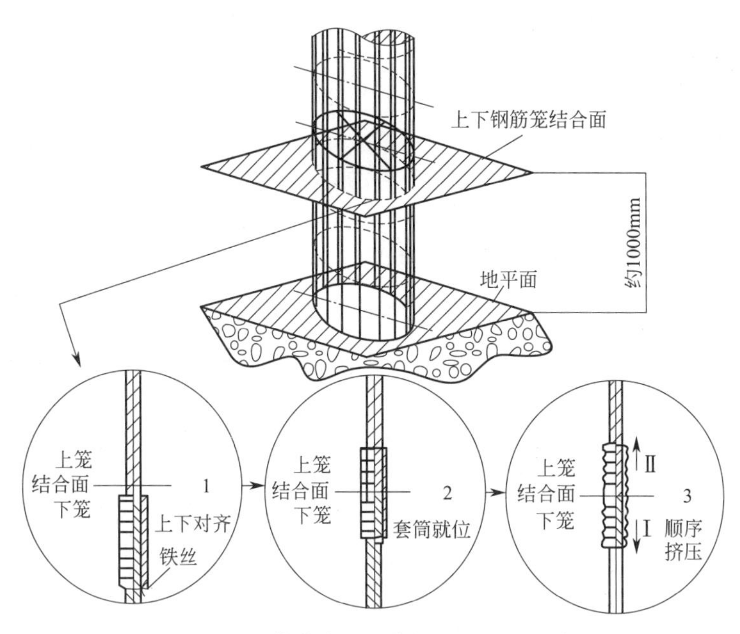

图 2-14 钢筋笼挤压对接的施工工艺示意图

凝土浇筑量 5 万多立方米，$\phi$32 钢筋配筋量计划要用 15000t，工期要求紧。在采用钢筋挤压连接技术后，在施工人员为经过培训后的普通工人，现场施工作业面狭小等条件下，在 2 个多月的时间内，连接 $\phi$32 钢筋接头近 20 万个，如期完成了底板施工。在施工中实现了间距 110mm，上下多排近 300m 长的 $\phi$32 水平钢筋的通长连接，其中大量接头为两端已浇筑分块混凝土，中部要后续铺排钢筋，并于端部连接成整长一根的密集接头。采用 JM-YJH32-4 型设备实现预制连接单班 120 个头/台，施工现场连接单班 80 个头/台。南于根据钢筋挤压连接工艺要求和技术特点组织施工和加工钢筋，对连接接头位置不受限制，无需特意错开钢筋接头位置而对钢筋特别预先进行精确定尺。并采用长钢筋，大大节省了钢筋准备时间和钢筋，提高了施工速度，节约了大量材料。钢筋实际用量 14000t，仅此一项就比常规方法节约钢筋 1000 多吨左右。

**【例 2-4】** 某车站建筑面积 30 多万平方米，由地铁车站和主站房两部分组成。其中地铁站房为目前北京最大的综合地铁车站，最下层为地铁站台，中间为地下商业街，上部为车站通道，地上为火车站站台。整个建筑结构复杂，工期要求紧，技术要求高，钢筋密度大，主筋如采用传统焊接方法，需连接 20 多万个接头，最粗钢筋直径为 $\phi$36，焊接难度非常高。而且施工现场电力紧张满足不了焊接用电需求。由于工地现场条件限制，几乎全部钢筋连接作业均需在现场完成。在施工中由于采用挤压连接工艺减少接头 6 万多个，节约了大量的钢材、人力和电能，提高了施工速度，同时还确保了结构工程质量，提前了工期，节约了大量资金。

**【例 2-5】** 近几年来，钢筋轴向挤压连接技术先后在北京中央电视台发射塔 224～248m 高的南边、北边塔身的 $\phi$32 钢筋、国际新闻广播电视交流中心大厦的 D 段裙房柱子的 $\phi$32 钢筋、航空航天部军贸试验中心演示厅的梁、柱 $\phi$25～$\phi$32 钢筋、燕化总公司俱乐部悬挑大梁、国际网球游泳馆、颐和园宾馆的大梁 $\phi$25～$\phi$32 钢筋、国家教委电教中心地下三层柱 $\phi$32 钢筋的连接施工中应用，累计接头总数 5862 个，施工现场质量检验时，接头单向拉伸试验结果，都断于母材，取得了良好的技术经济效果。

## 2.3 钢筋锥螺纹套筒连接

### 2.3.1 钢筋锥螺纹套筒特点及适用范围

钢筋锥螺纹接头是利用锥螺纹能承受拉、压两种作用力及自锁性、密封性好的原理，将钢筋的连接端加工成锥螺纹，按规定的力矩值把钢筋连接成一体的接头。GK型等强钢筋锥螺纹接头的基本思路是：在钢筋端头切削锥螺纹之前，先对钢筋端头沿径向通过压模施加很大的压力，使其塑性变形，形成以圆锥桩体，之后，再按普通锥螺纹钢筋接头的工艺路线，在预压过的钢筋端头上车削锥形螺纹，再用带内锥螺纹的钢套筒用力矩扳子进行拧紧连接。在钢筋端头塑性变形过程中，根据冷作硬化的原理，变形后的钢筋端头材料强度比钢筋母材提高10%～20%，从而使在其上车削出的锥螺纹强度也相应提高，弥补了由于车削螺纹使钢筋母材截面尺寸减小而造成的接头承载能力下降的缺陷，从而大大提高了锥螺纹接头的强度，使之不小于相应钢筋母材的强度。由于强化长度可调，因而可有效避免螺纹接头根部弱化现象。不用依赖钢筋超强，就可达到行业标准中最高级Ⅰ级接头对强度的要求。

**1. 特点**

钢筋锥螺纹接头是一种能承受拉、压两种作用力的机械接头。具有工艺简单、可以预加工、连接速度快、同心度好，不受钢筋含碳量和有无花纹限制，无明火作业，不污染环境，可全天候施工，接头质量安全可靠、施工方便、节约钢材和能源等优点。GK型等强钢筋锥螺纹钢筋接头其基本出发点是在不改变主要工艺，不增加很多成本的前提下，使锥螺纹钢筋接头做到与钢筋母材等强，即做到钢筋锥螺纹接头部位的强度不小于该钢筋母材的实测极限强度。钢筋端头预压过程中，除了增加了端头局部强度，而且还直接压出光圆的锥面，大大方便了后续钢筋锥螺纹丝头的车削加工，降低了刀具和设备消耗，同时也提高了锥螺纹加工的精度。对于钢筋下料时端头常有的弯曲、马蹄形以及钢筋几何尺寸偏差造成的椭圆截面和错位截面等现象，都可以通过预压来矫形，使之形成规整的圆锥柱体，确保了加工出来的锥螺纹丝头无偏扣、缺牙、断扣等现象，从另一方面保证了锥螺纹钢筋接头的质量。

锥螺纹接头还拥有其他连接方式不可替代的优势：

（1）自锁性。拧紧力矩产生的螺纹推力与锥面产生的抗力平衡，不会因震动消失。形成稳定的摩擦自锁。

（2）密封性。上述两力使牙面充分贴合，密闭了锥套内部缝隙。

（3）自韧扣。不需人工韧扣，可自行韧扣。特别对于大直径钢筋的小螺距螺纹，韧扣易完成，不易乱扣。

（4）精度高。切削螺纹，能达到较高精度等级。

（5）拧紧圈数少。

（6）通过拧紧力矩产生的螺纹推力与锥面产生的抗力平衡，使牙面充分贴合，消除残余变形，不用依赖钢筋对顶，就可满足行业标准中最高级Ⅰ级接头对残余变形的要求。

**2. 钢筋锥螺纹套筒的适用范围**

钢筋锥螺纹套筒连接能在施工现场连接 HRB335、HRB400 级直径为 16～40mm 的同径或异径的竖向、水平或任何倾角钢筋，不受钢筋有无花纹及含碳量的限制。适用于按一、二级抗震等级设防的一般工业与民用房屋及构筑物的现浇混凝土结构的梁、柱、板、墙、基础的连接施工。所连钢筋直径之差不宜超过 8mm。

## 2.3.2 钢筋锥螺纹套筒连接设备

**1. 钢筋锥螺纹套筒连接设备**

钢筋锥螺纹套筒连接的机械设备包括 SZ-50A 型锥螺纹套丝机、GZL-40 型锥螺纹自动套丝机、XZL-40 型钢筋套丝机等。

（1）SZ-50A 型锥螺纹套丝机

1）准备工作。

①应检查电动机转动方向是否正确。

②应检查套丝机安装是否平稳，钢筋二平面是否在套丝机虎钳中心高度。

③应检查套丝机的定位套、靠模斜尺加工钢筋规格是否匹配。

④应检查套丝机各传动部件动作是否正常。

⑤应检查冷却润滑液流量是否充分。

2）钢筋套丝。

①应检查钢筋端头下料平面是否垂直钢筋轴线。

②应先将钢筋穿过定位套和虎钳，使钢筋端头平面与切削头端盖外平面对齐，再使虎钳在其水平槽部位夹住钢筋的两条纵肋。

③按下水泵启动按钮，使冷却润滑液通畅排出。

④扳动靠模座移动手柄，并扳下切削定位手柄进行定位。

⑤扳动套丝进给手柄，平稳进刀套丝。若梳刀切削钢筋时，应匀速进刀。在延伸体靠近虎钳口时，应先往后扳动靠模座移动手柄，使梳刀张开，再往后扳动套丝进给手柄退刀。

⑥如要进行第二、三次套丝时，仍应按第一次操作顺序及方法加工钢筋。但进刀时须均匀用力，若梳刀与钢筋咬合削时，可以不用力套丝。

⑦等钢筋丝头加工完后，按电动机停止按钮，停机，再按水泵关闭按钮，然后松开虎钳手柄，将钢筋抽出。

3）检查钢筋套丝质量。

①应用牙形规检查钢筋丝头牙形是否与牙形规吻合，吻合即为合格。

②再用卡规或环规检查钢筋丝头小端直径是否在允许的误差范围内，若在允许范围内时即为合格。

若有一项不合格，就须切去一小部分丝头重新套丝。丝头合格后，再将一头钢筋拧上保护帽，另一头按规定的力矩，用力矩扳子拧上连接套。

4）梳刀更换方法。

①先卸下切削头端盖螺钉及端盖。

②取下四块梳刀座并拆卸螺钉，取下梳刀。

③将与梳刀座号相同的新梳刀装到梳刀座上，用螺钉拧紧，不许松动或错号。

④装好切削头的端盖，用螺钉拧紧即可。

5）维护保养。

①钢筋套丝时，要装好相应规格的定位套，以保证套丝质量，以防过早损坏梳刀。

②禁止撞击机床导轴以及机器配合面。

③应保持梳刀座、靠模座、导轴干净。

④确保滚轮轴不松动，滚轮转动自如。

⑤钢筋套丝时，靠模规格须符合钢筋规格要求。

⑥减速器第一次加油运转两周后须更换新油，并将内部油污冲净，再加入极压齿轮油。环境温度≤5℃时应用40号，常温时应用70号，以后每3～6个月更换一次。

⑦应每周清洗水箱一次，每月更换一次冷却液，以免污物堵塞管路。冷却润滑液可按：皂化液∶水＝1∶10的比例加入水箱，液面高度为水箱高2/3处。若气温≤－4℃时，须按规定加入防冻液。

⑧套丝机长期停用时，须将其彻底擦干净，配合表面涂以黄油保存。

6）安全规定。

①操作工人一定要经专门培训，考核合格后持上岗证作业。

②机器电路出问题时，必须先切断电源，然后请厂家检修。

③不能在套丝机运转时，装卡钢筋。

④下班时必须倒净铁屑箱里的铁屑，且切断电源。

7）常见故障排除方法。

①延伸体转向不对。

解决方法：三相电动机接线错了。调换两根火线重接。

②套出的钢筋丝头不正，一边牙多，另一边牙少。

解决方法：钢筋若不直，须将钢筋调直后再加工。否则就是虎钳与套丝机切削头不同心，须调整虎钳使其与套丝机切削头同心。

③套丝机加工的锥螺纹丝头均不合格。

解决办法：

a. 梳刀须更换新的。

b. 梳刀安装顺序错了，须重新安装梳刀。

④梳刀张不开。

解决办法：

a. 梳刀座卡入铁屑，须取下梳刀座，清除铁屑，擦净后，涂上机油，再重新安装好。

b. 梳刀被切削头端盖压住，须保持切削头端盖与梳刀座的0.5mm间隙。

c. 靠模导轴松动或弯曲或滚轮不转，要拧紧导轴螺母，或更换导轴，或更换新滚轮。

d. 压簧失效，须更换新弹簧。

⑤启动水泵后仍无冷却润滑液流出或流量小。

解决办法：

a. 水泵密封失效，须更换水泵密封圈。

b. 水泵坏了，须更换水泵。

c. 延伸体排出孔堵了，须排出堵塞物。

d. 水箱冷却液少了，须增补冷却润滑液。

（2）GZL-40 型锥螺纹自动套丝机

GZL-40 型锥螺纹自动套丝机是钢筋锥螺纹加工设备的一种，主要用于加工建筑钢筋锥螺纹接头。GZL-40 的特点是设计合理、结构紧凑、使用方便、效率高等。该机采用了铸造机身，提高了施工现场的工作稳定性，滑道实现了机床化设计，保证了运动精度，刀具径向布置，提高了刀具的使用寿命，可加工 $\phi16 \sim \phi40$mm 的冷轧或热轧钢筋的锥螺纹。该机加工直螺纹可一次成型，而且螺纹精度以及表面粗糙度等级高。使用该机时，当钢筋锥螺纹加工完成后，刀具可自动退出切削，回车到位，再次加工开始前，刀具具有自动复位功能。该机底部装有滚轮，适合于建筑工地使用。一次加工成型的钢筋锥螺纹接头，适合于各种建筑工程及各类建筑物的现浇钢筋混凝土结构中的钢筋连接施工。

（3）XZL-40 型钢筋套丝机

XZL-40 型钢筋套丝机构造，如图 2-15 所示。

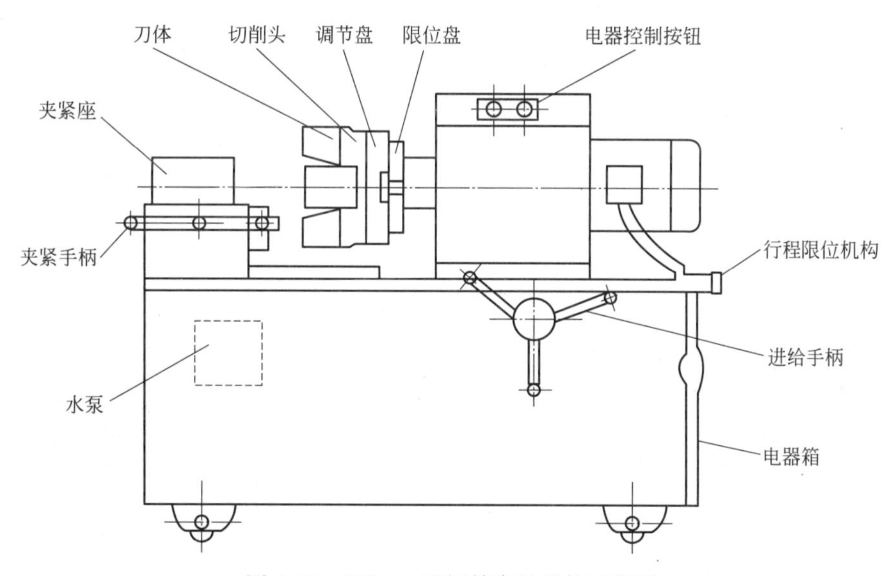


图 2-15　XZL-40 型钢筋套丝机构造简图

1）准备工作。

①新套丝机应清洗各部油封，检查各连接体是否松动，水盘、接铁屑盘安放是否稳妥。

②将套丝机安放平稳，使钢筋托架上平面与套丝机夹钳体中心在同一标高。

③新套丝机应向减速器通气帽里加极压齿轮油。

④加配好的切削液或防锈液到水盘上并到水箱的规定标高。

2）调试套丝机。

①接通电源后，启动冷却水泵，再检查冷却皂化液流量。

②启动主电动机，检查切削头旋转方向是否正确。

③将进给手柄顺时针扳至极限位置。

④松开限位盘上的三个锁紧螺钉，用钩扳子扳住调节盘或限位盘的缺口，按所加上钢筋直径，调整好刻度盘上的刻度，然后将限位盘上的三个螺钉锁紧。调整时，要防止调节盘上的限位槽及限位盘上的转块脱离。

⑤调节套丝行程。

3）钢筋套丝。

①检查钢筋下料平面是否垂直钢筋轴线。

②先将钢筋纵肋放入虎钳钳口的水平槽内，并使钢筋前端与梳刀端面对齐，再夹紧钢筋。

③启动水泵和主电动机。

④逆时针扳动进给手柄进行切削加工。

⑤若钢筋切削加工完退刀时，须立即扳回进给手柄到起始位置并停机。

⑥松开虎钳，取出钢筋，用牙形规和卡规或环规检查钢筋锥螺纹丝头加工质量。

4）梳刀更换方法。

①顺时针扳动四爪卡盘分别将梳刀座取下。

②松开梳刀座上的螺钉，分别将旧梳刀取下。

③分别将新梳刀装卡到相同序号的梳刀座上，用螺钉拧紧。

④逆时针旋转四爪卡盘，依次将梳刀座安装到切削头上即可。

5）维护与保养。

①禁止无冷却润滑液加工钢筋。

②冷却润滑液应每半个月更换一次。

③每班向各滑动部位要加两次机油。

④应每三个月更换一次减速器油，牌号是 70 号工业极压齿轮油。

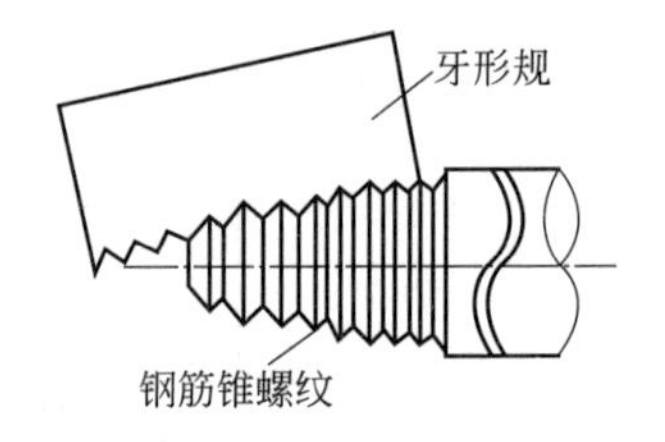

图 2-16　用牙形规检查牙形

（4）其他工具

1）量规。包括牙形规、卡规或环规、锥螺纹塞规。应由钢筋连接技术单位提供。

①牙形规：用于检查钢筋连接端锥螺纹的加工质量（图 2-16）。

②卡规或环规：用于检查钢筋连接端锥螺纹小端直径（图 2-17）。

③锥螺纹塞规：用于检查连接套筒锥形内螺纹的加工质量（图 2-18）。

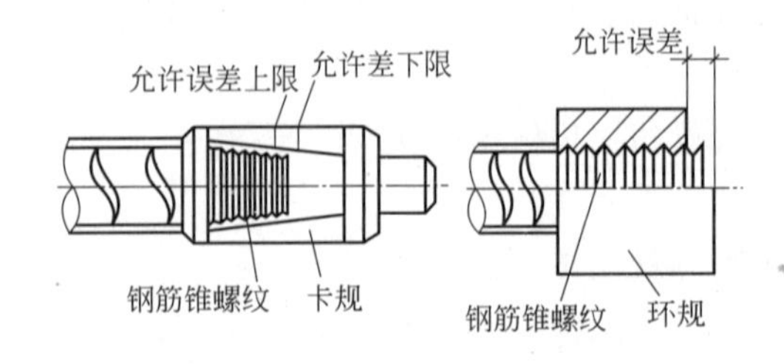

图 2-17　卡规与环规检查小端直径

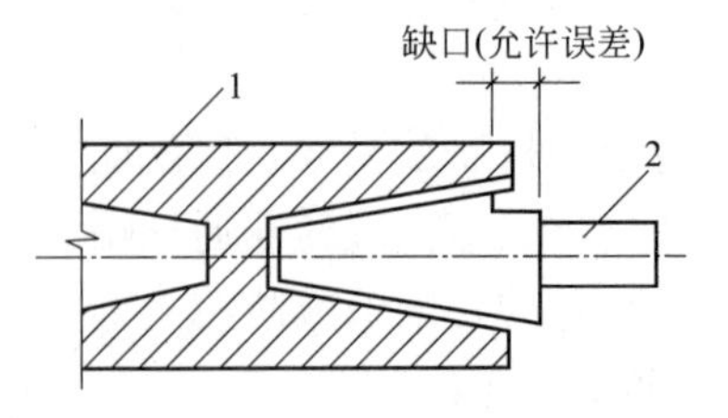

图 2-18　用锥螺纹塞规检查套筒

1—锥螺纹套筒；2—塞规

2）力矩扳子。力矩扳子是钢筋锥螺纹接头连接施工中的必备量具。力矩扳子可根据所连钢筋直径的大小预先设定力矩值。若力矩扳子的拧紧力达到设定的力矩值时，即可发出“咔嗒”声响。示值误差较小，重复精度较高，使用方便，标定、维修简单，可适合于 $\phi$16～$\phi$40 范围内九种规格钢筋的连接施工。

①力矩扳子技术性能，见表 2-19。

**力矩扳子技术性能** **表 2-19**

| 型号 | 钢筋直径/mm | 额定力矩/(N·m) | 外形尺寸(长)/mm | 重量/kg |
|---|---|---|---|---|
| HL-01<br>SF-2 | $\phi$16 | 118 | 770 | 3.5 |
| | $\phi$18 | 145 | | |
| | $\phi$20 | 177 | | |
| | $\phi$22 | 216 | | |
| | $\phi$25 | 275 | | |
| HL-01<br>SF-2 | $\phi$28 | 275 | 770 | 3.5 |
| | $\phi$32 | 314 | | |
| | $\phi$36 | 343 | | |
| | $\phi$40 | 343 | | |

②力矩扳子检定标准请遵循《扭矩扳子检定规程》JJG 707—2014 的相关规定。

③力矩扳子须由具有生产计量器具许可证的单位加工制造；工程用的力矩扳子要有检定证书；力矩扳子的检定周期一般不超过一年。首次检验或经调整后鉴定合格的给 6 个月检定周期。

④力矩扳子构造，如图 2-19 所示。

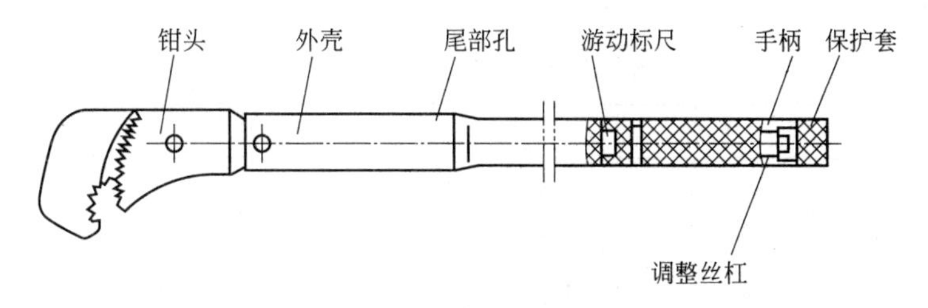


图 2-19　力矩扳子

⑤力矩扳子使用方法。新力矩扳子的游动标尺通常设定在最低位置。使用时，须根据所连钢筋直径，调整扳子旋转调整丝杆，将游动标尺上的钢筋直径刻度值对正手柄外壳上的刻线，再将钳头垂直咬住所连钢筋，用手握住力矩扳子手柄，顺时针均匀地加力。若力矩扳子发出“咔嗒”声响时，即钢筋连接达到规定的力矩值，要停止加力，否则会损坏力矩扳子。力矩扳子反时针旋转时只起到棘轮作用，且根本就施加不上力。力矩扳子无声音信号发出时，须停止使用，进行修理；修理后的力矩扳子应进行标定才可使用。

⑥力矩扳子的检修和检定。若力矩扳子无“咔嗒”声响发出时，说明力矩扳子里边的滑块被卡住，须送到力矩扳子的销售部门进行检修，并用扭矩仪检定。

⑦力矩扳子使用时的注意事项。

a. 避免水、泥、砂子等进入手柄内。

b. 力矩扳子须端平，钳头须垂直钢筋均匀加力，不能过猛。

c. 力矩扳子发出"咔嗒"响声时就不能继续加力，防止过载弄弯扳子。

d. 不许用力矩扳子当锤子、撬棍使用，以免弄坏力矩扳子。

e. 长期不使用力矩扳子时，须将力矩扳子游动标尺刻度值调到零位，以防手柄里的压簧长期受压，影响力矩扳子精度。

3）砂轮锯。用于切断挠曲的钢筋接头。

4）台式砂轮。用于修磨梳刀。

**2. GK 型锥螺纹钢筋连接设备**

GK 型锥螺纹接头是在钢筋连接端加工前，先对钢筋连接端部沿径向通过压模施加压力，使其产生塑性变形，形成一个圆锥体。然后，按普通锥螺纹工艺，将顶压后的圆锥体加工成锥形外螺纹，再穿入带锥形内螺纹的钢套筒，用力矩扳手拧紧，即可完成钢筋的连接。

由于钢筋端部在预压塑性变形过程中，预压变形后的钢筋端部材料因冷硬化而使强度比钢筋母材可提高 10%～20%，因而使锥螺纹的强度也相应得到提高，弥补了因加工锥螺纹减小钢筋截面而造成接头承载力下降的缺陷，从而可提高锥螺纹接头的强度。

在不改变主要工艺的前提下，可使锥螺纹接头部位的强度大于钢筋母材的实测极限强度。GK 型锥螺纹接头性能可满足 A 级要求。

（1）钢筋径向预压机（GK40 型）

可将 $\phi16$～$\phi40$ 的 HRB335、HRB400 级钢筋端部预压成圆锥形。该机由以下三部分组成。

1）GK40 型径向预压机：其结构形式是直线运动双作用液压缸，该液压缸为单活塞无缓冲式，液压缸为撑力架及模具组合成液压工作装置。其性能见表 2-20。

**GK40 型径向预压缸液压缸性能** **表 2-20**

| 项　次 | 项　目 | 指　标 |
|---|---|---|
| 1 | 额定推力/kN | 1780 |
| 2 | 最大推力/kN | 1910 |
| 3 | 外伸速度/(m/min) | 0.12 |
| 4 | 回程速度/(m/min) | 0.47 |
| 5 | 工作时间/s | 20～60 |
| 6 | 外形尺寸/mm | 486×230(高×直径) |
| 7 | 质量/kg | 80 |
| 8 | 壁厚/mm | 25 |
| 9 | 密封形式 | "O"形橡胶密封圈 |
| 10 | 缸体连接 | 螺纹连接 |

2）超高压液压泵站。YTDB 型超高压泵站，其结构形式是阀配流式径向定量柱塞泵与控制阀、管路、油箱、电动机、压力表组合成的液压动力装置。

钢筋端部径向预压机的动力源主要技术参数，见表 2-21。

钢筋端部径向预压机动力源　　　　**表 2-21**

| 项　　次 | 项　　目 | 指　　标 |
|---|---|---|
| 1 | 额定压力/MPa | 70 |
| 2 | 最大压力/MPa | 75 |
| 3 | 电动机功率/kW | 3 |
| 4 | 电动机转速/(r/min) | 1410 |
| 5 | 额定流量/(L/min) | 3 |
| 6 | 容积效率(%) | ≥70 |
| 7 | 输入电压/V | 380 |
| 8 | 油箱容积/L | 25 |
| 9 | 外形尺寸/mm | 420×335×700(长×宽×高) |
| 10 | 质量/kg | 105 |

3）径向预压模具。用于实现对建筑结构用 $\phi16 \sim \phi40$ 钢筋端部的径向预压。材质为 CrWMn（锻件），淬火硬度 55～60HRC。

(2) 钢筋锥螺纹套丝机是加工钢筋锥螺纹丝头的专用机床。它由电动机、行星摆线齿轮减速机、切削头、虎钳、进退刀机构、润滑冷却系统、机架等组成。国内现有的钢筋锥螺纹套丝机，其切削头是利用定位环和弹簧共同推动梳刀座，使梳刀张合，进行切削加工航迹锥螺纹的，如图 2-20 所示。

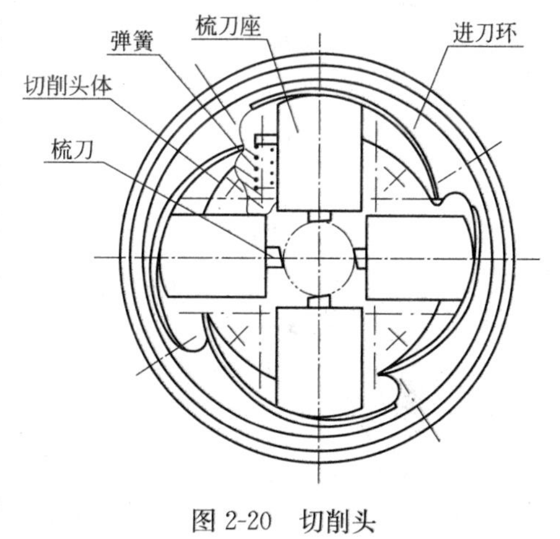

图 2-20　切削头

这种套丝机梳刀长，切削阻力大，转速慢，能自动进给、自动张刀，一次成型，牙形饱满，锥螺纹丝头的锥度稳定，更换梳刀略麻烦。

目前国内钢筋锥螺纹接头的锥度有 1∶10 和 6°两种。

圆锥体的锥度——锥底直径 $D$ 与椎体高 $L$ 之比，即 $D/L$ 来表示；锥角为 $2\alpha$，斜角（亦称半锥角）为 $\alpha$，如图 2-21($a$) 所示。

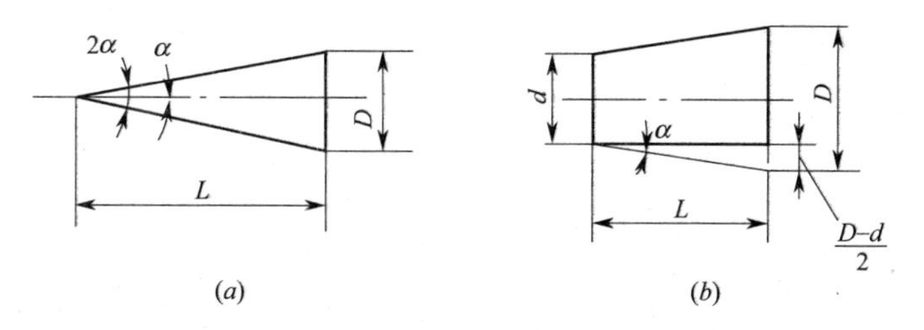

图 2-21　圆锥体锥度

($a$) 圆锥体；($b$) 截头圆锥体

钢筋锥螺纹丝头为截头圆锥体，如图 2-21($b$) 所示，其锥度表示如下：

$$锥度 = (D-d)/L = 2\tan\alpha$$

当锥度为 1∶10 时，若取 $L=10$，$D-d=1$；锥角 $2\alpha=5.27°$，斜角 $\alpha$ 为 2.86°。

当锥角 $2\alpha$ 为 6°时，斜角 $\alpha$ 为 3°；锥度 $D/L=1∶9.54$。

梳刀牙形均为 60°；螺距有 2mm、2.5mm、3mm 三种，其中以 2.5mm 居多。牙形角平分线有垂直母线和轴线两种。用户选用时一定要特别注意，切不可混用。否则会降低钢筋锥螺纹接头的各项力学性能。

## 2.3.3 钢筋锥螺纹套筒的工艺

**1. 锥形螺纹连接套连接钢筋施工工艺**

钢筋预加工在钢筋加工棚中进行，其施工程序是：钢筋除锈、调直→钢筋端头切平（与钢筋轴线垂直）→下料→磨光毛刺、缝边→将钢筋端头送入套丝机卡盘开口内→车出锥形丝头→测量和检验丝头质量→合格的按规定力矩值拧上锥螺纹连接套，在两端分别拧上塑料保护盖和帽→编号、成捆分类、堆放备用。

**2. 施工现场钢筋安装连接程序**

钢筋就位→回收待连接钢筋上的密封盖和保护帽→用手拧上钢筋，使首尾对接拧入连接套→按锥螺纹连接的力矩值扭紧钢筋接头，直到力矩扳子发出响声为止→用油漆在接好的钢筋上作标记→质检人员按规定力矩值检查钢筋连接质量，力矩扳子发出响声为合格接头→作钢筋接头的抽检记录。

**3. 常用接头连接方法**

常用接头连接方法有三种：

（1）同径或异径普通接头

分别用力矩扳子将下钢筋与连接套、连接套与上钢筋拧到规定的力矩。

（2）单向可调接头

分别用力矩扳子将下钢筋与连接套、可调连接器与上钢筋拧到规定的力矩值，再把锁母与连接套拧紧。

（3）双向可调接头

分别用力矩扳子将下钢筋与可调连接器、可调连接器与上钢筋拧到规定的力矩值，且保持可调连接器的外露丝扣数相等，然后分别夹住上、下可调连接器，把连接套拧紧。

**4. 连接钢筋的要求**

（1）连接钢筋时，应对正轴线将钢筋拧入连接套，然后用力矩扳子拧紧。接头拧紧值可按表 2-5 规定的力矩值采用，不得超拧，拧紧后的接头应作上标记。

（2）钢筋接头位置应互相错开，其错开间距不得少于 $35d$，且不大于 500mm，接头端部距钢筋弯起点不应小于 $10d$。

（3）接头应避免设在结构拉应力最大的截面上和有抗震设防要求的框架梁端与柱端的箍筋加密区。在结构件受拉区段同一截面上的钢筋接头不得超过钢筋总数的 50%。

（4）在同一构件的跨间或层高范围内的同一根钢筋上，不得超过两个以上接头。

（5）钢筋连接应做到表面顺直、端面平整，其截面与钢筋轴线垂直，不得歪斜、滑丝。

## 2.3.4 钢筋锥螺纹套筒连接的实例

**【例 2-6】** 钢筋锥螺纹接头、GK 钢筋锥螺纹接头连接施工新技术，在 1990～2013 年先后在北京、上海、苏州、杭州、无锡、广东、深圳、武汉、长春、大连、郑州、沈阳、青岛、济南、太原、昆明、厦门、天津、北海等城市广泛应用，建筑面积达 1650 万 $m^2$，接头数量达 1600 多万个。结构种类有大型公共建筑、超高层建筑、电视塔、电站烟囱、体育场、地铁车站、配电站等工程的基础底板、梁、柱、板墙的水平钢筋、竖向钢筋，斜向钢筋的 $\phi16\sim\phi40$ 同径、异径的 HRB335、HRB400、HRB500 级钢筋的连接施工。

**【例 2-7】** 某精品大厦购物中心工程，占地面积为 $10000m^2$，建筑面积为 $120377m^2$，地下 3 层，地上 22 层，为现浇钢筋混凝土框架剪力墙结构，按地震设防烈度 8 度设计，结构抗震等级：剪力墙是一级，框架是二级。该工程地下部分钢筋用量很大，地梁钢筋较密，钢筋截面变化多；地上部分工作面积大，防火要求高，工期要求紧，为此采用钢筋锥螺纹接头连接成套技术。在基础底板施工中，使用了 $\phi20\sim\phi28$ 钢筋接头 74337 个；地上部分使用 $\phi20\sim\phi32$ 钢筋接头 77005 个，合格率为 100%，缩短工期 100d，地上标准层部分达到每 4d 完成一层的高速度，取得良好了的技术经济效益和社会效益。

**【例 2-8】** 某社科院工程，占地面积 0.5 万 $m^2$，建筑面积 $60399m^2$，地下 3 层，地上 22 层，为现浇钢筋混凝土框架剪力墙结构，按地震设防烈度 8 度设计，结构抗震等级：剪力墙为一级，框架为二级。该工程地下部分钢筋用量很大，地梁钢筋较密。钢筋截面变化多；地上部分工作面积大，防火要求高，工期要求紧，为此采用 GK 型等强钢筋锥螺纹接头连接成套技术。在基础底板施工中，使用了 $\phi20\sim\phi28$ 钢筋接头 20000 个；地上部分使用 $\phi20\sim\phi32$ 钢筋接头 30000 个，合格率为 100%，接头拉伸试验全部断于母材，完全达到Ⅰ级接头标准。取得良好的技术经济效益和社会效益。

## 2.4 钢筋镦粗直螺纹连接

### 2.4.1 钢筋镦粗直螺纹特点及适用范围

钢筋镦粗直螺纹连接分钢筋冷镦粗直螺纹连接和钢筋热镦粗直螺纹连接两种。

（1）钢筋冷镦粗直螺纹连接的基本原理是：通过钢筋冷镦粗机把钢筋的端头部位进行镦粗，钢筋端头在镦粗力的作用下产生塑性变形，内部金属晶格变形错位使金属强度提高而强化（即金属冷作硬化），再在钢筋镦粗后将钢筋大量的热轧产生的缺陷（如钢筋基圆呈椭圆、基圆上下错位、纵肋过高、截面的负公差等）膨胀到镦粗外表或在镦粗模中挤压变形，加工直螺纹时将上述缺陷切削掉，把两根钢筋分别拧入带有相应内螺纹的连接套筒，两根钢筋在套筒中部相互顶紧，即完成了钢筋冷镦粗直螺纹接头的连接。由于丝头螺纹加工造成的损失全部被钢筋变形的冷作硬化所补足，所以接头钢筋连接部位的强度大于钢筋母材实际强度，接头与钢筋母材达到等强。

（2）钢筋热镦粗直螺纹连接的基本原理是：通过钢筋热镦粗机把钢筋的端头部位加热并进行镦粗，由于热镦粗时镦粗部分不产生内应力或脆断等缺陷，因此可以将钢筋镦得更粗，由于丝头螺纹的直径比钢筋粗得多，所以接头钢筋连接部位的强度大于钢筋母材实际强度，接头与钢筋母材等强。

**1. 特点**

钢筋镦粗直螺纹套筒连接技术是用专门机械镦头机和专用机床在钢筋制作现场进行加

工的，确保了丝头直径和螺纹的精度，保证了与套筒的良好配合和互换性。在具体施工时只需利用普通扳手，把用套筒对接好的钢筋拧紧即可。它具有以下特点：

（1）强度高。镦粗段钢筋切削螺纹后的净截面积仍大于钢筋原截面积，即螺纹不削弱截面，从而可确保接头强度大于钢筋母材强度。

（2）性能稳定。接头强度不受拧紧力矩影响，丝扣松动或少拧入2～3扣，均不会明显影响接头强度，排除了人工因素和测力工具对接头性能的影响。

（3）连接速度快。用连接套筒对接好钢筋，拧紧即可。由于丝扣螺距大，拧入扣数少，不必用扭力扳手，因此加快了连接速度。

（4）生产效率高。现场镦粗，切削一个丝头仅需30～50s，每套设备每班能加工400～600个丝头。

（5）应用范围广。对于弯折钢筋、固定钢筋、钢筋笼等不能转动的场合均可使用。

**2. 钢筋镦粗直螺纹的适用范围**

钢筋镦粗直螺纹连接适合于符合现行国家标准《钢筋混凝土用钢 第2部分 热轧带肋钢筋》GB 1499.2—2007/XG1—2009中的HRB335（Ⅱ级钢筋）和HRB400（Ⅲ级钢筋），见表2-22。

**接头适用钢筋强度级别** **表2-22**

| 序号 | 接头适用钢筋强度级别 | 代号 |
|---|---|---|
| 1 | HRB335 | Ⅱ |
| 2 | HRB400 | Ⅲ |

对于其他热轧钢筋应通过工艺试验确定其工艺参数，通过接头的型式试验确定其性能级别。

## 2.4.2 钢筋镦粗直螺纹的设备

**1. 直螺纹镦粗、套丝设备**

镦粗直螺纹使用的机具设备主要包括镦头机、套丝机和高压油泵等，其型号见表2-23。

**镦粗直螺纹机具设备表** **表2-23**

<table>
<tr><th colspan="4">镦头机</th><th colspan="2">套丝机</th><th colspan="2" rowspan="2">高压油泵</th></tr>
<tr><th>型号</th><th>LD700</th><th>LD800</th><th>LD1800</th><th>型号</th><th>TS40</th></tr>
<tr><td>镦压力/kN</td><td>700</td><td>1000</td><td>2000</td><td>功率/kW</td><td>4.0</td><td>电机功率/kW</td><td>3.0</td></tr>
<tr><td>行程/mm</td><td>40</td><td>50</td><td>65</td><td>转速/(r/min)</td><td>40</td><td>最高额定压力/MPa</td><td>63</td></tr>
<tr><td>适用钢筋直径/mm</td><td>16～25</td><td>16～32</td><td>28～40</td><td>适用钢筋直径/mm</td><td>16～40</td><td>流量/(L/min)</td><td>6</td></tr>
<tr><td>重量/kg</td><td>200</td><td>385</td><td>550</td><td>重量/kg</td><td>400</td><td>重量/kg</td><td>60</td></tr>
<tr><td>外形尺寸/mm</td><td>575×250×250</td><td>690×400×370</td><td>830×425×425</td><td>外形尺寸/mm</td><td>1200×1050×550</td><td>外形尺寸/mm</td><td>645×525×335</td></tr>
</table>

上述设备机具须配套使用。每套设备平均 40s 生产 1 个丝头，每台班可生产 400～600 个丝头。

**2. 检验工具**

（1）环规。环规是丝头螺纹质量检验工具。每种丝头直螺纹的检验工具分为止端螺纹环规和通端螺纹环规两种（图 2-22）。

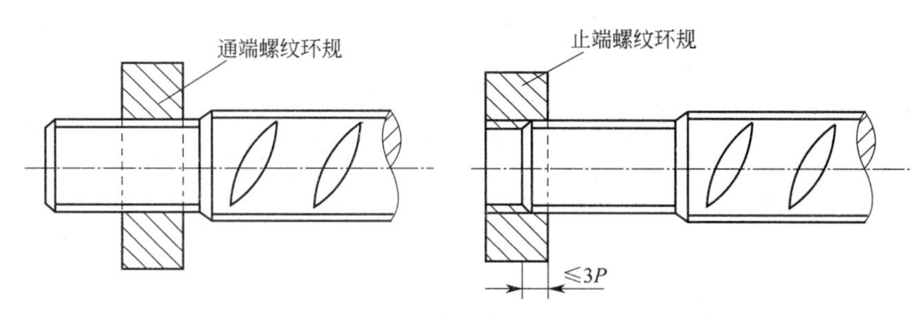


图 2-22　丝头质量检验示意图

*P*—螺距

（2）塞规。塞规套筒螺纹质量检验工具。每种套筒直螺纹的检验工具分为止端螺纹塞规和通端螺纹塞规两种（图 2-23）。

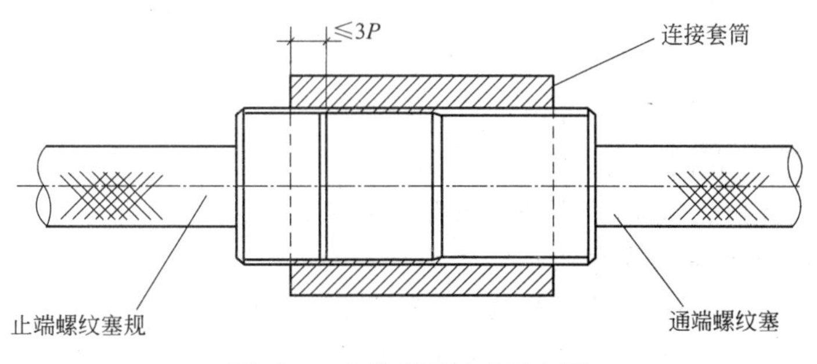


图 2-23　套筒质量检验示意图

*P*—螺距

（3）卡尺等。

**3. 钢筋冷镦粗机**

钢筋冷镦粗设备的结构按夹紧方式分类，一般有单油缸楔形块夹紧式结构和双油缸夹紧式结构两种形式。

（1）单油缸楔形块夹紧式镦粗机

单油缸楔形块夹紧式机构形式的优点是：夹紧机构通过力学上的斜面作用分力，在镦粗的同时即形成对钢筋的夹紧力，而不再需要另施加这一必需的夹紧力。依据夹紧力的需要而设计的楔形角度使夹持力与镦粗力呈一定放大的倍数关系，保证了能可靠地夹紧钢筋。该类设备结构简单，体积较小，造价较低；缺点是在夹紧钢筋的过程中钢筋端头的位置会随夹紧楔块的移动而移动，钢筋的外形及尺寸偏差可能会影响夹紧过程的移动量及实际镦粗变形长度的精确控制。

镦粗机是钢筋端部镦粗的关键设备。镦粗机包括油缸、机架、导柱、挂板、拉板、模框、凹模、凸模、压力表、限位装置和电器箱等部分。

以GD150型镦粗机为例，其适用于直径为12～40mm钢筋，构造简图，如图2-24所示。

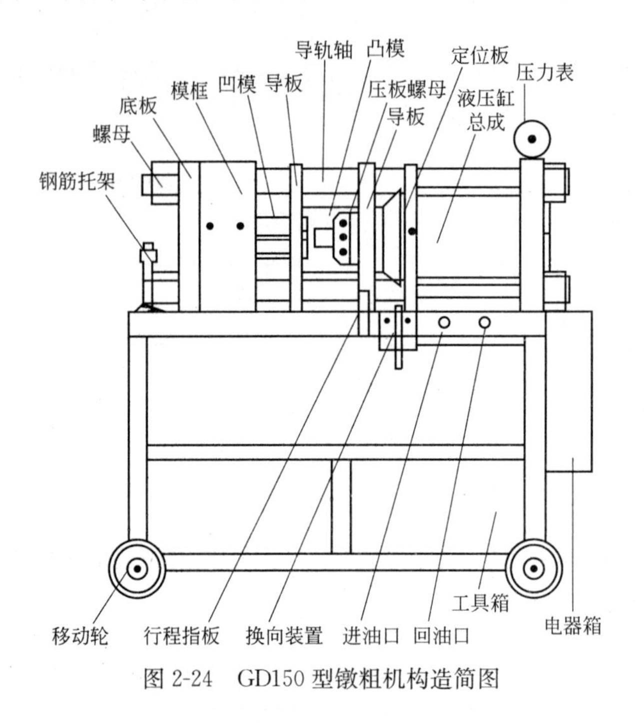


图2-24　GD150型镦粗机构造简图

凹模由两块组成，长为170mm，两块合成后，大头宽度约为150mm，缝隙为2～3mm，高度分两种：若钢筋直径是32mm及以下，高75mm，若钢筋直径为36～40mm，高90mm。空腔、内螺纹等尺寸均随钢筋直径而改变。空腔用来使钢筋端部镦成所需要的镦粗头，内螺纹用来将钢筋紧紧咬住。

凸模，长为79.5mm，顶头直径为$d$，随钢筋直径而改变；模底直径$D$有3种规格：若钢筋直径是16～22mm时，$D$为$\phi48$；若钢筋直径是25mm时，$D$为$\phi52$；若钢筋直径是28～40mm，$D$为$\phi70$。

每台镦粗机配备了多种规格的凹模和凸模，凹模和凸模都是损耗部件，在正常情况下每付可以镦粗钢筋头2000个。

(2) 双油缸夹紧式镦粗机

双油缸夹紧式机构的优点是：夹持钢筋动作和镦粗动作分别由两个独立的油缸完成，可以分别控制两油缸的动作和工作参数，如精确地控制夹紧力和镦粗长度等，因而可以针对不同钢筋设计不同的镦粗工艺参数，能保证任何钢筋加工来的镦粗质量都满足设计要求。缺点是：该机构两个大吨位油缸和安装两油缸的框架增加了设备结构和操作上的复杂性，主机外形尺寸较大。

**4. 钢筋热镦粗机**

因为钢筋热镦粗设备比冷镦粗设备多了一个加热系统。所以，热镦粗设备比冷镦粗设备稍庞大，通常适用于中、大型钢筋工程。钢筋热镦粗工艺中的镦粗头是在高温状态下进行热镦粗的，不需要冷镦粗设备中的高压泵站（超高压柱塞泵）以及与其配套的液压系统、高压镦粗机。热镦粗设备的液压装置压力较低，最大工作压力仅是250kN，可以使用耐污染强、能适应建筑施工恶劣条件的齿轮油泵，具有快进快退的功能，同时，设备故障率较低，能提高工作效率。

目前常用的钢筋热镦粗设备通常由加热装置、压紧装置、挤压装置、气动装置、控制系统及机架等主要部件组成。图 2-25 所示是 HD-GRD-40 型钢筋热镦机液压系统图。

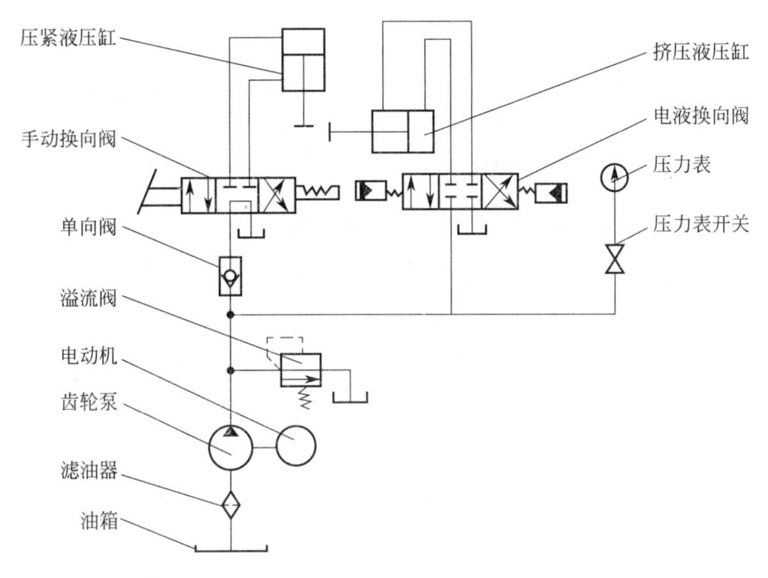


图 2-25　HD-GRD-40 型钢筋热镦机液压系统图

（1）中频加热装置

中频加热装置是利用可控硅元件将 50Hz 工频三相交流电变换成单相交流电，作为钢筋热镦粗加热的供电电源，它是一种静止变频器。

中频加热装置的主要优点是：

1）效率高达 90%以上，且由于控制灵活，启动、停止方便，调节迅速，便于参数调整与工艺改善，容易提高效率。

2）频率可自动跟踪负载频率变化，操作更方便。

3）启动时没有电流冲击，交流电源配备简单、经济。

4）采用了微机控制电路，具有明显的优点。数字式的控制使控制更灵活、精确，并且控制电路的结构大大简化，维护、检修更加方便。

5）采用了新的启动方式，省去普通可控硅中频电源的辅助启动电路，主电路结构变得更加简单，同时提高了启动的性能，使运行、操作更加灵活、可靠。

（2）压紧装置

压紧装置主要是由压紧油缸、箱体、可动砧座、工作平台、压紧模具等组成。可动砧座与油缸、活塞杆连接，油缸活塞的往返运动是由手动换向阀控制。压紧装置作用由模具对工件（待镦粗的钢筋）形成压紧。其中手动换向阀有三个工位：前后两个位置是用来控制压紧油缸油塞的升、降，中间的位置是使液压系统卸载，即手柄处于中间位置时，工作的液压油经油泵、手动换向阀直接回到油箱。此时油泵应处于无负荷状态，可以减少电能消耗以及液压系统发热。

（3）挤压装置

挤压装置应由挤压油缸、箱体、挤压头、电气控制回路、脚踏开关、电液换向阀组成。脚踏开关、电液换向阀控制油缸活塞作往返运动，对加工件（待镦粗的钢筋端头）挤压成形。

（4）气动装置

气动装置主要由气泵、储气包、固定风嘴、可动风嘴等组成，该装置用于清除在钢筋热镦粗加工过程中吸附或遗留在模具以及工作台上的氧化铁皮，以保证安全生产。

（5）控制系统

控制系统是由配电箱、电气控制回路、液压系统与液压元件、气动系统与气动元件、冷却水回路与水压开关等组成，该系统是保证热镦粗设备正常运行的。

（6）机架

机架是由箱体、工作平台、型钢及其他部件组焊而成，箱体用以安装压紧油缸和挤压油缸，油箱焊在机架的下部，采用风冷冷却器冷却油温。

## 2.4.3 钢筋镦粗直螺纹的工艺

**1. 钢筋冷镦粗工艺**

（1）镦粗工艺参数选择原则

1）镦粗头部分与后段钢筋过渡的角度（镦粗的过渡坡度）合理：其目的是为避免因截面突变影响金属流动，从而产生内部缺陷，影响连接性能；镦粗的过渡段坡度应小，这有利于减小内应力。理论上镦粗的过渡坡度越小越好，但过渡坡度越小，镦粗时钢筋夹持模外镦粗部分伸出的长度就越长，镦粗时伸出部分易失稳，致使镦粗头产生弯曲。所以，镦粗的过渡坡度过小也不现实。

2）镦粗加工变形量准确，以免镦粗量过小、直径不足而使加工出的螺纹牙形不完整，及镦粗量过大，造成钢筋端头内部金属损伤，导致产生接头脆断现象。

3）镦粗时，夹持钢筋的力量应适度，防止因夹持力过大损伤钢筋，从而影响接头以外的钢筋强度。

（2）采用JM-LDJ40型镦粗机镦粗参数的调整

钢筋镦粗的最粗值是由镦粗机上的镦粗模的尺寸决定的，利用调整镦粗机的行程开关及压力关的参数来调整镦粗工艺参数，过程如下：

镦粗机装好模具后，用直角尺测量镦粗头端面至成型模端面的距离，镦粗行程初步设定调整镦粗行程开关（接近开关探头）位置，再接通总电源，启动电机，按动手动控制按钮，使夹持缸和镦粗缸活塞上、下和前、后移动。

镦粗机执行夹持动作时，观察其夹持活塞到上限位置，并转换为镦粗缸活塞动作的瞬时，泵站压力表压力示值是否符合规定的参考值，若不符，则应调整夹持压力（压力继电器装在泵站电磁换向阀后，通过调整螺杆，顺时针转，提高压力，反之降低）。

根据不同钢筋规格，还可以通过调节夹持调整挡片（固定于镦粗机背面下连接板处），来改变下夹模退回的下限位置，用以增大或减小上、下夹模之间的距离。

镦粗、夹持活塞行程，当夹持力调定后，再按动黄色启动开关，此时镦粗机自动执行“夹持”、“镦粗”、“退回”、“松开”的整套动作，每个动作都由过程指示灯来指示。镦粗机在正常运行时，没有异常声音，在一切正常工作的情况下，可进行镦粗工艺试验工作。

（3）采用JM-LDJ40型镦粗机进行冷镦粗作业

按下自动控制“启动”钮，镦粗头及夹具最后退至初始位置停止，再将用砂轮锯切锯好的一根80～100cm长的钢筋从镦粗机夹持模凹中部穿过，直顶到镦粗头端面，不动为止。钢筋纵肋应和水平面成45°左右角度，钢筋应全部落在模具中心的凹槽内，按下“启动”钮，镦粗机自动完成镦粗的全过程（大约20s）。镦粗完成后，抽出镦好的钢筋，应目测并用直尺、卡规（或游标卡尺）检查钢筋镦粗头的外观质量，检查其是否弯曲、偏心；是否呈椭圆形，表面有无裂纹，有无外径过大处，镦粗长度是否合格。镦粗头的弯曲、偏心、椭圆度以及镦粗段钢筋基圆直径及长度应满足相关要求。

若有弯曲、偏心，须检查模具、镦粗头安装情况，钢筋端头垂直度和钢筋弯曲度；若椭圆度过大，须检查钢筋自身椭圆情况及选择的夹持方向、夹持力；若有表面裂纹，须检查镦粗长度，对塑性差的钢筋须调整镦粗长度；若镦粗头外径尺寸不足或过大，须改变镦粗长度。应根据实际情况，适当地调整镦粗工艺参数，直至加工出合格的镦粗头。

在镦粗工艺参数确定后，连续镦三根钢筋接头试件的镦粗头，再检查其镦粗头，没有问题和缺陷后，再将该三根钢筋按要求加工螺纹丝头，制作一组镦粗工艺试验试件，送试验单位进行拉伸试验。拉伸结果合格，镦粗机即可正常生产。

（4）采用GD150型镦粗机的工艺要求

1）镦粗头不许有与钢筋轴线相垂直的表面裂纹。

2）不合格的镦粗头，应切去后重新镦粗。

3）镦粗机凹凸模架的两平面间距应相等，四角平衡度差距应在0.5mm之内，在四根立柱上应能平衡滑动。

4）凹模由两块合成；凸模由一个顶头和圆形模架组成。对于不同直径的钢筋应配备相应的凹模和凸模，且进行调换。

5）凹凸模配合间隙应在0.4～0.8mm之间。

6）凸模在凸模座上，装配应合理，接触面不许有铁屑脏物存留，并应将盖压紧，新换凸模压制10～15只后，盖应再次压紧。

7）凹模在滑板上，滑动应通畅、对称、清洁，并应经常清洗，不许有硬物夹在中间。新换装凹模，在最初脱模时，应注意拉力情况，通常在松开压力时，凸模在模座内就能自动弹出，或少许受力，就能轻易拉出；若退模拉力大于3MPa时，应及时检查原因，绝不能强拉强退。

8）绝不能超压强工作，通常因压力过高导致凸模断裂。

（5）采用GD150型镦粗机进行镦粗作业

1）操作者一定要熟悉机床的性能和结构，掌握专业技术以及安全守则，严格执行操作规程，严禁超负荷作业。

2）开车前应先检查机床各紧固件是否牢靠，各运转部位以及滑动面有无障碍物，油箱油液是否充足，油质是否良好，限位装置以及安全防护装置是否完善，机壳接地是否良好。

3）各部位应保持润滑状态，如导轨、鳄板（凹模）、座板斜面等在工作中，每压满

20 件，应加油一次。

4）开始工作前，应作行程试运转 3 次（冷天操作时，先将油泵保持 3min 空运转），令其正常运转。

5）检查各按钮开关、阀门、限位装置等，是否灵活可靠，液压系统压力是否正常，模架导轨在立柱上运动是否灵活，一切就绪才能开始工作。

6）钢筋端面一定要切平，被压工件中心与活塞中心对正。

7）熟悉各定位装置的调节及应用。一定要熟记各种钢筋端头镦粗的压力，压力公差不许超过规定压力的±1MPa，保证质量合格。

8）压长工件时，应用中心定位架撑好，以防由于工件受力变形，松压时倾倒。

9）工作中应经常检查四个立柱螺母是否紧固，若有松动应及时拧紧，不许在机床加压或卸压出现晃动的情况下进行工作。

10）油缸活塞发现抖动，或油泵发出尖叫时，一定要排出气体。

11）经常注意油箱，观察油面是否合格，禁止油溢出油箱。

12）保持液压油的油质良好，液压油温升不许超过 45℃。

13）操纵阀与安全阀失灵或安全保护装置不完善时不许进行工作。禁止他人乱调乱动调节阀以及压力表等，操作者在调整完后，一定要把锁紧螺母紧固。

14）提升油缸，压力过高时，一定要检查调整回油阀门，故障消除后才能进行工作。

15）夹持架（凹模）内，在工作中会留下钢筋铁屑，故压制 15 件为一阶段，一定要用专用工具清理。

16）镦粗好的钢筋端头，根据规格要求，操作者一定要自查，不合格的应立刻返工，不许含糊过关；返工时应切去镦粗头重新镦粗，不能将带有镦粗的钢筋进行二次镦粗。

17）停车前，模具应处于开启状态，停车程序应先卸工作油压，再停控制电源，最后切断总电源。

18）工作完毕应擦洗机床，打扫场地，保持整洁并填写好运行记录，做好交接班工作。

（6）冷镦粗头的检验

同批钢筋采用同一工艺参数。操作人员应对其生产的每个镦粗头用目测检查外观质量，10 个镦粗头要检查一次镦粗直径尺寸，20 个镦粗头应检查一次镦粗头长度。

每种规格、每批钢筋都应进行工艺试验。正式生产时，应使用工艺试验确定的参数和相应规格模具。即使钢筋批号未变，每次拆换、安装模具后，也要先镦一根短钢筋，检查确认其质量合格后，方可进行成批生产。

不合格的钢筋头应切去头部重新镦粗，不能对尺寸超差的钢筋头直接进行二次镦粗。

**2. 钢筋热镦粗工艺**

（1）钢筋热镦粗加热工艺设计

钢筋热镦粗加热工艺的设计依据是：根据现行国家标准中规定的钢筋化学成分，参照国内各个大型钢厂钢筋轧制工艺中初轧温度以及终轧温度实践经验，结合钢筋镦头的特点，制定各种级别钢筋的始镦温度及终镦温度。在生产实践中，取样进行金相检测，试验结果表明热镦后钢筋镦头部位具有与母材一致的金相组织，性能尚有所改善。热镦粗的过渡段坡度要≤1∶3。

(2) 钢筋热镦粗作业要求

1) 钢筋热镦机热镦粗不应露天作业。

2) 钢筋端头镦粗不成形或成形质量不符合要求，应仔细检查模具、行程、加热温度以及原材料等方面的原因，在查出原因及采取有效措施后，才能继续进行镦粗作业。

3) 钢筋热镦粗作业应按照作业指导书规定以及作业通知书要求选择与热镦粗有关的参数进行镦粗作业。

4) 在钢筋热镦粗操作者作业时，应按镦头检验规程对镦头进行自检，不符合质量要求的镦头可加热重新镦粗。

5) 钢筋热镦粗作业时、应注意个人劳动保护及安全防护。

6) 作业完毕，应及时关闭设备电源，同时应将设备和工作场地清理干净，如实填写运行记录及工程量报表。

**3. 钢筋镦粗直螺纹接头的分类**

接头分类见表 2-24。

**接头分类** **表 2-24**

| 分类 | | 图　示 | 说明 |
|---|---|---|---|
| 按接头使用要求分类 | 标准型 | 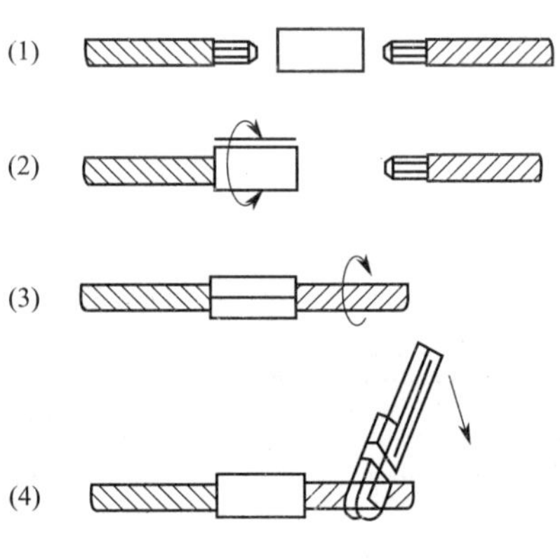 (1)<br>(2)<br>(3)<br>(4) | 用于钢筋可自由转动的场合。利用钢筋端头相互对顶力锁定连接件，可选用标准型或变径型连接套筒 |
| | 加长型 | 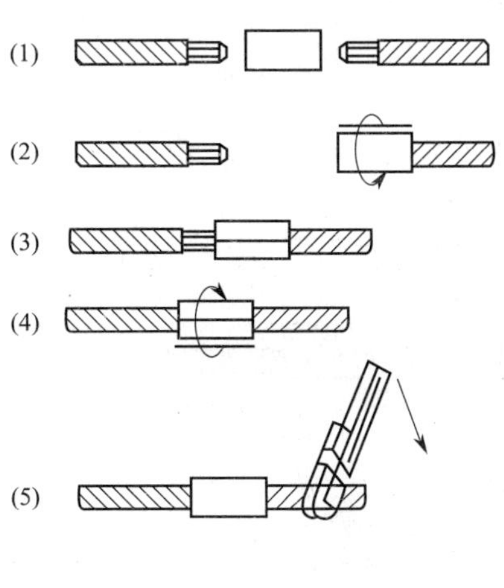 (1)<br>(2)<br>(3)<br>(4)<br>(5) | 用于钢筋过于长而密集，不便转动的场合。连接套筒预先全部拧入一根钢筋的加长螺纹上，再反拧入被接钢筋的端螺纹，转动钢筋 1/2～1 圈即可锁定连接件，可选用标准型连接套筒 |

续表

| 分类 | | 图示 | 说明 |
| --- | --- | --- | --- |
| 按接头使用要求分类 | 加锁母型 | 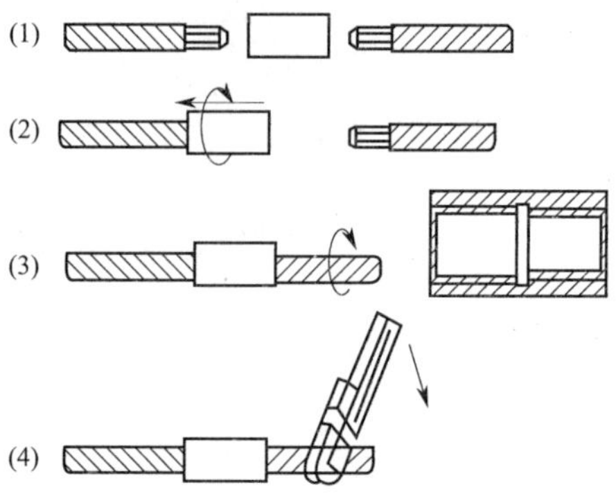 (1)<br>(2)<br>(3)<br>(4) | 用于钢筋完全不能转动，如弯折钢筋以及桥梁灌注桩等钢筋笼的相互对接。将锁母和连接套筒预先拧入加长螺纹，再反拧入另一根钢筋端头螺纹，用锁母锁定连接套筒。可选用标准型或扩口型连接套筒加锁母 |
| | 正反螺纹型 | 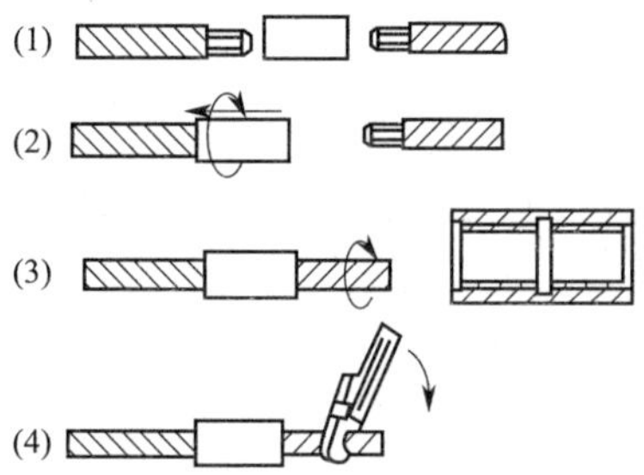 (1)<br>(2)<br>(3)<br>(4) | 用于钢筋完全不能转动而要求调节钢筋内力的场合，如施工缝、后浇带等。连接套筒带正反螺纹，可在一个旋合方向中松开或拧紧两根钢筋，应选用带正反螺纹的连接套筒 |
| | 扩口型 | 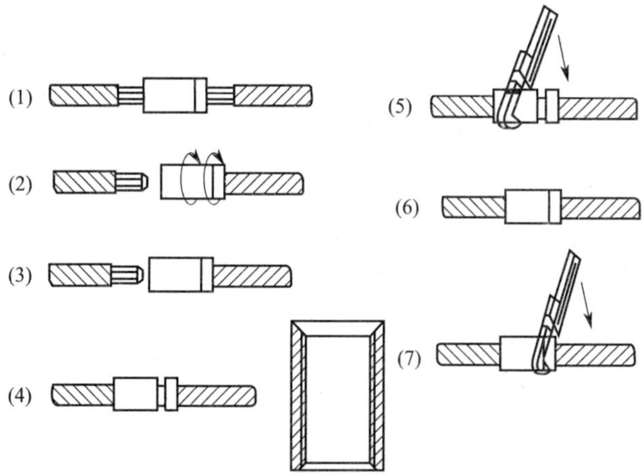 (1)<br>(2)<br>(3)<br>(4)<br>(5)<br>(6)<br>(7) | 用于钢筋较难对中的场合，通过转动套筒连接钢筋 |
| | 变径型 | 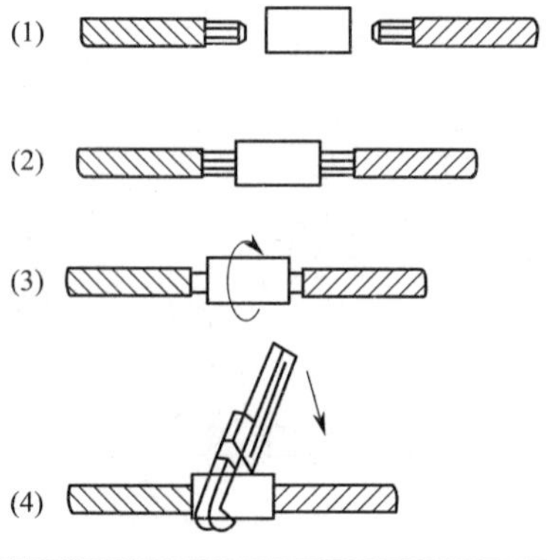 (1)<br>(2)<br>(3)<br>(4) | 用于连接不同直径的钢筋 |

续表

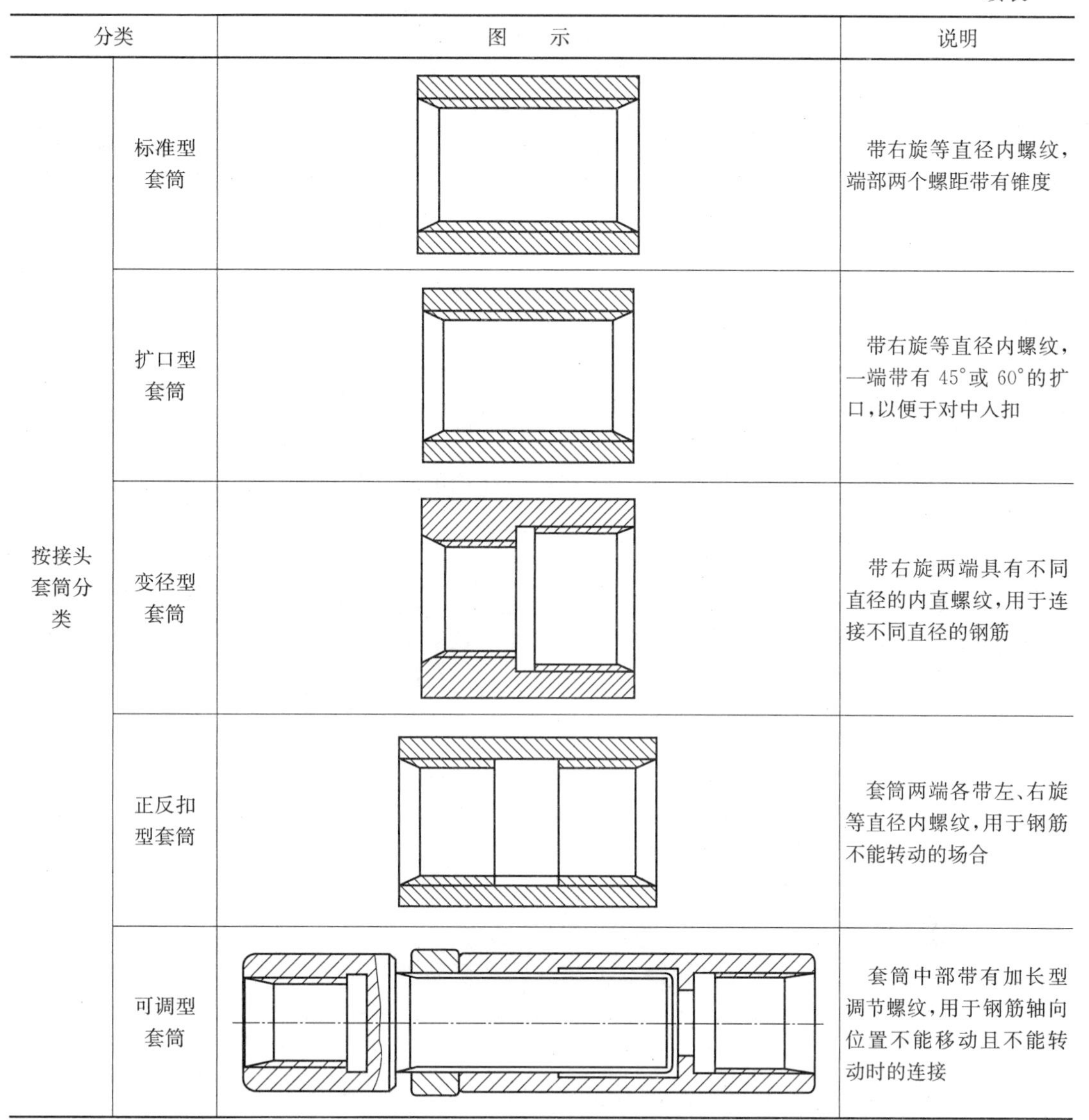

| 分类 | | 图　　示 | 说明 |
|---|---|---|---|
| 按接头套筒分类 | 标准型套筒 | | 带右旋等直径内螺纹，端部两个螺距带有锥度 |
| | 扩口型套筒 | | 带右旋等直径内螺纹，一端带有45°或60°的扩口，以便于对中入扣 |
| | 变径型套筒 | | 带右旋两端具有不同直径的内直螺纹，用于连接不同直径的钢筋 |
| | 正反扣型套筒 | | 套筒两端各带左、右旋等直径内螺纹，用于钢筋不能转动的场合 |
| | 可调型套筒 | | 套筒中部带有加长型调节螺纹，用于钢筋轴向位置不能移动且不能转动时的连接 |

## 2.4.4　钢筋镦粗直螺纹连接的实例

**【例 2-9】** 镦粗直螺纹钢筋连接技术作为一种先进成熟的钢筋连接技术，现已在工程中得到推广应用。在××国道××公路，由××承建的第××合同段，桥梁工程就部分采用了镦粗直螺纹钢筋接头。作为全段控制性工程的××大桥，该桥桥墩为等截面T形实心独墩和变截面T形实心独墩两种形式，墩身高度为9.6～36m。基础为承台，下设直径为1.6m、1.3m，桩长为23～27m的钻孔灌注桩。由于桥墩较高，为了保证主钢筋的连接质量，其墩柱及基桩主筋$\phi$22、$\phi$25的接长就采用CABR镦粗直螺纹钢筋接头，共4557套。经过按批取样试验检测，这些镦粗直螺纹钢筋接头的实际抗拉强度均在565～615MPa，略大于钢筋母材的实际抗拉强度，为SA级接头，现场检验一次合格率达到100%，较好地保证了钢筋连接质量，取得了较好的技术和经济效果。

**【例 2-10】** 青岛滨海公路南段工程是青岛拥海环湾发展的重要基础设计保障，滨海南二合同承建了 K9＋000-K15＋500 共计 6.5km 的路基桥涵工程，本合同段桥涵结构物累计水下灌注桩为 116 根，考虑到施工场地和施工季节，项目部决定钢筋笼的制作安装全部采用镦粗直螺纹钢筋连接技术，并在统一场地集中预制钢筋笼，既节约钢材、经济安全，又快速方便，减少成孔与灌桩的时间差，保证了工程进度和施工质量，经菏泽公路检测中心检测，全部桩基为Ⅰ类。

## 2.5 钢筋滚轧直螺纹连接

### 2.5.1 钢筋滚轧直螺纹连接特点及适用范围

钢筋滚轧直螺纹套筒连接是利用金属材料塑性变形后冷作硬化增强金属材料强度的特性，使接头与母材等强的连接方法。

**1. 特点**

（1）接头强度高（能 100％断母材）、延性好

钢筋滚丝时相当于冷加工操作，综合力学性能达到并超过国家行业标准的接头标准，确保了接头强度不低于母材强度，能充分发挥钢筋母材的强度和性能。

（2）连接快速方便，适用性强

在施工现场，接头连接仅用力矩扳子即可，对超长的钢筋连接及弯曲钢筋、固定钢筋、钢筋笼等不能移动钢筋的场合只需旋转套筒就可实现连接。

（3）接头质量安全、可靠

即使螺纹松动，只要达到一定的旋合长度，就能保证接头的性能。

（4）便于检测

对于连接后的接头，只要目测钢筋上螺纹露在套筒外的情况，即可初步判断接头是否合格。

（5）节能环保

节约钢材与能源，无明火操作，不污染环境，可全天候施工。

**2. 钢筋滚轧直螺纹连接的适用范围**

钢筋滚轧直螺纹连接适合于中等或较粗直径的 HRB335（Ⅱ级）、HRB400（Ⅲ级）热轧带肋钢筋及 RRB400（Ⅲ级）余热处理钢筋的连接。

### 2.5.2 钢筋滚轧直螺纹连接的设备

钢筋滚轧直螺纹加工机床与滚轧工艺相适应，分为直接滚轧和剥肋滚轧两种。直接滚轧和剥肋滚轧的两用机床就是在直接滚轧机床的前部增加一套剥肋装置。

现在，国内已有很多家生产滚轧直螺纹加工机床的工厂，其生产的机床结构大致相同，但型号不一，具体构造也有差异。

### 2.5.3 钢筋滚轧直螺纹连接的工艺

钢筋滚轧直螺纹连接的工艺流程为：钢筋原料→切头→机械加工（丝头加工）→套丝

加保护套→工地连接。

（1）所加工的钢筋应先调直后再下料，切口端面与钢筋轴线垂直，不能有马蹄形或挠曲。下料时，不得采用气割下料，可采用钢筋切断机或砂轮切割机。

（2）丝头加工时应使用水性润滑液，不得使用油性润滑液。

（3）墩身主钢筋连接接头除倒数第二节的上口制成加长丝外，其余均采用滚轧直螺纹标准型接头，其丝头有效螺纹长度应不小于 1/2 连接套筒长度，规定一端丝头滚轧 12 道丝；钢筋连接完毕后，连接套筒外应有外露有效螺纹，且连接套筒单边外露有效螺纹不得超过 2P，即两口丝。

（4）已加工完成并检验合格的丝头要加以保护，钢筋一端丝头戴上保护帽，另一端拧上连接套，并按规格分类，堆放整齐，待用。

（5）钢筋连接时，钢筋的规格和连接套的规格一致，并确保丝头和连接套的丝扣干净、无损。

（6）连接套筒外形尺寸，见表 2-25。

**连接套筒外形尺寸**（mm） **表 2-25**

| 规格 | 螺距 | 长度 | 外径 | 螺纹小径 |
|---|---|---|---|---|
| $f28$ | 3 | 70 | $f44$ | $f26.1$ |

### 2.5.4 钢筋滚轧直螺纹连接的实例

**【例 2-11】** 罗浮高架桥梁位于泰和至井冈山高速公路连接线，大桥结构形式为 17 孔一40m 先简支后连续预应力混凝土连续 T 梁桥，全长 688m，桥墩墩柱高度大部分超过 40m，其中最高高度达 45m。高架连接两个山头，中间为一个 V 形山谷，施工场地非常狭小，施工环境恶劣。工程动工时间为 2004 年 2 月初，但项目要求至 2004 年 8 月底全幅架通，施工时间仅 7 个月，这对于受场地及交通制约的山区桥梁的建设来说，工期要求非常高。在工程施工初期，下部高墩的浇筑成为工期的瓶颈：桥墩没完成，预制完成的梁因无法及时架设而大量侵占了制梁底座。同时受场地制约，现场无法开辟出存梁场地，制梁工作因此无法正常进行。如何有效地加快墩柱的建设，成为整个项目能否按期完成的关键。

从施工单位的投入来看，人、机、料的准备非常充足，混凝土的拌合及浇筑均不会影响工期，真正制约工期的还是钢筋的加工，特别是钢筋笼的高空连接工序。在施工中，对于低于 20m 的墩柱采用先加工好钢筋笼，后整体起吊，在空中逐节往上焊接的方法。而高于 20m 的高墩柱，在 20m 以上部分则由于安全原因，采用单根钢筋起吊，在空中逐根焊接的方法。受空间制约，虽然钢筋加工人员很多，但一般只能上 1～2 名电焊工同时作业，因此工作无法大面积展开，另外，焊接工作又经常受天气影响，无法全天候施工，因而墩柱的钢筋连接成为最慢的一道工序。每单根主筋的焊接（$\phi 28$、$\phi 32$ 两种）长度达 30cm 左右，焊接时间需 20～22min，总共有 110 余根主筋，因而每节完成连接就需要 19～21h。因此可看出，高墩建设的快慢，又取决于钢筋的连接速度。为此，项目办及施工单位经现场研究认证，决定对钢筋的连接采用滚轧直螺纹技术。由于滚轧直螺纹技术操作简单易学，不受天气影响，可全天候施工，施工速度快，原来需要 20～22min 的接头，现在只需要 4～6min 就可完成，大大节省了时间。实践证明，由于滚轧直螺纹技术的使用，加快了施工速度，从而使工期得到了保证，7 月 30 日便实现了全幅架通，整个项目从桩基开挖到全桥架通实际施工时间仅用了短短 6 个月，而且节约了钢材，降低了工程施工成本。

## 2.6 钢筋套筒灌浆连接

### 2.6.1 钢筋套筒灌浆连接

钢筋套筒灌浆连接是用高强、快硬的无收缩无机浆料填充在钢筋与灌浆套筒连接件之间，浆料凝固硬化后形成钢筋接头，连接示意图如图 2-26 所示。灌浆连接主要适用于预制装配式混凝土结构中的竖向构件、横向构件的钢筋连接，也可用于混凝土后浇带钢筋连接、钢筋笼整体对接及加固补强等方面，可连接直径为 12～40mm 热轧带肋钢筋或余热处理钢筋。

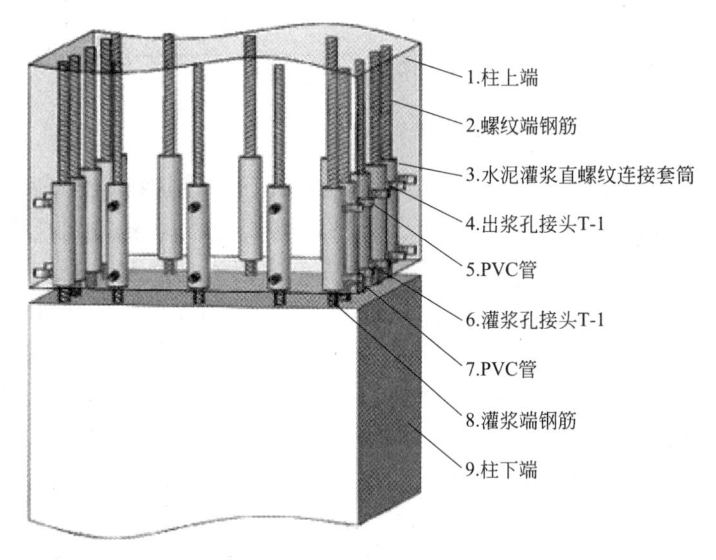


图 2-26 套筒灌浆连接接头

钢筋套筒灌浆连接接头是预制装配式钢筋混凝土构件连接用的主要钢筋连接接头型式之一，适用于钢筋混凝土预制梁、预制柱、预制剪力墙板、预制楼板之间的钢筋连接，具有连接质量稳定可靠、抗震性能好、施工简便、安装速度快、可实现异径钢筋连接等特点。在我国和日本、美国、东南亚、中东、新西兰等国家的钢筋混凝土剪力墙结构、框架结构、框架剪力墙结构工程建设中得到了广泛的应用。

### 2.6.2 钢筋连接灌浆套筒

钢筋连接用灌浆套筒是指通过水泥基灌浆料的传力作用将钢筋对接连接所用的金属套筒。通常采用铸造工艺或者机械加工工艺制造。

**1. 钢筋连接灌浆套筒**

灌浆套筒按加工方式分为铸造灌浆套筒和机械加工灌浆套筒；按结构形式分为全灌浆套筒和半灌浆套筒；半灌浆套筒按非灌浆一端连接方式分为直接滚轧直螺纹灌浆套筒、带肋滚轧直螺纹灌浆套筒和镦粗直螺纹灌浆套筒。

全灌浆套筒的结构简图，如图 2-27 所示。半灌浆套筒的结构简图，如图 2-28 所示。

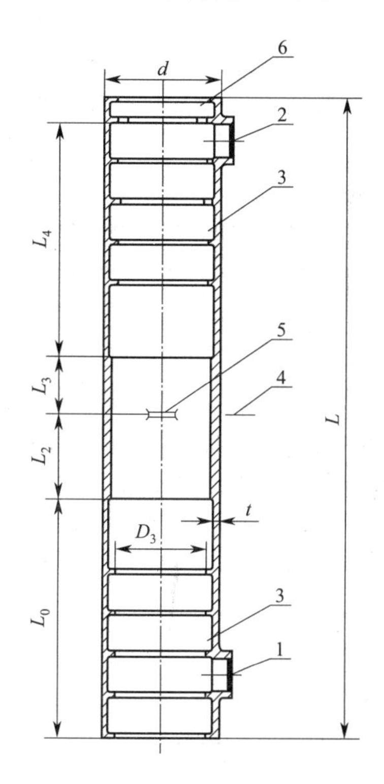


图 2-27　全灌浆套筒接头简图

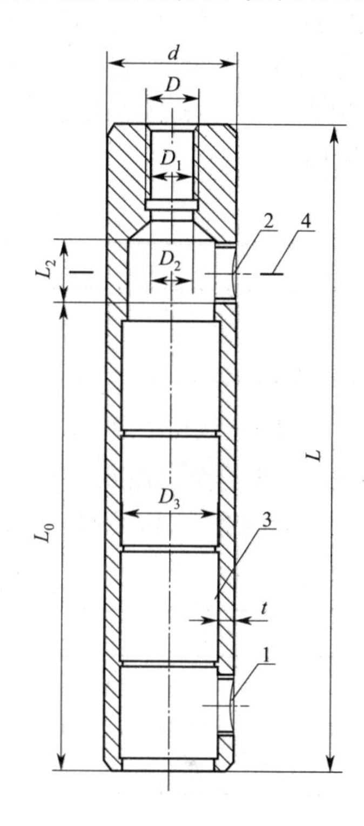


图 2-28　灌浆套筒结构见图

$L$—灌浆套筒总长；$L_0$—锚固长度；$L_1$—预制端预留钢筋安装调整长度；

$L_2$—现场装配端预留钢筋安装调整长度；$t$—灌浆套筒壁厚；$d$—灌浆套筒外径；

$D$—内螺纹的公称直径；$D_1$—内螺纹的基本小径；

$D_2$—半灌浆套筒螺纹端与灌浆端连接处的通孔直径；

$D_3$—灌浆套筒锚固段环形突起部分的内径；

1—灌浆孔；2—排浆孔；3—剪力槽；4—强度验算用截面；

5—钢筋限位挡块；6—安装密封垫的结构

**2. 灌浆套筒结构和材料要求**

灌浆套筒的结构形式和主要部位尺寸应符合《钢筋连接用灌浆套筒》JG/T 398—2012 的有关规定。全灌浆套筒的中部、半灌浆套筒的排浆孔位置在计入最大负公差后的屈服承载力和抗拉承载力的设计应符合《钢筋机械连接技术规程》JGJ 107—2016 的规定；套筒长度应根据实验确定，且灌浆连接端长度不宜小于 8 倍钢筋直径，灌浆套筒中间轴向定位点两侧应预留钢筋安装调整长度，预制端不应小于 10mm，现场装配端不应小于 20mm。剪力槽两侧凸台轴向厚度不应小于 2mm；剪力槽的数量应符合表 2-26 的规定。

**灌浆套筒剪力槽数量表** **表 2-26**

| 连接钢筋直径/mm | 12～20 | 22～32 | 36～40 |
|---|---|---|---|
| 剪力槽数量/个 | ≥3 | ≥4 | ≥5 |

机械加工灌浆套筒的壁厚不应小于 3mm，铸造灌浆套筒的壁厚不应小于 4mm。铸造灌浆套筒宜选用球墨铸铁，机械加工灌浆套筒宜选用优质碳素结构钢、低合金高强度结构钢、合金结构钢或其他经过接头型式检验确定符合要求的钢材。采用球墨铸铁制造的灌浆套筒，材料在符合《球墨铸铁件》GB/T 1348—2009 的规定同时，其材料性能尚应符合表 2-27 的规定。

**球墨铸铁灌浆套筒的材料性能** **表 2-27**

| 项目 | 性能指标 | 项目 | 性能指标 |
|---|---|---|---|
| 抗拉强度 $R_m$/MPa | ≥550 | 球化率(%) | ≥85 |
| 断后伸长率 $A_5$(%) | ≥5 | 硬度/HBW | 180～250 |

采用优质碳素结构钢、低合金高强度结构钢、合金结构钢加工的灌浆套筒，其材料的机械性能应符合《低合金高强度结构钢》GB/T 1591—2008、《合金结构钢》GB/T 3077—1999 和《结构用无缝钢管》GB/T 8162—2008 的规定，同时应符合表 2-28 的规定。

**钢制灌浆套筒的材料性能** **表 2-28**

| 项　目 | 性能指标 |
|---|---|
| 屈服强度 $R_{el}$/MPa | ≥355 |
| 抗拉强度 $R_m$/MPa | ≥600 |
| 断后伸长率 $A_5$(%) | ≥16 |

### 3. 灌浆套筒尺寸偏差和外观质量要求

灌浆套筒的尺寸偏差应符合表 2-29 的规定。

**灌浆套筒尺寸偏差表** **表 2-29**

| 序号 | 项目 | 灌浆套筒尺寸偏差表 | | | | | |
|---|---|---|---|---|---|---|---|
| | | 铸造灌浆套筒 | | | 机械加工灌浆套筒 | | |
| | 钢筋直径/mm | 12～20 | 22～32 | 36～40 | 12～20 | 22～32 | 36～40 |
| 1 | 外径允许偏差/mm | ±0.8 | ±1.0 | ±1.5 | ±0.6 | ±0.8 | ±0.8 |
| 2 | 壁厚允许偏差/mm | ±0.8 | ±1.0 | ±1.2 | ±0.5 | ±0.6 | ±0.8 |
| 3 | 长度允许偏差/mm | ±(0.01×$L$) | | | ±2.0 | | |
| 4 | 锚固段环形突起部分的内径允许偏差/mm | ±1.5 | | | ±1.0 | | |
| 5 | 锚固段环形突起部分的内径最小尺寸与钢筋公称直径差值/mm | ≥10 | | | ≥10 | | |
| 6 | 直螺纹精度 | / | | | GB/T 197 中 6H 级 | | |

铸造灌浆套筒内外表面不应有影响使用性能的夹渣、冷隔、砂眼、缩孔、裂纹等质量缺陷；机械加工灌浆套筒表面不应有裂纹或影响接头性能的其他缺陷，端面和外表面的边

棱处应无尖棱、毛刺。灌浆套筒外表面标识应清晰，表面不应有锈皮。

**4. 灌浆套筒力学性能要求**

灌浆套筒应与灌浆料匹配使用，采用灌浆套筒连接钢筋接火的抗拉强度应符合《钢筋机械连接技术规程》JGJ 107—2016 中Ⅰ级接头的规定。

**5. 球墨铸铁套筒铸造要求**

采用球墨铸铁制造灌浆套筒时，由于套筒内部结构比较复杂，选用合理铸造成型工艺对铸件的质量影响非常重要。

（1）由于铸造球墨铸铁是在高碳低硫的条件下产生的，球化过程中铁水的温度会降低，铁水的流动性也会变差，一般应将铁水出炉温度控制在 1300℃以上。铁水的含碳量的高低会影响球化效果，一般应该将含碳量控在 3.8～1.2 左右。

（2）合理选择铸造用砂，包括外形砂、芯砂，控制用砂含水量。芯砂质量和制作工艺对灌浆套筒内部残砂清理起着至关重要的作用，一旦芯砂质量出现偏差，灌浆套筒内部残砂清理将非常困难。

（3）合理设计浇注位置、分型面、冒口、拔模斜度，对制造球墨铸铁灌浆套筒的质量有重要影响。

**6. 灌浆套筒检验与验收**

灌浆套筒质量检验分为出厂检验和型式检验。出厂检验项目包括材料性能、尺寸偏差、外观质量；型式检验除了出厂检验项目外，还要进行套筒力学性能检验。

（1）灌浆套筒材料性能检验

主要检验材料的屈服强度、抗拉强度和断后伸长率，铸造套筒还要检查球化率和硬度。铸造灌浆套筒的材料性能采用单铸试块的方式取样，机械加工灌浆套筒的材料性能通过原材料的方式取样；铸造材料试样制作采用单铸试块的方式进行，试样的制作应符合相关规定；圆钢或钢管的取样和制备应符合《钢及钢产品 力学性能试验取样位置及试样制备》GB/T 2975—1998 的规定；材料性能试验方法应符合《金属材料 拉伸试验 第 1 部分：室温试验方法》GB/T 228.1—2010 的规定。球化率试验采用本体试样，从灌浆套筒的中间位置取样，灌浆套筒尺寸较小时，也可采用单铸试块的方式取样；实验试样的制作应符合《金属显微组织检验方法》GB/T 13298—2015 的规定；球化率试验方法应符合《球墨铸铁金相检验》GB/T 9441—2009 的规定，以球化分级图中 80％和 90％的标准图片为依据，球化形态居两者中间状态以上为合格。硬度试验采用本体试样，从灌浆套筒中间位置截取约 15mm 高的环形试样，灌浆套筒壁厚较小时，也可采用单铸试块的方式取样；试验试样的制作应符合《金属材料 布氏硬度试验 第 1 部分：试验方法》GB/T 231.1—2009 的规定；采用直径为 2.5mm 的硬质合金球，试验力为 1.839kN，取 3 点，试验方法应符合《金属材料 布氏硬度试验 第 1 部分：试验方法》GB/T 231.1—2009 的规定。

（2）灌浆套筒主要尺寸检验

灌浆套筒主要尺寸检验有套筒外径、壁厚、长度、凸起内径、螺纹中径、灌浆连接段凹槽大孔。外径、壁厚、长度、凸起内径采用游标卡尺或专用量具检验，卡尺精度不应低于 0.02mm；灌浆套筒外径应在同一截面相互垂直的两个方向测量，取其平均值；壁厚的测量可在同一截面相互垂直两方向测量套筒内径，取其平均值，通过外径、内径尺寸计算出壁厚；直螺纹中径使用螺纹塞规检验，螺纹小径可用光规或游标卡尺测量；灌浆连接段凹槽大孔用内卡规检验，卡规精度不应低于0.02mm。

(3) 灌浆套筒的力学性能试验

灌浆套筒的力学性能试验通过灌浆套筒和匹配灌浆料连接的钢筋接头试件进行，接头抗拉强度的试验方法应符合《钢筋机械连接技术规程》JGJ 107—2016的规定。

(4) 灌浆套筒出厂检验

灌浆套筒出厂检验的组批规则、取样数量及方法是：材料性能检验应以同钢号、同规格、同炉（批）号的材料作为一个验收批，每批随机抽取2个；尺寸偏差和外观应以连续生产的同原材料、同炉（批）号、同类型、同规格的1000个灌浆套筒为一个验收批，不足1000个灌浆套筒时仍可作为一个验收批，每批随机抽取10%，连续10个验收批一次性检验均合格时，尺寸偏差及外观检验的取样数量可由10%降低为5%。

出厂检验判定规则是：在材料性能检验中，若2个试样均合格，则该批灌浆套筒材料性能判定为合格；若有1个试样不合格，则需另外加倍抽样复检，复检全部合格时，则仍可判定该批灌浆套筒材料性能为合格；若复检中仍有1个试样不合格，则该批灌浆套筒材料性能判定为不合格。在尺寸偏差及外观检验中，若灌浆套筒试样合格率不低于97%时，该批灌浆套筒判定为合格；当低于97%时，应另外抽双倍数量的灌浆套筒试样进行检验，当合格率不低于97%时，则该批灌浆套筒仍可判定为合格；若仍低于97%时，则该批灌浆套筒应逐个检验，合格者方可出厂。在有下列情况之一时，应进行型式检验：

1) 灌浆套筒产品定型时。

2) 灌浆套筒材料、工艺、规格进行改动时。

3) 型式检验报告超过4年时。

(5) 型式检验取样数量及取样方法

材料性能试验以同钢号、同规格、同炉（批）号的材料中抽取。取样数量为2个；尺寸偏差和外观应以连续生产的同原材料、同炉（批）号、同类型、同规格的套筒中抽取，取样数量为3个；抗拉强度试验的灌浆接头取样数量为3个。型式检验判定规则是：所有检验项目合格方可判定为合格。

### 2.6.3 钢筋套筒连接用灌浆料

钢筋连接用套筒灌浆料是以水泥为基本材料，配以适当的细骨料，以及少量的混凝土外加剂和其他材料组成的干混料，加水搅拌后具有大流动度、高强、微膨胀等性能，填充于套筒和带肋钢筋间隙内，形成钢筋套筒灌浆连接接头，简称“套筒灌浆料”。

钢筋套筒连接用灌浆料的性能应符合表2-30的要求。

**钢筋套筒连接用灌浆料的性能** **表2-30**

| 检测项目 | | 性能指标 |
|---|---|---|
| 流动度/mm | 初始 | ≥300 |
| | 30min | ≥260 |
| 抗压强度/MPa | 1d | ≥35 |
| | 3d | ≥60 |
| | 28d | ≥85 |

续表

| 检测项目 | | 性能指标 |
|---|---|---|
| 竖向膨胀率(%) | 3h | ≥0.02 |
| | 24h与3h差值 | 0.02～0.5 |
| 氯离子含量(%) | | ≤0.03 |
| 沁水率(%) | | 0 |

**1. 套筒灌浆料检验**

套筒灌浆料产品检验分出厂检验和型式检验。出厂检验项目包括：初始流动度、30min流动度，1d、3d抗压强度，3h、24h竖向膨胀率，当用户需要时进行28d抗压强度检测。型式检验项目除出厂检验项目外，还有氯离子含量和泌水率。

检验样品的取样：在5天内生产的同配方产品作为一生产批号，最大数量不超过10t，不足10t也作为同一生产批号；取样应有代表性，可连续取，也可从多个部位取等量样品；取样方法按《水泥取样方法》GB/T 12573—2008进行。检验用水应符合相关的规定，砂浆搅拌机应符合《试验用砂浆搅拌机》JG/T 3033—1996规定。将抽取的套筒灌浆料样品放入砂浆搅拌机中，加入规定用水量80%后，开动砂浆搅拌机使混合料搅拌至均匀，搅拌3～4min后，再加入所剩的20%规定用水量，控制总搅拌时间一般不少于5min。搅拌完成后进行流动度、抗压强度、竖向膨胀率试验，流动度、抗压强度和竖向膨胀率的试验方法按《水泥基灌浆材料应用技术规范》GB/T 50448—2015的相关规定进行。当出厂检验项目的检验结果全部符合要求时判定为合格品，若有一项指标不符合要求时则判定为不合格。

氯离子含量检验采用新搅拌砂浆，测定方法按《水泥基灌浆材料应用技术规范》GB/T 50448—2015的要求进行；泌水率试验按《普通混凝土拌合物性能试验方法标准》GB/T 50080—2016的规定进行。

有下列情况之一时，应进行型式检验：

(1) 新产品的试制定型鉴定。

(2) 正式生产后如材料及工艺有较大变动，有可能影响产品质量时。

(3) 停产半年以上恢复生产时。

(4) 国家质量监督机构提出型式检验专门要求时。

当产品首次提供给用户使用时。材料供应方应提供有效产品型式检验报告；当用户需要出厂检测报告时，生产厂应在产品发出之日起7d内寄发除28d抗压强度以外的各项试验结果，28d检测数值，应在产品发出之日起40d内补报。

**2. 套筒灌浆料交货与验收**

套筒灌浆料交货时产品的质量验收可抽取实物试样，以其检验结果为依据，也可以产品同批号的检验报告为依据。采用何种方法验收由买卖双方商定，并在合同或协议中注明。以抽取实物试样的检验结果为验收依据时，买卖双方应在发货前或交货地共同取样和封存。取样方法按《水泥取样方法》GB/T 12573—2008的相关规定进行。

**3. 套筒灌浆料包装与标识**

钢筋接头灌浆料采用防潮袋包装，并满足相关规定，每袋净重量25kg或50kg；包装袋上应标明产品名称、净重量、生产厂家、单位地址、联系电话、生产批号、生产日期等。

### 2.6.4 钢筋套筒灌浆连接的实例

**【例 2-12】** 某住宅工业化楼是装配式剪力墙结构，直径 16mm 钢筋连接采用套筒灌浆连接接头 1 万余个，主要用于带保温层预制构件的复合剪力墙竖向连接。钢筋直螺纹采用剥肋滚轧工艺，钢筋螺纹丝头加工和与套筒连接、灌浆套筒在预制构件中定位固定、绑扎、支模和浇注养护均在预制构件厂内完成，预制成复合剪力墙构件产品。在工地现场施工时，剪力墙在结构上吊装就位、固定后，进行接头灌浆作业，如图 2-29 所示，灌浆 1 天后，墙体支护固定装置即可拆除。

图 2-29 剪力墙钢筋套筒灌浆连接

钢筋套筒灌浆连接技术在国外已有几十年应用和发展的历史，技术成熟、可靠，广泛应用于各类装配式混凝土结构建筑的主筋连接，是影响结构整体安全性和抗震性能的关键因素之一。

## 2.7 带肋钢筋熔融金属充填接头连接

### 2.7.1 带肋钢筋熔融金属充填接头连接特点及适用范围

**1. 特点**

带肋钢筋熔融金属充填接头连接的特点如下：

（1）在现场不需要电能源，在缺电或供电紧张的地方，例如岩体护坡锚固工程等，可进行钢筋连接，并能减少现场施工干扰。

（2）工效高，在水电工程中便于争取工期。

（3）接头质量可靠。

（4）减轻工人劳动强度。

**2. 适用范围**

适用于带肋的 HRB335、HRB400、RRB400 钢筋在水平位置、垂直位置、倾斜某一角度位置的连接。钢筋直径为 20～40mm。在装配式混凝土结构的安装中尤能发挥作用；在特殊工程中有良好应用效果。

## 2.7.2 带肋钢筋熔融金属充填接头连接的工艺

钢筋端面必须切平，最好采用圆片锯切割；当采用气割时，应事先将附在切口端面上的氧化皮、熔渣清除干净。

**1. 套筒制作**

钢套筒一般采用 45 号优质碳素结构钢或低合金结构钢制成。

设计连接套筒的横截面面积时，套筒的屈服承载力应大于或等于钢筋母材屈服承载力的 1.1 倍，套筒的抗拉承载力应大于或等于钢筋母材抗拉承载力的 1.1 倍。套筒内径与钢筋外径之间应留一定间隙，以使钢水能顺畅地注入各个角落。

设计连接套筒的长度时，应考虑充填金属抗剪承载力。充填金属抗剪承载力等于充填金属抗剪强度乘钢筋外圆面积（套筒长度乘钢筋外圆长度）。充填金属的抗剪强度可按其抗拉强度 0.6 倍计算。钢筋母材承载力等于国家标准中规定的屈服强度或抗拉强度乘公称横截面面积。充填金属抗拉强度可按 Q215 钢材的抗拉强度 335N/mm$^2$计算。

设计连接套筒的内螺纹或齿状沟槽时，应考虑套筒与充填金属之间具有良好的锚固力（咬合力）。应在连接套筒接近中部的适当位置加工一小圆孔，以便钢水从此注入。

**2. 热剂准备**

热剂的主要成分为雾滴状或花瓣状铝粉和鱼鳞状氧化铁粉，两者比例应通过计算和试验确定。为了提高充填金属的强度，必要时，可以加入少量合金元素。热剂中两种主要成分应调和均匀。若是购入袋装热剂，使用前应抛摔几次，务必使其拌合均匀，以保证反应充分进行。

**3. 坩埚准备**

坩埚一般由石墨制成。也可由钢板制成，内部涂以耐火材料。耐火材料由清洁且很细的石英砂 3 份及黏土 1 份，再加 1/10 份胶质材料相均匀混合，并放水 1/12 份，使产生合宜的混合体。若是手工调和，则在未曾混合之前，砂与黏土必须是干燥的，该两种材料经混合后，才可加入胶质材料和水。其中，水分应越少越好。胶质材料常用的为水玻璃。

坩埚内壁涂毕耐火材料后，应缓缓使其干燥，直至无潮气存在；若加热干燥，其加热温度不得超过 150℃。

当工程中大量使用该种连接方法时，所有不同规格的连接套筒、热剂、坩埚、一次性衬管、支架等均可由专门工厂批量生产，包装供应，方便施工。

## 2.7.3 带肋钢筋熔融金属充填接头连接的现场操作

**1. 固定钢筋**

安装并固定钢筋，使两钢筋之间，留有约 5mm 的间隙。

**2. 安装连接套筒**

安装连接套筒，使套筒中心在两钢筋端面之间。

**3. 固定坩埚**

用支架固定坩埚，放好坩埚衬管、放正封口片；安装钢水浇注槽（导流块），连接好钢水出口与连接套筒的注入孔。用耐火材料封堵所有连接处的缝隙。

**4. 坩埚使用**

为防止坩埚形成过热，一个坩埚不应重复使用15～20min之久。如果希望连接作业，应配备几个坩埚轮流使用。

使用前，应彻底清刷坩埚内部，但不得使用钢丝刷或金属工具。

**5. 热剂放入**

先将少量热剂粉末倒入坩埚，检查是否有粉末从底部漏出。然后将所有热剂徐徐地放入，不可全部倾倒，以免失去其中良好调和状况。

**6. 点火燃烧**

全部准备工作完成后，用点火枪或高温火柴点火，热剂开始化学反应过程。之后，迅速盖上坩埚盖。

**7. 钢水注入套筒**

热剂化学反应过程一般为4～7s，稍待冶金反应平静后，高温的钢水熔化封口片，随即流入预置的连接套筒内，填满所有间隙。

**8. 扭断结渣**

冷却后，立即慢慢来回转动坩埚，以便扭断浇口至坩埚底间的结渣。

**9. 拆卸各项装置**

卸下坩埚、导流块、支承托架和钢筋固定装置，去除浇冒口，清除接头附近熔渣杂物，连接工作结束。

## 2.7.4 带肋钢筋熔融金属充填接头连接的实例

**【例2-13】** 龙羊峡水电站地处青藏高原，高寒、缺氧、气候恶劣，给钢筋焊接施工带来许多意想不到的困难。为确保工程质量和工期，承担工程建设的原水利电力部第四工程局在设计单位原水利电力部西北勘测设计院有力协助下，在龙羊峡水电工程中推广应用了带肋钢筋熔融金属充填接头连接技术，（使用前进行了高原地区适应性试验）施工后，取得了较好的工程效益和社会效益。为此，原水利电力部第四工程局获我国水利水电科技进步奖。

**【例2-14】** 厦门国际金融大厦为塔楼式建筑，高95.75m，地上26层，如图2-30所示，由中建三局三公司负责施工。工程中钢筋直径多数为32～40mm，且布置密集。钢筋连接采用了原水电部十二局施工科研所科技成果：粗直径带肋钢筋熔融金属充填接头连接技术、冷挤压机械连接技术和电弧焊—机械连接技术；在主要部位应用上述接头共17880个，其中大部分为熔融金属充填接头由于采用上述新颖钢筋连接技术，施工速度快，适应性比较强，工艺较简单，接头性能可靠，取得了较好的经济效益。特别是在1989年5月，在主体工程第25层直斜中，钢筋直径为32～40mm大小头连接接头及外层十字梁钢筋施工中，就使用了上述接头1568个，共抽样96个，接头合格率100%，为主体工程提前60天封顶，发挥了应有的作用。

图 2-30　建设中的厦门国际金融大厦

**【例 2-15】** 在紧水滩水电站导流隧洞工程中，共完成直径 20～36mm 的原Ⅱ级、Ⅲ级钢筋熔融金属充填接头 2162 个，质量可靠，对保证导流隧洞的提前完工起到了重要作用。水利水电建设总局在紧水滩工地召开评审会，对上述新技术作出较好评价，认为可推广应用于直径 30～36mm 的原Ⅱ级、Ⅲ级钢筋的接头连接。随后，在紧水滩水电站混凝土大坝泄洪孔（中孔、浅孔）工程中，应用熔融金属充填接头 8 千多个，钢筋为原Ⅱ级、Ⅲ级，钢筋直径为 22～36mm。

# 3　钢筋焊接连接

## 3.1　一般规定

钢筋焊接方法分类及适用范围，见表 3-1。钢筋焊接质量检验，应符合行业标准《钢筋焊接及验收规程》JGJ 18—2012 和《钢筋焊接接头试验方法标准》JGJ/T 27—2014 的规定。

**钢筋焊接方法的适用范围**　　**表 3-1**

| 焊接方法 | 接头型式 | 适用范围 | |
| --- | --- | --- | --- |
| | | 钢筋牌号 | 钢筋直径/mm |
| 电阻点焊 | | HPB300 | 6～16 |
| | | HRB335　HRBF335 | 6～16 |
| | | HRB400　HRBF400 | 6～16 |
| | | HRB500　HRBF500 | 6～16 |
| | | CRB550 | 4～12 |
| | | CDW550 | 3～8 |
| 闪光对焊 | | HPB300 | 8～22 |
| | | HRB335　HRBF335 | 8～40 |
| | | HRB400　HRBF400 | 8～40 |
| | | HRB500　HRBF500 | 8～40 |
| | | RRB400W | 8～32 |
| 箍筋闪光对焊 | | HPB300 | 6～18 |
| | | HRB335　HRBF335 | 6～18 |
| | | HRB400　HRBF400 | 6～18 |
| | | HRB500　HRBF500 | 6～18 |
| | | RRB400W | 8～18 |
| 电弧焊　帮条焊　双面焊 | | HPB300 | 10～22 |
| | | HRB335　HRBF335 | 10～40 |
| | | HRB400　HRBF400 | 10～40 |
| | | HRB500　HRBF500 | 10～32 |
| | | RRB400W | 10～25 |
| 电弧焊　帮条焊　单面焊 | | HPB300 | 10～22 |
| | | HRB335　HRBF335 | 10～40 |
| | | HRB400　HRBF400 | 10～40 |
| | | HRB500　HRBF500 | 10～32 |
| | | RRB400W | 10～25 |

续表

| 焊接方法 | | | 接头型式 | 适用范围 | |
|---|---|---|---|---|---|
| | | | | 钢筋牌号 | 钢筋直径/mm |
| 电弧焊 | 搭接焊 | 双面焊 | 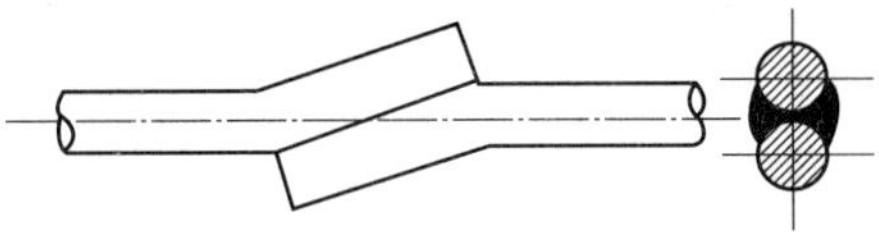 | HPB300<br>HRB335 HRBF335<br>HRB400 HRBF400<br>HRB500 HRBF500<br>RRB400W | 10～22<br>10～40<br>10～40<br>10～32<br>10～25 |
| | | 单面焊 | 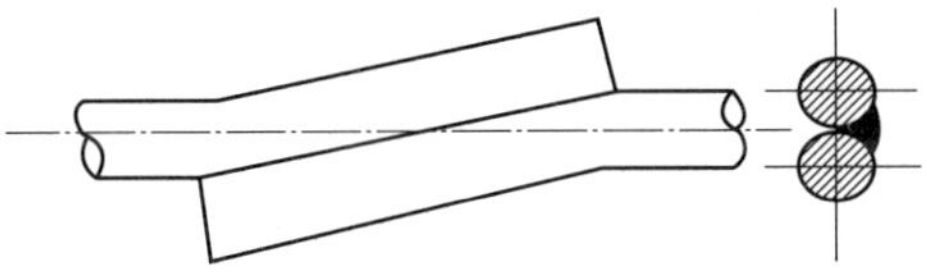 | HPB300<br>HRB335 HRBF335<br>HRB400 HRBF400<br>HRB500 HRBF500<br>RRB400W | 10～22<br>10～40<br>10～40<br>10～32<br>10～25 |
| | 熔槽帮条焊 | | 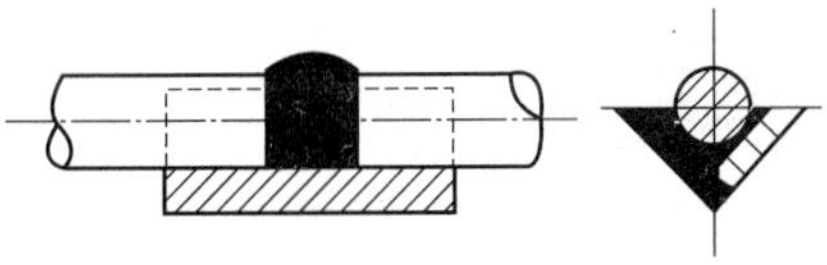 | HPB300<br>HRB335 HRBF335<br>HRB400 HRBF400<br>HRB500 HRBF500<br>RRB400W | 20～22<br>20～40<br>20～40<br>20～32<br>20～25 |
| | 坡口焊 | 平焊 | 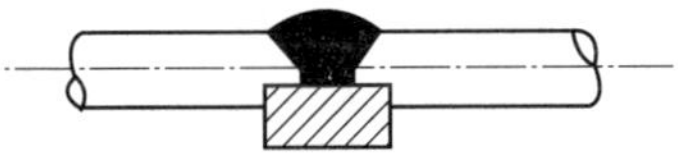 | HPB300<br>HRB335 HRBF335<br>HRB400 HRBF400<br>HRB500 HRBF500<br>RRB400W | 18～22<br>18～40<br>18～40<br>18～32<br>18～25 |
| | | 立焊 | 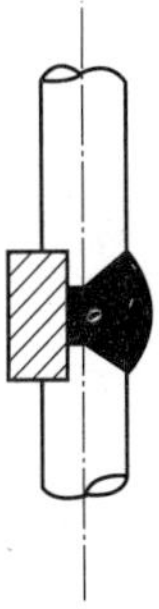 | HPB300<br>HRB335 HRBF335<br>HRB400 HRBF400<br>HRB500 HRBF500<br>RRB400W | 18～22<br>18～40<br>18～40<br>18～32<br>18～25 |
| | 钢筋与钢板搭接焊 | | 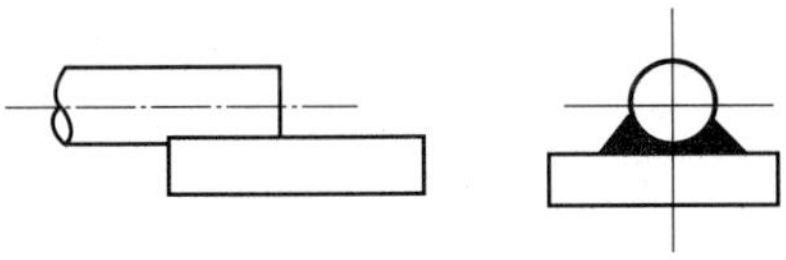 | HPB300<br>HRB335 HRBF335<br>HRB400 HRBF400<br>HRB500 HRBF500<br>RRB400W | 8～22<br>8～40<br>8～40<br>8～32<br>8～25 |
| | 窄间隙焊 | | 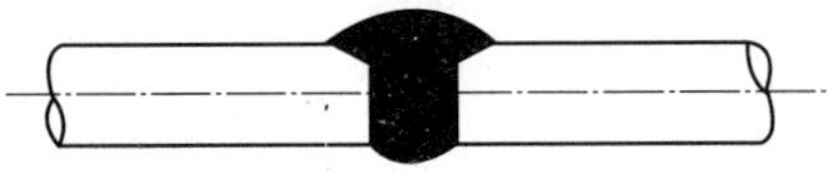 | HPB300<br>HRB335 HRBF335<br>HRB400 HRBF400<br>HRB500 HRBF500<br>RRB400W | 16～22<br>16～40<br>16～40<br>18～32<br>18～25 |

续表

| 焊接方法 | | | 接头型式 | 适用范围 | |
|---|---|---|---|---|---|
| | | | | 钢筋牌号 | 钢筋直径/mm |
| 电弧焊 | 预埋件钢筋 | 角焊 | | HPB300<br>HRB335 HRBF335<br>HRB400 HRBF400<br>HRB500 HRBF500<br>RRB400W | 6～22<br>6～25<br>6～25<br>10～20<br>10～20 |
| 电弧焊 | 预埋件钢筋 | 穿孔塞焊 | | HPB300<br>HRB335 HRBF335<br>HRB400 HRBF400<br>HRB500<br>RRB400W | 20～22<br>20～32<br>20～32<br>20～28<br>20～28 |
| 电弧焊 | 预埋件钢筋 | 埋弧压力焊<br>埋弧螺柱焊 | | HPB300<br>HRB335 HRBF335<br>HRB400 HRBF400 | 6～22<br>6～28<br>6～28 |
| 电渣压力焊 | | | | HPB300<br>HRB335<br>HRB400<br>HRB500 | 12～22<br>12～32<br>12～32<br>12～32 |
| 气压焊 | 固态<br>熔态 | | | HPB300<br>HRB335<br>HRB400<br>HRB500 | 12～22<br>12～40<br>12～40<br>12～32 |

注：1. 电阻点焊时，适用范围的钢筋直径指两根不同直径钢筋交叉叠接中较小钢筋的直径。

2. 电弧焊含焊条电弧焊和 $CO_2$ 气体保护电弧焊两种工艺方法。

3. 在生产中，对于有较高要求的抗震结构用钢筋，在牌号后加 E，焊接工艺可按同级别热轧钢筋施焊；焊条应采用低氢型碱性焊条。

4. 生产中，如果有 HPB235 钢筋需要进行焊接时，可按 HPB300 钢筋的焊接材料和焊接工艺参数，以及接头质量检验与验收的有关规定施焊。

钢筋焊接的一般规定如下：

（1）电渣压力焊应用于柱、墙、烟囱等现浇混凝土结构中竖向受力钢筋的连接；不得用于梁、板等构件中水平钢筋的连接。

（2）在工程开工或每批钢筋正式焊接前，应进行现场条件下的焊接性能试验。合格后，方可正式生产。

（3）钢筋焊接施工之前，应清除钢筋或钢板焊接部位和与电极接触的钢筋表面上的锈斑油污、杂物等；钢筋端部若有弯折、扭曲时，应予以矫直或切除。

（4）进行电阻点焊、闪光对焊、电渣压力焊或埋弧压力焊时，应随时观察电源电压的波动情况。对于电阻点焊或闪光对焊，当电源电压下降大于5%、小于8%时，应采取提高焊接变压器级数的措施；当大于或等于8%时，不得进行焊接。对于电渣压力焊或埋弧压力焊，当电源电压下降大于5%时，不宜进行焊接。

（5）对从事钢筋焊接施工的班组及有关人员应经常进行安全生产教育，并应制定和实施安全技术措施，加强焊工的劳动保护，防止发生烧伤、触电、火灾、爆炸以及烧坏焊接设备等事故。

（6）焊机应经常维护保养和定期检修，确保正常使用。

## 3.2 钢筋电弧焊

### 3.2.1 钢筋电弧焊特点及其范围

**1. 基本原理**

（1）焊接电弧的物理本质

气体是不能导电的，要在气体中产生电弧而通过电流，就一定要使气体分子（或原子）游离成为离子和电子（负离子）。同时，想要使电弧维持燃烧，就应不断地输送电能给电弧，以补充能量的消耗，要求电弧的阴极要不断地发射电子。

电弧是指气体放电的一种形式，和其他气体放电的区别是电弧的阴极压降低，电流密度大，然而气体的游离及电子发射是电弧中最基本的物理现象。

气体游离主要有以下3种：

1）撞击游离。撞击游离是指气体粒子在运动过程中相互碰撞得到足够的能量而引起游离的现象。

2）光游离。光游离是指光气体原子或分子吸收了光射线的光子能而产生的游离。

3）热游离。热游离是指在高温下，具有高动能的气体粒子彼此做非弹性碰撞而引起的游离。

同时，带异性电荷的粒子发生碰撞致使正离子和电子复合成中性粒子，产生中和现象；原子或分子结合成电子成为负离子，这对电弧物理过程有很大影响。

电子发射可分为下列4种：

1）光电发射。物质表面接受光射线能量而释放出自由电子的现象称为光电发射。

2）热发射。物质表面受热后，某些电子逸出到空间中去的现象称为热发射。

3）自发射。物质表面存在强电场和较大电位差时，在阴极有较多电子发射出来称为自发射。

4）重粒子撞击发射。能量大的重粒子（如正离子）撞到阴极上，引起电子的逸出称为重粒子撞击发射。

焊接电弧的产生及维持是因为在光、热、电场和动能的作用下，气体粒子不断地被激励、游离（同时又存在着中和）及电子发射的结果。

在电场的作用下，大量电子、负离子以极高的速度飞向阳极，正离子飞向阴极；这样不但传递了电荷，而且由于相互碰撞产生了大量的热，电弧致使电能转变为热能和光能。电弧焊就是通过电弧产生的热能将焊条与工件互相熔化并在冷凝后形成焊缝，从而获得牢固接头的焊接过程。电弧焊是熔焊的一种。

（2）焊接电弧的引燃

焊接电弧的引燃通常有两种方式，即接触引弧和非接触引弧。引弧过程电压和电流的变化大致如图 3-1 所示。

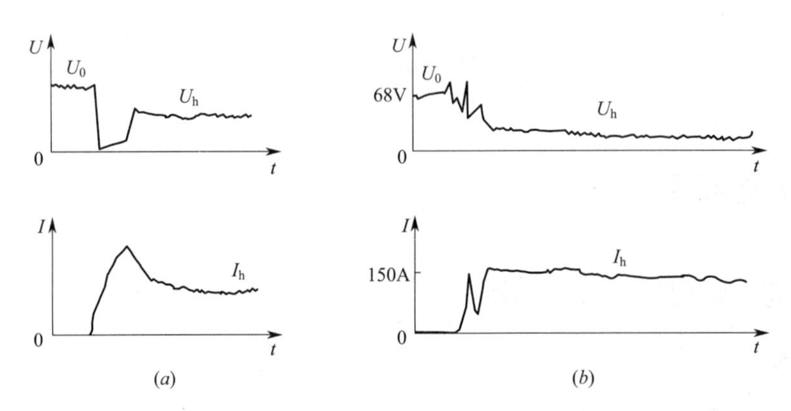


图 3-1 引弧过程的电压和电流的变化

（$a$）接触引弧；（$b$）非接触引弧

$U_0$—空载电压；$U_h$—电弧电压；$I_h$—电弧电流

1）接触引弧。最常用的引弧方式是在弧焊电源接通后，焊条与工件直接接触短路并随后拉开而引燃电弧。

在接触短路时，由于焊条及工件表面都不是绝对平整的，只有在少数突出点上接触（图 3-2），通过这些接触点的短路电流比正常的焊接电流要大得多，而接触点的面积又较小，所以电流密度极大，这就可能会产生大量的电阻热，致使焊条金属表面发热、熔化，甚至蒸发、汽化，从而引起相当强烈的热发射及热游离。

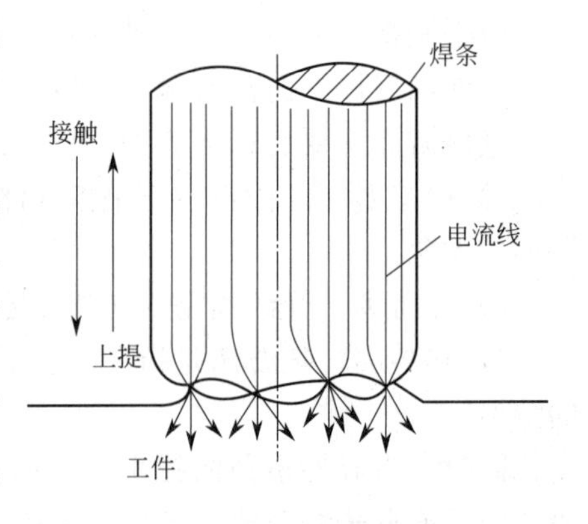


图 3-2 接触引弧示意

随后，在拉开电弧的瞬间，电弧的间隙极小，使电场强度达到了很大的数值。这样，又可产生自发射，同时使已产生的带电粒子被加速，并在高温的条件下互相碰撞，从而引起撞击游离。随着温度的不断增加，光游离及热游离也进一步起到了作用，从而使带电粒子的数量猛增，维持电弧的稳定燃烧。在电弧引燃之后，游离及中和处于动平衡状态。因为弧焊电源不断地供以电能，新的带电粒子不断地补充，故弥补了消耗的带电粒子及能量。

2）非接触引弧。在电极与工件之间存在着一定的间隙，施以高电压击穿间隙，致使电弧点燃，这就称为非接触引弧。

非接触引弧通常是利用引弧器。从原理上，可以分为高频高压引弧和高压脉冲引弧，如图 3-3 所示。

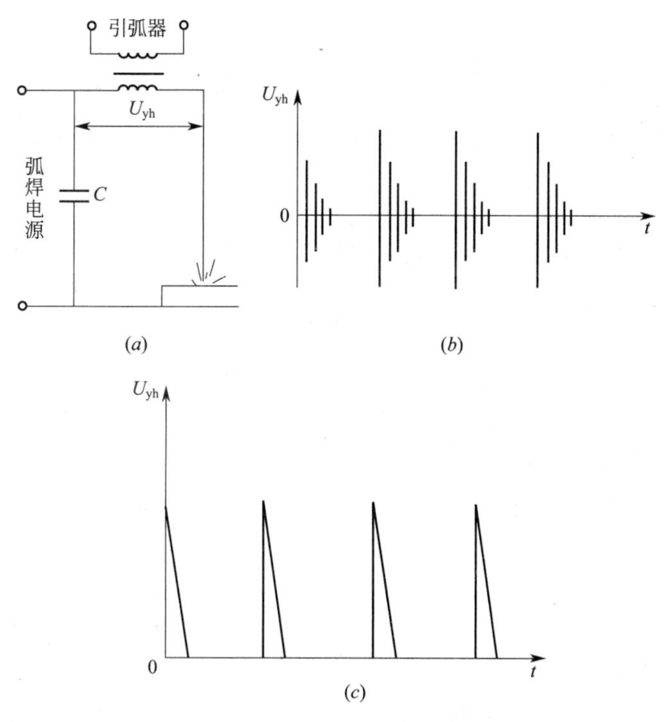


图 3-3　高频高压引弧和高压脉冲引弧示意

（$a$）引弧器接入方式；（$b$）高频高压引弧电压波形；（$c$）高压脉冲引弧电压波形

$U_{yh}$—引弧电压；$t$—时间

高压脉冲引弧通常采用 50～100 次/s，电压峰值是 5000～10000V。高频高压引弧通常每秒振荡 100 次，每次的振荡频率是 150～260kHz，电压峰值是 2500～5000V。可见，高压脉冲引弧是一种依靠高压电使电极表面产生电子的自发射而把电弧引燃的方法。

预埋件钢筋埋弧焊机，经常配置高频高压引弧器来引燃电弧。

（3）焊接电弧的结构和伏安特性

电弧沿着长度方向可分为三个区域，如图 3-4 所示，即阴极区、阳极区和弧柱。阴极区和阳极区的距离很小，电弧长度可以认为等于弧柱长度。

沿着电弧方向的电压是不均匀的，靠近电极的部分会产生强烈的电压降，而沿弧柱长度的方向可认为是均匀的。

焊接电弧的静态伏安特性（简称伏安特性或静特性），是指一定长度的电弧在稳定状态下，电弧电压 $U_h$和电弧电流 $I_h$之间的关系。

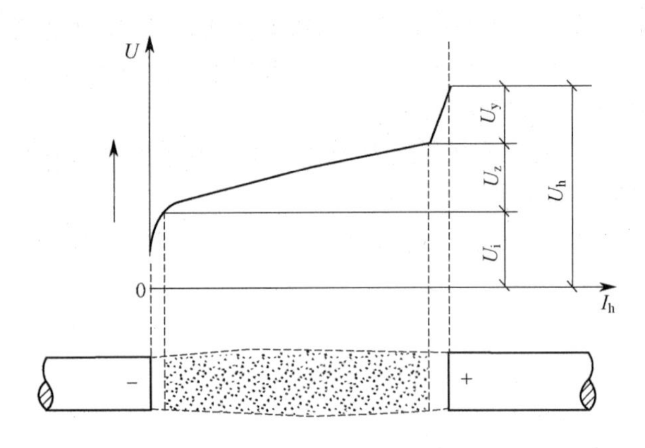


图 3-4 电弧结构和压降分布

$U_i$—阴极压降；$U_z$—弧柱压降；$U_y$—阳极压降；$U_h$—电弧电压

电弧各区域的压降可以分三个阶段，如图 3-5 所示。在Ⅰ段是下降特性段，电弧中呈负阻特性，电弧电阻随着电流的增加而减小，电弧电压随电流的增加而下降；在Ⅱ段是水平特性段，呈等压特性，即电弧电压在电流变化时基本不变；在Ⅲ段是上升特性段，电弧电阻随电流的增加而增加，电弧电压随电流的增加而上升。

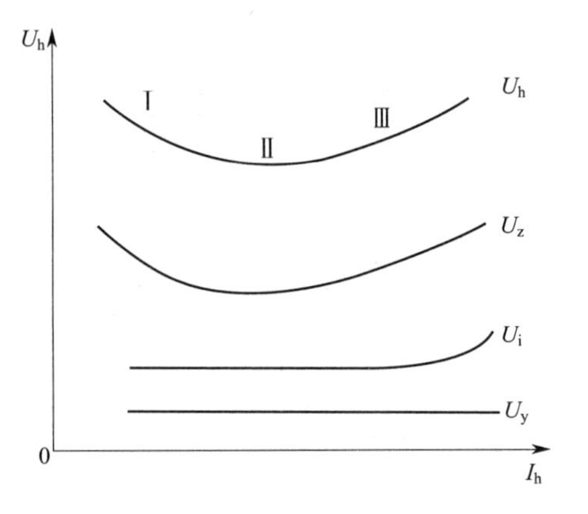


图 3-5 电弧各区域的压降与电流的关系

焊条电弧焊及埋弧焊都采用了伏安特性中的水平段（Ⅱ段）。

（4）交流电弧

交流电弧的特点有：

1）电弧周期性地熄灭并引燃。

2）电弧电压及电流波形发生畸变。

3）热的变化要落后于电的变化。

与直流电弧相比较，交流电弧的燃烧稳定性要比直流电弧的差。为使交流电弧稳定地且连续燃烧，可采取下列措施：

1）提高焊接电源的空载电压，但提高空载电压有一定限度，因为提高空载电压会带来对人体不安全，增加材料消耗，降低功率的因素。

2）在电弧空间增加游离势低的元素，如钾、钠，用以减小电弧的引燃电压。

3）在焊接电源的设计中，增大电感 L 或减小电阻 R，都可使电弧趋向稳定燃烧。

4）增大焊接电流。

**2. 特点**

焊条电弧焊的特点是，轻便、灵活，可用于平、立、横、仰全位置焊接，适应性强、应用范围广。它适用于构件厂内，也适用于施工现场；可用于钢筋与钢筋，以及钢筋与钢板、型钢的焊接。

当采用交流电弧焊时，焊机结构简单，价格较低，坚固耐用。当采用三相整流直流电弧焊机时，可使网路负载均衡，电弧过程稳定。

**3. 适用范围**

钢筋电弧焊是最常见的焊接方式。钢筋电弧焊的接头形式较多，主要包括帮条焊、搭接焊、坡口焊、熔槽帮条焊等。其中帮条焊、搭接焊有双面焊和单面焊之分；坡焊有平焊和立焊两种。

此外，还有钢筋与钢板的搭接焊，钢筋与钢板垂直的预埋件 T 形接头电弧焊。所有这些，分别适用于不同牌号、不同直径的钢筋。

## 3.2.2 钢筋电弧焊的设备

**1. 电源种类**

焊条电弧焊按电源种类分为交流焊机和直流焊机。与交流电源相比，直流电源能提供稳定的电弧和平稳的熔滴过渡。一旦电弧被引燃，直流电弧能保持连续燃烧；而采用交流电源焊接时，由于电流和电压方向的改变，并且每秒钟电弧要熄灭及重新引燃 120 次，电弧不能连续稳定燃烧。在焊接电流较低的情况下，直流电弧对熔化的焊缝金属有很好的润湿作用，并且能规范焊道尺寸，所以非常适合于焊接薄件。直流电源比交流电源更适合于仰焊及立焊，因为直流电弧比较短。

但有时直流电源的电弧偏吹是一个突出问题，解决的办法是变换为交流电源。对于为交流电源或直流电源焊接而设计的交、直流两用焊条，绝大多数在直流电源条件下的焊接应用效果更好。焊条电弧焊中，交流电焊机及其一些附加装置价格低廉，能尽可能避免电弧吹力的有害作用。但除了设备成本较低外，采用交流电源焊接时的效果不如直流电源。

具有陡降特性的弧焊电源最适合于焊条电弧焊。与电流变化相对应的电压变化表明，随着电弧长度的增加，电流逐渐减小。这种特性即使焊工控制了熔池的尺寸，也限制了电弧电流的最大值。当焊工沿着焊件移动焊条时，电弧长度不断发生变化是难免的，而陡降特性的弧焊电源确保了这些变化过程中电弧的稳定性。

**2. 电焊钳**

夹持焊条用夹持器。表 3-2 中是常用焊钳的型号和规格。

常用电焊钳型号和规格　　表 3-2

| 型号 | 能安全通过的最大电流/A | 焊接电缆孔径/mm | 适用的焊条直径/mm | 重量/kg | 长×宽×高/mm |
|---|---|---|---|---|---|
| G-352 | 300 | $\phi$14 | 2～5 | 0.5 | 250×40×80 |
| G-582 | 500 | $\phi$18 | 4～8 | 0.7 | 200×45×100 |

**3. 面罩**

通用面罩有两种，手持式（盾式）和盔式（头戴式）。在两种面罩视窗部分均装有护目黑玻璃，常用黑玻璃护目片规格见表 3-3。

常用黑玻璃护目片规格　　表 3-3

| 色号 | 7～8 | 9～10 | 11～12 |
|---|---|---|---|
| 颜色深度 | 较浅 | 中等 | 较深 |
| 适用焊接电流范围/A | <100 | 100～350 | ≥350 |
| 尺寸/mm | 2×50×107 | 2×50×107 | 2×50×107 |

**4. 焊条电弧焊焊条规格**

焊条直径指焊条药皮内金属芯棒的直径，目前焊条直径规格共有七种（$\phi$1.6～$\phi$5.8），根据需方要求，允许通过协议供应其他尺寸的焊条。焊条长度依据焊条直径、材质、药皮类型来确定，碳钢和低合金钢焊条规格见表 3-4。

碳钢和低合金钢焊条规格 表 3-4

| 焊条直径/mm | 焊条长度/mm | | |
|---|---|---|---|
| | 碳钢焊条 | 低合金钢焊条 | 允许长度偏差 |
| 1.6 | 200～250 | — | ±2.0 |
| 2.0 | 250～350 | 250～350 | |
| 2.5 | 250～350 | 250～350 | |
| 3.2(3.0) | 350～450 | 350～450 | ±2.0 |
| 4.0 | 350～450 | 350～450 | |
| 5.0 | 400～450 | 350～450 | |
| 6.0(5.8) | 450～700 | 450～700 | |
| 8.0 | 450～700 | 450～700 | |

注：括号内数字为允许代用的直径。

**5. 焊条药皮成分**

焊条药皮主要由稳弧剂、脱氧剂、造渣剂及黏结剂等组成。某些焊条药皮中还适量加入合金剂，以改善焊缝力学性能。在焊接过程中的冶金反应及焊条的工艺性能，取决于药皮成分和配比。同一类型焊条的牌号不同，药皮成分和配比则不相同，其焊接性能也存在差异。药皮应无裂裂缝、气孔、凹凸不平等缺陷，并不得有肉眼看得出的偏心度。

**6. 变压器**

BX1 系列的弧焊变压器包括 BX1-200 型、BX1-300 型、BX1-400 型和 BX1-500 型等多种型号。

（1）BX1-300 型弧焊变压器结构

BX1-300 型弧焊变压器结构原理，如图 3-6 所示，其初级绕组及次级绕组均一分为二，制成盘形或筒形，应分别绕在上、下铁轭上。初级上、下两组串联之后，再接入电源。次级是上、下两组并联之后，接入负载，中间为动铁芯，可内外移动，以调节焊接电流。

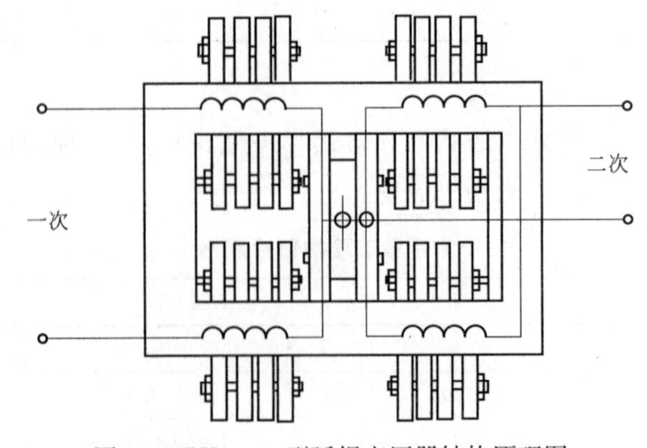


图 3-6 BX1-300 型弧焊变压器结构原理图

(2) 外特性

BX1-300 型弧焊变压器的外特性如图 3-7 所示，外特性曲线、所包围的面积，是焊接参数可调范围。从电弧电压与焊接电流的关系曲线及外特性相交点 $a$、$b$ 可见，焊接电流可调范围是 75～360。

(3) 特点

1) 这类弧焊变压器的电流调节较方便，仅移动铁芯即可，从最里移到最外，外特性从 1 变到 2，电流可在 75～360A 范围内连续变化，范围足够宽广。

2) 外特性曲线陡降比较大，焊接过程较稳定，工艺性能好，空载电压较高（70～80V），可用低氢型碱性焊条进行交流施焊，确保焊接质量。

3) 动铁芯上、下是斜面，包括两个对称的空气隙，其上所受磁力的水平分力，使动铁芯与传动螺杆有单向压紧作用，使振动进一步减小，而且噪声较小，焊接过程较稳定。

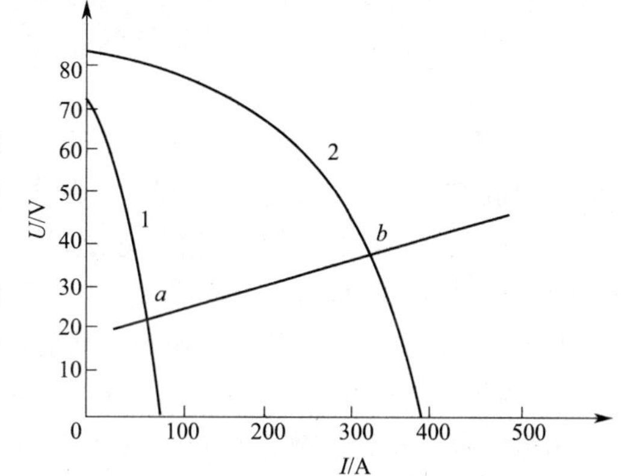


图 3-7 BX1-300 型弧焊变压器外特性曲线

4) 因为漏抗代替电抗器，且其采用梯形动铁芯，不但省去了换挡抽头的麻烦，使用更加方便，而且节省原材料消耗。

该种焊机结构简单，制造容易，维护使用方便。由于制造厂的不同，各种型号焊机的技术性能有所差异。

### 3.2.3 钢筋电弧焊的工艺

**1. 工艺流程**

工艺流程为：检查设备→选择焊接参数→试焊做模拟试件→送试→确定焊接参数→施焊→质量检验。

**2. 操作技术**

(1) 检查电源、焊机及工具

焊接地线应与钢筋接触良好，防止因引弧而烧伤钢筋。

(2) 选择焊接参数

根据钢筋级别、直径、接头形式和焊接位置，选择适宜的焊条直径、焊接层数和焊接电流，保证焊缝与钢筋熔合良好。

(3) 试焊、做模拟试件

在每批钢筋正式焊接前，应焊接 3 个模拟试件做拉力试验，经试验合格后，方可按确定的焊接参数成批生产。

(4) 施焊操作

1) 引弧。带有垫板或帮条的接头，引弧应在钢板或帮条上进行。无钢筋垫板或无帮条的接头，引弧应在形成焊缝的部位，防止烧伤主筋。

2) 定位。焊接时应先焊定位点再施焊。

3) 运条。运条时的直线前进、横向摆动和送进焊条三个动作要协调平稳。

4）熄弧。熄弧时，应将熔池填满，拉灭电弧时，应将熔池填满，注意不要在工作表面造成电弧擦伤。

5）多层焊。如钢筋直径较大，需要进行多层施焊时，应分层间断施焊，每焊一层后，应清渣再焊接下一层。应保证焊缝的高度和长度。

6）熔合。焊接过程中应有足够的熔深。主焊缝与定位焊缝应结合良好，避免气孔、夹渣和烧伤缺陷，并防止产生裂缝。

7）平焊。平焊时要注意熔渣和铁液混合不清的现象，防止熔渣流到铁液前面。熔池也应控制成椭圆形，一般采用右焊法，焊条与工作表面成70°。

8）立焊。立焊时，铁液与熔渣易分离。要防止熔池温度过高。铁液下坠形成焊瘤。操作时焊条与垂直面形成60°～80°角，使电弧略向上，吹向熔池中心。焊第一道时，应压住电弧向上运条，同时作较小的横向摆动，其余各层用半圆形横向摆动加挑弧法向上焊接。

9）横焊。焊条倾斜70°～80°，防止铁液受自重作用坠到厂坡口上。运条到上坡口处不作运弧停顿，迅速带到下坡口根部作微小横拉稳弧动作，依次匀速进行焊接。

10）仰焊。仰焊时宜用小电流短弧焊接，熔池宜薄，应确保与母材熔合良好。第一层焊缝用短电弧作前后推拉动作，焊条与焊接方向成80°～90°角。其余各层焊条横摆，并在坡口侧略停顿稳弧，保证两侧熔合。

**3. 接头形式**

（1）帮条焊和搭接焊

帮条焊和搭接焊的规格与尺寸，见表3-1。帮条焊和搭接焊宜采用双面焊。当不能进行双面焊时，可采用单面焊，如图3-8、图3-9所示。当帮条牌号与主筋相同时，帮条直径可与主筋相同或小一个规格；当帮条直径与主筋相同时，帮条牌号可与主筋相同或低一个牌号等级。

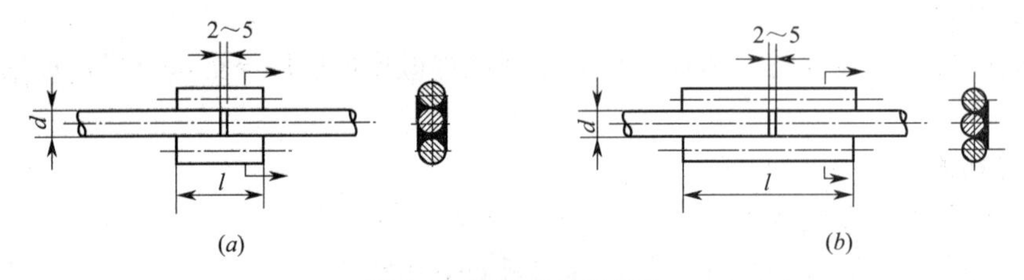


图3-8　钢筋帮条焊接头

（a）双面焊；（b）单面焊

$d$—钢筋直径；$l$—搭接长度

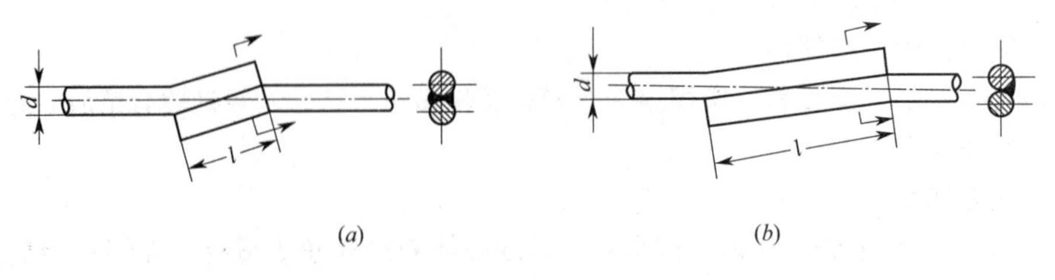


图3-9　钢筋搭接焊接头

（a）双面焊；（b）单面焊

$d$—钢筋直径；$l$—搭接长度

1）帮条焊或搭接焊时，钢筋的装配和焊接应符合下列规定：

①帮条焊时，两主筋端面的间隙应为 2～5mm。

②搭接焊时，焊接端钢筋宜预弯，并应使两钢筋的轴线在同一直线上。

③帮条焊时，帮条与主筋之间应用四点定位焊固定；搭接焊时，应用两点固定；定位焊缝与帮条端部或搭接端部的距离宜大于或等于 20mm。

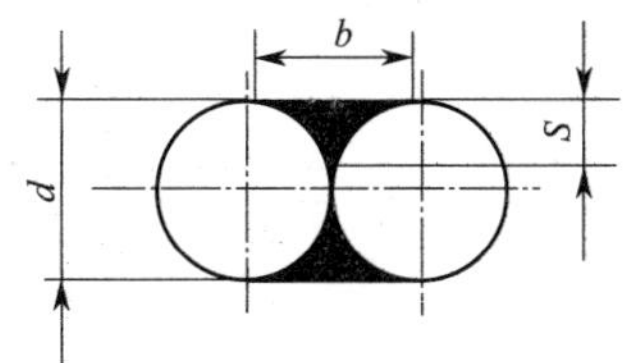


图 3-10　焊缝尺寸示意

$d$—钢筋直径；$b$—焊缝宽度；$S$—焊缝有效厚度

④焊接时，应在帮条焊或搭接焊形成焊缝中引弧；在端头收弧前应填满弧坑，并应使主焊缝与定位焊缝的始端和终端熔合。

2）帮条焊接头或搭接焊接头的焊缝有效厚度 $S$ 不应小于主筋直径的 30%；焊缝宽度 $b$ 不应小于主筋直径的 80%（图 3-10）。

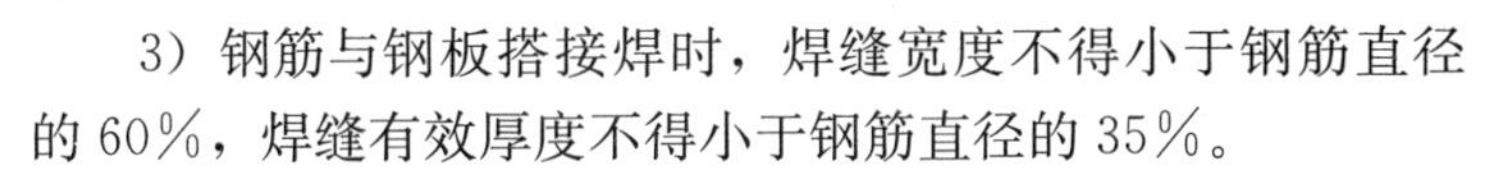

3）钢筋与钢板搭接焊时，焊缝宽度不得小于钢筋直径的 60%，焊缝有效厚度不得小于钢筋直径的 35%。

（2）熔槽帮条焊

熔槽帮条焊应用于直径 20mm 及以上钢筋的现场安装焊接。焊接时应加角钢作垫板模。接头形式（图 3-11）、角钢尺寸和焊接工艺应符合下列规定：

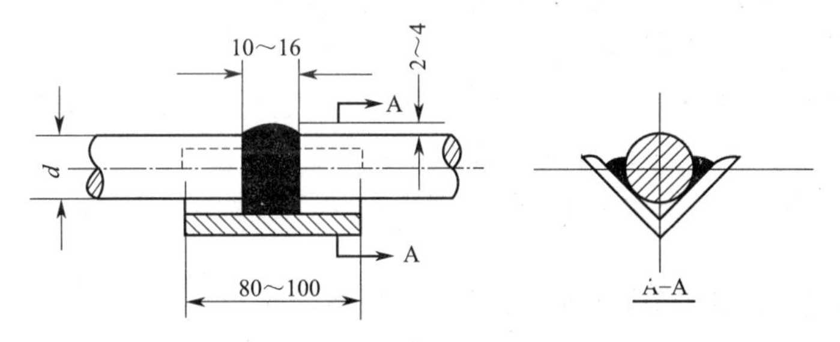


图 3-11　钢筋熔槽帮条焊接头

1）角钢边长宜为 40～70mm。

2）钢筋端头应加工平整。

3）从接缝处垫板引弧后应连续施焊，并应使钢筋端部熔合，防止未焊透、气孔或夹渣。

4）焊接过程中应及时停焊清渣；焊平后，再进行焊缝余高的焊接，其高度应为2～4mm。

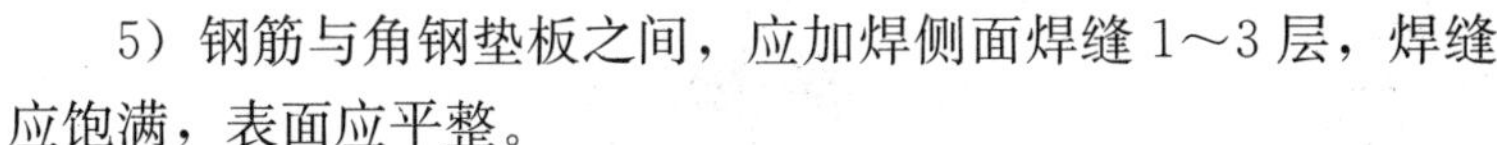

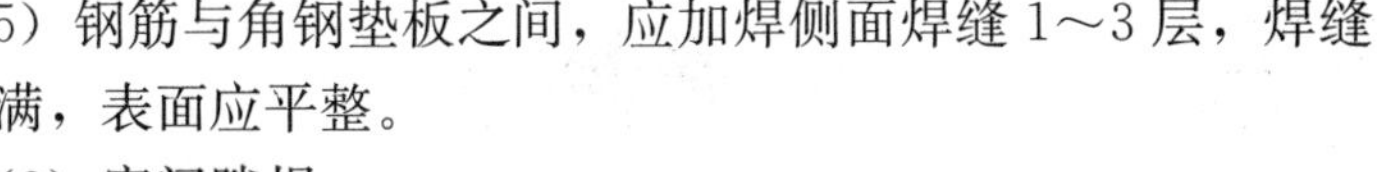

5）钢筋与角钢垫板之间，应加焊侧面焊缝 1～3 层，焊缝应饱满，表面应平整。

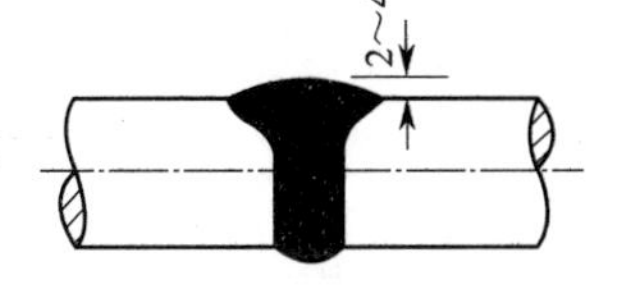


图 3-12　钢筋窄间隙焊接头

（3）窄间隙焊

窄间隙焊应用于直径 16mm 及以上钢筋的现场水平连接。焊接时，钢筋端部应置于铜模中，并应留出一定间隙，连续焊接，熔化钢筋端面，使熔敷金属填充间隙并形成接头（图 3-12）；其焊接工艺应符合下列规定：

1）钢筋端面应平整。

2）选用低氢型焊接材料。

3）从焊缝根部引弧后应连续进行焊接，左右来回运弧，在钢筋端面处电弧应少许停留，并使熔合。

4）当焊至端面间隙的 4/5 高度后，焊缝逐渐扩宽；当熔池过大时，应改连续焊为断续焊，避免过热。

5）焊缝余高应为 2～4mm，且应平缓过滤至钢筋表面。

（4）坡口焊

坡口焊的准备工作和焊接工艺，应符合下列要求，如图 3-13 所示：

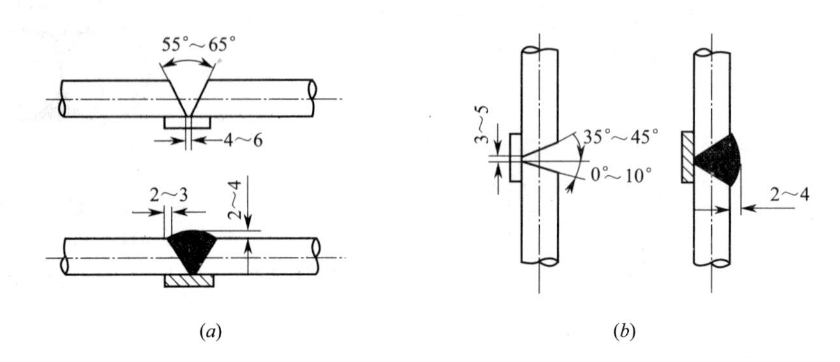


图 3-13　钢筋坡口焊接头

（*a*）平焊；（*b*）立焊

1）坡口面应平顺，切口边缘不得有裂纹、钝边和缺棱。

2）坡口角度应在规定范围内选用。

3）钢垫板厚度宜为 4～6mm，长度宜为 40～60mm；平焊时，垫板宽度应为钢筋直径加 10mm；立焊时，垫板宽度宜等于钢筋直径。

4）焊缝的宽度应大于 V 形坡口的边缘 2～3mm，焊缝余高应为 2～4mm，并平缓过渡至钢筋表面。

5）钢筋与钢垫板之间，应加焊二层、三层侧面焊缝。

6）当发现接头中有弧坑、气孔及咬边等缺陷时，应立即补焊。

（5）预埋件电弧焊

预埋件 T 型接头电弧焊分为角焊和穿孔塞焊两种（图 3-14）。

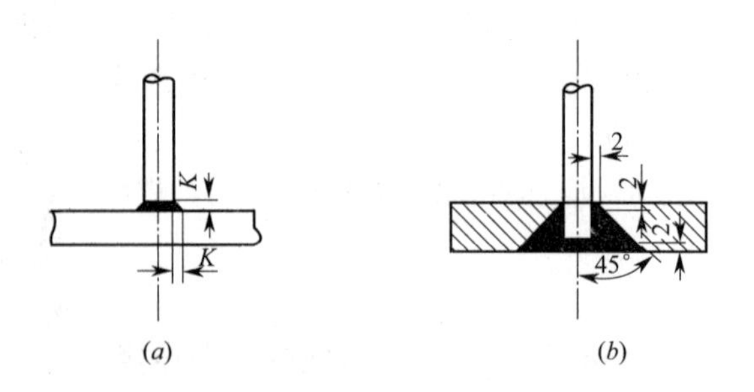


图 3-14　预埋件钢筋电弧焊 T 形接头

（*a*）角焊；（*b*）穿孔塞焊

*K*—焊脚尺寸

装配和焊接时，应符合下列规定：

1）当采用 HPB300 钢筋时，角焊缝焊脚尺寸（*K*）不得小于钢筋直径的 50%；采用其他牌号钢筋时，焊脚尺寸（$K$）不得小于钢筋直径的 60%。

2）施焊中，不得使钢筋咬边和烧伤。

### 3.2.4 钢筋电弧焊的实例

**【例 3-1】** 某地新建医疗大楼，建筑面积是 51000m$^2$，地上 15 层，地下 2 层。地下室底板长是 122m，宽是 25～35m，为不规则多边形。底板厚度是 1.2m，上、下两层钢筋网，钢筋间距为 150mm，为原Ⅱ级钢筋，直径是 25mm。

为了节约钢筋，加快施工进度，钢筋连接采用闪光对焊及窄间隙电弧焊相结合的办法。首先在钢筋加工厂用闪光对焊接长至约 20m，运到工地，在用塔吊运到地下室地板位置，采用窄间隙电弧焊连接，共焊接接头 4584 个。

焊接设备采用了交流节能弧焊机，焊条采用了 $\phi$4 结 606 低氢型焊条，采用自控远红外电焊条烘干箱烘焙，保温筒保温。

每天投入焊工 2～3 名、辅助工 4～6 名，实际施焊约 20 天。

焊成后，120m 长的钢筋就像 1 根钢筋，网格整齐美观。11 批试件抽样检查，每批 3 个拉伸、3 个正弯、3 个反弯，共 9 个试件，全部合格。

该工程原设计是搭接 35$d$（$d$ 为钢筋直径），两端各焊 3 天。现改用窄间隙电弧焊，共节约钢筋 15.35t，价值 5.83 万元，平均每个接头节约 12.72 元，每个焊工节约 1.17 万元。

**【例 3-2】** 某发电厂工程，施工中，钢筋混凝土均采用预制构件梁、柱的框架结构。在安装中均采用钢筋坡口焊，大大提高了施工速度及工程进度。

电厂工程使用了原Ⅱ、Ⅲ级钢筋，牌号包括：20MnSi、20MnSiNb、20MnSiV 等，钢筋直径有 22、25、28、32mm。为了确保质量，选用了 E5015 直流低氢型焊条，施焊时，采用直流反接，焊条直径为 3.2 和 4.0mm。

焊接设备采用了 AX-500 旋转极式直流弧焊机。电厂的框架高达 60m，中间有好几个节点，焊接电缆有时长达 100m，对焊接电流做工适当调高。

柱间节点是钢筋坡口立焊，梁柱节点是钢筋坡口平焊。

钢筋坡口尺寸、钢垫板尺寸、焊条烘焙、施焊工艺等均按照规程、规定进行。

采用 $\phi$3.2 焊条时，焊接电流约为 110A，采用 $\phi$4.0 焊条时，约为 160A，平焊时，焊接电流稍大。无论平焊、立焊，都由两名或 4 名焊工对称施焊，每焊完一层，清渣干净。为了减少过热，几个接头轮流施焊，多层多道焊，保证道间温度。并注意坡口边充分熔化；坡口接头焊满后，再在焊缝上薄薄施焊一圈，形成平缓过渡。加强焊缝高度均不大于 3mm，垫板与钢筋之间焊牢。

现场设专人调整焊接电流大小，烘干焊条，当天做了原始记录、气象记录。焊条烘干后，装入保温筒，带至现场使用。

施焊时，采用短弧，摆动小，手法稳，避免空气侵入，焊接速度均匀、适当，断弧干脆，弧坑已填满。

该公司采用钢筋坡口焊，焊接接头多达 15 万个。这些厂房现已投入使用，运行良好。实践证明，钢筋坡口焊是目前装配式框架节点中不可缺少的焊接方法，不仅节约钢筋，而且施工速度快，在建筑施工中带来良好的经济效益。

## 3.3 钢筋闪光对焊

### 3.3.1 钢筋闪光对焊特点及适用范围

**1. 基本原理**

（1）闪光对焊的加热

闪光对焊是指利用焊件内部的电阻和接触电阻所产生的电阻热，对焊件进行加热进而实现焊接的。闪光对焊时，焊件内部的电阻可以按照钢筋电阻估算，其中某温度下的电阻系数 $\rho$ 可以根据闪光对焊温度下分布曲线的规律来确定。

在闪光对焊过程中，焊缝端面上形成了连续不断的液体过梁（液体小桥），且又连续不断地爆破，进而在焊缝端面上逐渐形成了一层很薄的液体金属层。端面形成的液体过梁决定了闪光对焊的接触电阻，闪光对焊的接触电阻与闪光速度以及钢筋截面有关，钢筋截面面积越大，闪光速度就越快，电流密度越大，接触电阻就越小。

当闪光对焊时，其接触电阻很大。在闪光对焊过程中，总电阻略有增加。

如图 3-15 所示，在连续闪光焊时，焊件内部电阻产生的热把焊件加热到温度 $T_1$；接触电阻所产生的热把焊件加热到温度 $T_2$，$T_2 \geqslant T_1$。由于连续闪光对焊的热源主要集中在钢筋接触面处，因此，温度分布沿焊件轴向的特点是梯度大，曲线较陡。

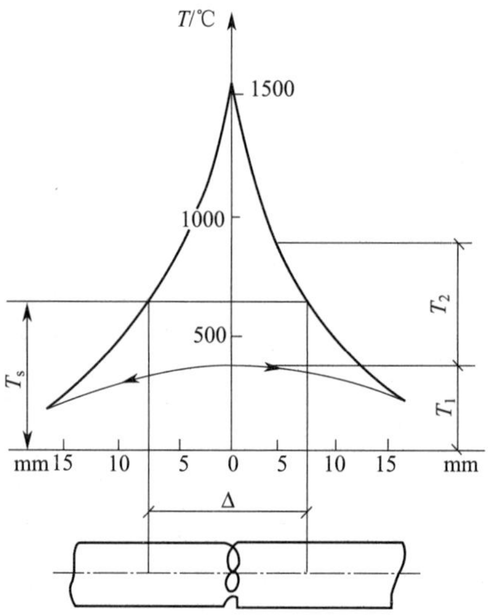

图 3-15 连续闪光对焊时，焊件温度场的分布

$T_s$—塑性温度；Δ—塑性温度区

（2）闪光阶段

焊接开始时，在接通电源后，先将两焊件逐渐移近，在钢筋间形成很多具有很大电阻的小接触点，并且很快地熔化成一系列液体金属过梁，过梁的不断爆破及不断生成，形成了闪光。图 3-16 为一个过梁的示意图。

过梁的形状和尺寸由下列各力来决定。

1）液体表面的张力 $\sigma$ 在钢筋移近时（间隙 $\Delta$ 减小），力图扩大过梁内径 $d$。

2）径向的压缩效应力 $P_y$，力图将电流所通过的过梁压细并且拉断。因为过梁形状类似于两个对着的圆锥体，所以 $P_y$ 在轴线方向的分力，即液体导体的拉力 $P_0$ 电流的平方成正比关系。

3）电磁引力 $P_c$。若有一个以上的过梁同时存在时，就如同载有同向电流的平行导线一样产生电磁引力 $P_c$，力图把几个过梁合并，但因为过梁存在的时间很短，所以这种合并是来不及完成的。

4）焊接回路的电磁斥力 $P_p$。对焊机的变压器通常都在钳口的下方，可把变压器的次级线圈看作是平行于钢筋的导体，这就相当于载有异向电流的平行导线相互排斥，这个力

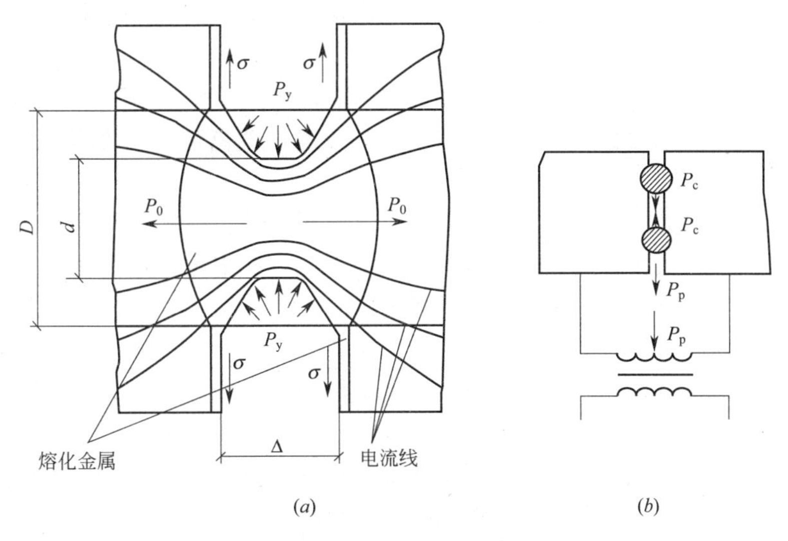


图 3-16　熔化过梁示意图

(*a*) 作用在过梁上的内力；(*b*) 作用在过梁上的外力

与电流的平方成正比，并与自感系数有关，因为 $P_p$的方向指向与变压器相反的一边，因此在力 $P_p$作用下，使液体过梁向上移动。若过梁爆破时，就以很高的速度（5～6m/s）向与变压器相反的方向飞溅出来。

焊接电流经过零值的一瞬间，过梁的形状取决于表面张力，因为除了表面张力外，其余各力都为零。随着电流的增加，在径向压力 $P_y$的作用下，导致过梁直径 $d$ 减小，这时电流密度急剧增大，温度也迅速提高，过梁内部便出现了金属的蒸发。金属蒸汽致使液体过梁体积急剧膨胀而爆破，已熔化了的金属微粒从对口间隙中飞溅出来。有资料指出，金属蒸汽对焊件端面的压力可以达到 3～6MPa。

在过梁爆破时，大部分熔化的金属会沿着力 $P_p$的方向排挤到对口外部，部分过梁还没有来得及爆破就被排挤到焊缝的边缘。在闪光过程稳定进行的情况下，每秒钟过梁爆破可达 500 次以上，为了使闪光过程不间断，钢筋瞬时移动速度 $v'$应与钢筋实际缩短速度（即烧化速度 $v_1$）相适应，若 $v' \geqslant v_1$时，间隙 Δ 减小，而过梁直径 $d$ 增大，甚至会使爆破停止，最后使钢筋短路，闪光终止。若 $v' < v_1$时，间隙 Δ 增大，造成闪光过程中断。

闪光阶段的作用是指熔化金属过梁在连续形成和爆破的过程中会析出大量的热，致使钢筋对口及附近区域的金属被强烈加热，在接触处每秒钟析出的热量：

$$q_1 = 0.24 R_c I_W^2$$

液体金属过梁的形成（$q'$）和向对口两侧钢筋的传导（$q''$）就是利用了这些热量。

瞬时烧化速度 $v_1$随着接触而析出的热量 $q_1$和端面金属平均温度的增加而增加，并且随着端面温度梯度的增加而减小。开始闪光时，闪光过程进行得很缓慢，随着钢筋加热，瞬时速度 $v_1$增加。所以，为了确保闪光过程的连续性，钢筋的移近速度也应该跟随变化，即由慢而快。另外，通过预热来提高端面金属平均温度，也可以提高烧化速度。

在闪光开始阶段的加热是不均匀的。随着连续不断加热，闪光焊接区的温度也逐渐均匀，直到钢筋顶锻前接头加热到足够的温度，这对于焊接质量来说很重要。因为它决定了顶锻前金属塑性变形的条件及氧化物夹杂的排除。闪光不但能析出大量的热，用以加热工件；还能通过闪光微粒带走空气中的氧、氮，保护工件端面，免受侵袭。

（3）预热阶段

若钢筋直径较粗，焊机容量相对较小，要采取预热闪光焊。预热可以提高瞬时的烧化速度，能加宽对口两侧的加热区，用以降低冷却速度，避免接头在冷却中产生淬火组织，进而缩短闪光时间，减少烧化量。

预热方法除了前面提到的闪光预热外，还有电阻预热。电阻预热系在连续闪光之前，先将两钢筋轻微接触数次。接触时，接触电阻很大，焊接电流通过产生了大量的电阻热，导致钢筋端部温度升高，进而达到预热的目的。

（4）顶锻阶段

顶锻不但是连续闪光焊的第二阶段，也是预热闪光焊的第三阶段。顶锻包括电顶锻和无电顶锻两部分。

顶锻是指在闪光结束前，对焊接处迅速施加足够大的顶锻压力，致使液体金属尽可能地产生氧化物夹渣，并迅速地从钢筋端面间隙中挤出来，以确保接头处产生足够的塑性变形，进而形成共同晶粒，以获得牢固的对焊接头。

顶锻时，焊机动夹具的移动速度突然提高，一般情况下都比闪光速度高出十几倍至数十倍。这时接头间隙开始迅速减小，过梁断面增大而不易被破坏，最后不再爆破。闪光截止时，钢筋端面同时进入有电顶锻阶段，须注意的是：随着闪光阶段的结束，端头间隙内气体的保护作用也随之消失，这时间隙并未完全封闭，故高温下的接头极易氧化。当钢筋端面进一步移近时，间隙才能完全封闭，将熔化的金属从间隙中排挤到对口外围，形成毛刺状。顶锻进行得越快，金属在未完全封闭的间隙中遭受氧化的时间越短，所得接头的质量越高。

若顶锻阶段中电流过早地断开，则与顶锻速度过小时一样，会导致接头质量降低。这不只是因为气体介质保护作用消失，致使间隙缓慢封闭时金属被强烈地氧化，也因为端面上熔化的金属已经冷却，顶锻时氧化物很难从间隙中排挤出来而保留在结合面中成为缺陷。

顶锻中的无电流顶锻阶段，是指在切断电流后进行顶锻，所需的单位面积上的顶锻力须确保能把全部熔化了的金属及氧化物夹渣从接口内挤出，且使近缝区的金属有适当的塑性变形。

总的来说，焊接过程中顶锻力的作用如下：

1）能封闭钢筋端面的间隙和火口。

2）可排除氧化物夹渣及所有的液体，使接合面的金属紧密接触。

3）可产生一定的塑性变形，促进焊缝结晶的进行。

在闪光对焊过程中，接头端面形成了一层很薄的液体层，这是将液体金属排挤掉后，在高温塑性变形状态下形成的。

**2. 特点**

钢筋闪光对焊的优点是生产效率高、操作方便、节约能源、节约钢材、接头受力性能好、焊接质量高等，故钢筋的对接焊接应优先采用闪光对焊。

**3. 适用范围**

钢筋闪光对焊适用于 HPB300、HRB335、HRB400、HRB500、Q300 热轧钢筋及

RRB400 余热处理钢筋。

### 3.3.2　钢筋闪光对焊的设备

**1. 钢筋对焊机型号表示方法**

钢筋对焊机型号由类别、主参数代号、特征代号等组成，如图 3-17 所示。

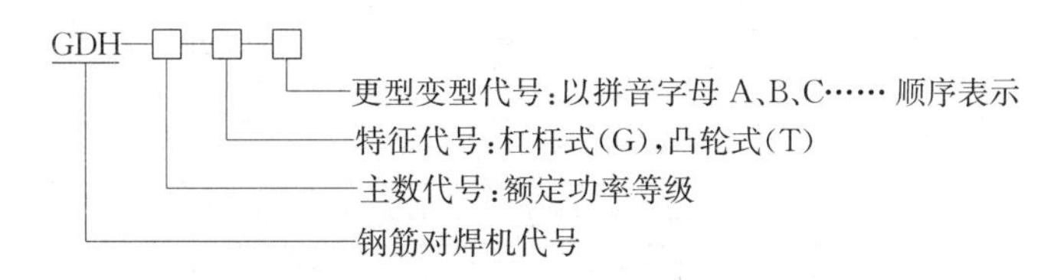


图 3-17　钢筋对焊机型号表示方法

标记示例：

额定功率为 80kVA 凸轮式钢筋对焊机：

钢筋对焊机 GDH80T

**2. 技术要求**

原机械行业标准规定如下。

（1）焊机变压器绕组的温升限值应符合表 3-5 的规定。

**焊接变压器绕组温升限值（℃）**　　**表 3-5**

| 冷却介质 | 测定方法 | 不同绝缘等级时的温升限值 | | | | |
|---|---|---|---|---|---|---|
| | | A | E | B | F | H |
| 空气 | 电阻法 | 60 | 75 | 85 | 105 | 130 |
| | 热电偶法 | 60 | 75 | 85 | 110 | 135 |
| | 温度计法 | 55 | 70 | 80 | 100 | 120 |
| 水 | 电阻法 | 70 | 85 | 95 | 115 | 140 |
| | 热电偶法 | 70 | 85 | 95 | 120 | 145 |
| | 温度计法 | 65 | 80 | 90 | 110 | 130 |

注：当采用温度计法及热电偶法时应在绕组的最热点上测定。

（2）气路系统的额定压力规定为 0.5MPa，所有零件及连接处应能在 0.6MPa 下可靠地工作。

（3）焊机水路系统中所有零部件及连接处，应保证在 0.15～0.3MPa 的工作压力下能可靠地进行工作，并应装有溢流装置。

（4）加压机构应保证电极间压力稳定，夹紧力及顶锻力的实际值与额定值之差不应超过额定值的±8%。

（5）焊机应具有足够的刚度，在最大顶锻力下，焊机的刚度应保证焊件纵轴线之间的正切值不超过 0.012。

（6）焊接回路有良好适应性，能焊接不同直径的钢筋，能进行连续闪光焊、预热闪光焊和闪光—预热闪光焊等不同的工艺方法。

（7）在自动或半自动闪光对焊机中，各项程序动作转换迅速、准确。

（8）调整焊机的焊接电流及更换电极方便。

**3. 对焊机的构造**

（1）对焊机的组成

对焊机属电阻焊机的一种。对焊机由机架、导向机构、动夹具和固定夹具、送进机构、夹紧机构、支点（顶座）、变压器、控制系统几部分组成，如图 3-18 所示。

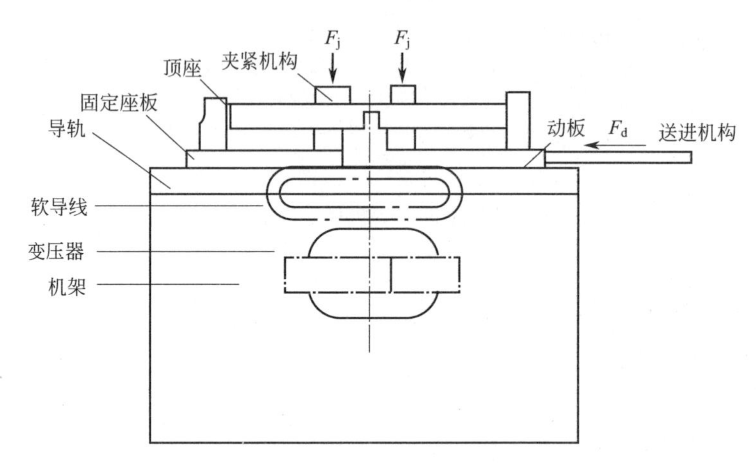


图 3-18　对焊机示意图

$F_j$—夹紧力；$F_d$—顶锻力

手动的对焊机用得最为普遍，可用于连续闪光焊、预热闪光焊，以及闪光—预热闪光焊等工艺方法。

自动对焊机可以减轻焊工劳动强度，更好地保证焊接质量，可采用连续闪光焊和预热闪光焊工艺方法。

1）机架和导轨。在机架上紧固着对焊机的全部基本部件，机架应有足够的强度和刚性，否则，在顶锻时，会使焊件产生弯曲。机架常采用型钢焊成或用铸铁、铸钢制成，导轨是供动板移动时导向用的，有圆柱形、长方形或平面形。

2）送进机构。送进机构的作用是使焊件同动夹具一起移动，并保证有必要的顶锻力；使动板按所要求的移动曲线前进；当预热时，能往返移动；没有振动和冲动。

（2）送进机构的类型

1）手动杠杆式。其作用原理与结构，如图 3-19 所示。它由绕固定轴 $O$ 转动的曲柄杠杆 1 和长度可调的连杆 2 所组成，连杆的一端与曲柄杠杆相铰接，另一端与动座板 5 相铰接，当转动杠杆 1 时，动座板即按所需方向前后移动。杠杆移动的极限位置由支点来控制。顶锻力随着 $\alpha$ 角的减小而增大（在 $\alpha=0$ 时，即在曲柄死点上，它是理论上达到无限大）。若曲柄达到死点后，顶锻力的方向立即转变，可将已焊好的焊件拉断。所以不允许杠杆伸直到死点位置。一般限制顶锻终了位置为 $\alpha=5°$左右，由限位开关 3、4 来控制，所以实际能发挥的最大顶锻力不超过（3～4）$\times10^4$N。这种送进机构的优点是结构简单；缺点是所发挥的顶锻力不够稳定，顶锻速度较小（15～20mm/s），并易使焊工疲劳。

2）电动凸轮式。其传动原理，如图 3-20（$a$）所示，电动机 $D$ 的转动经过三角皮带装置 $P$，一对正齿轮 $ch$ 及蜗杆减速器传送到凸轮 $K$，螺杆 $L$ 可用于调整电动机与皮带轮的中心距，以实现凸轮转速的均匀调节。为了使电流的切断，电动机的停转与动座板移动可

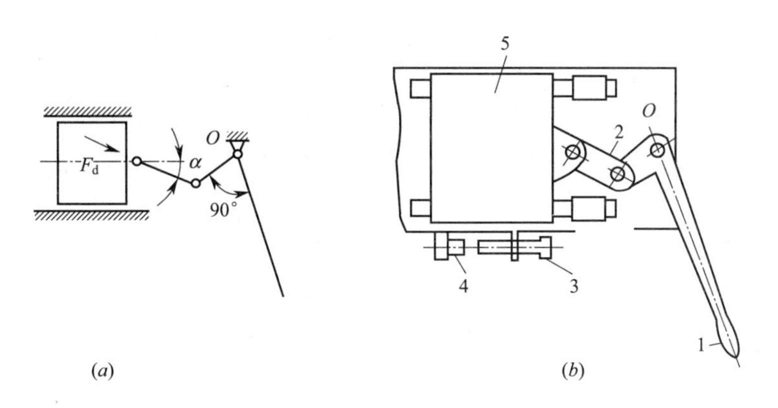


图 3-19 手动杠杆式送进机构

（a）计算图解；（b）杠杆传动机构

1—曲柄杠杆；2—长度可调的连杆；3、4—限位开关；5—动板

$F_d$—顶锻力；α—顶锻力与连杆 2 的夹角

靠的配合，在凸轮 $K$ 上部装置了两个辅助凸轮 $K_1$ 和 $K_2$，以便在指定时间关断行程开关。凸轮外形满足闪光和顶锻的要求，典型的凸轮及其展开图示，如图 3-20(b) 所示。该种送进机构的主要优点是结构简单、工作可靠，减轻焊工劳动强度。缺点是电动机功率大而利用率低；顶锻速度有限制，一般为 20～25mm/s。

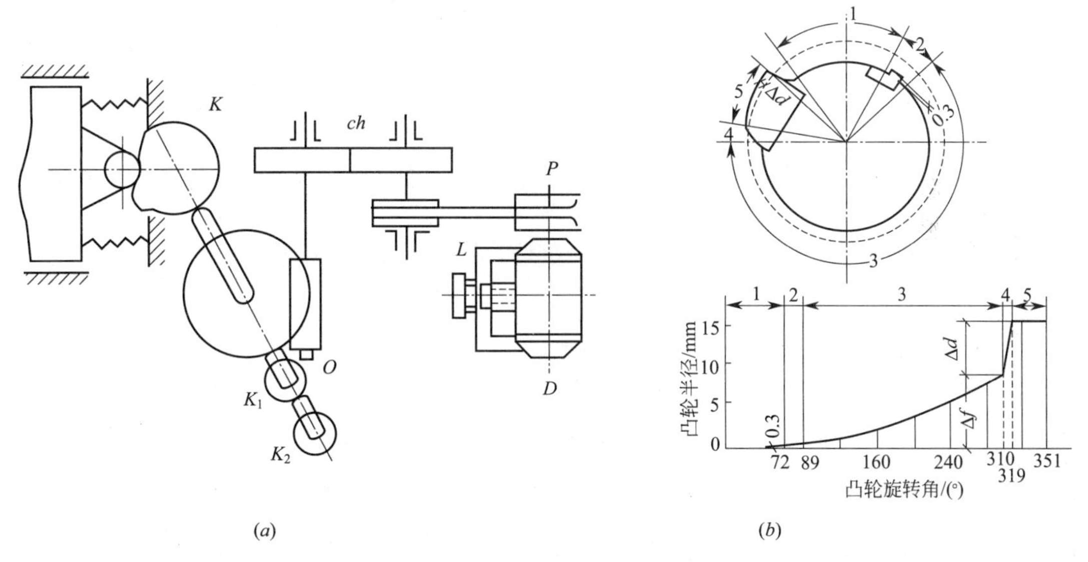


图 3-20 电动凸轮式送进机构

（a）传动原理；（b）凸轮外形及其展开

3）气动或气液压复合。气液压复合式对焊机的送进机构有 UN17-150 型对焊机的送进机构，其原理如图 3-21 所示。动作过程如下：

①预热。只有向前和向后电磁气阀交替动作，推动夹具前后移动，向前移动速度由油缸排油速度决定；夹具返回速度由阻尼油缸后室排油速度决定，速度较慢。

②闪光。向前电磁气阀动作，气缸活塞推动夹具前移，闪光速度由油缸前室排油速度

决定。

③顶锻。顶锻由气液缸9进行。当闪光终了时，顶锻电磁气阀动作，气缸通入压缩空气，给顶锻油缸的液体增压，作用于活塞上，以很大的压力推动夹具迅速移动，进行顶锻。

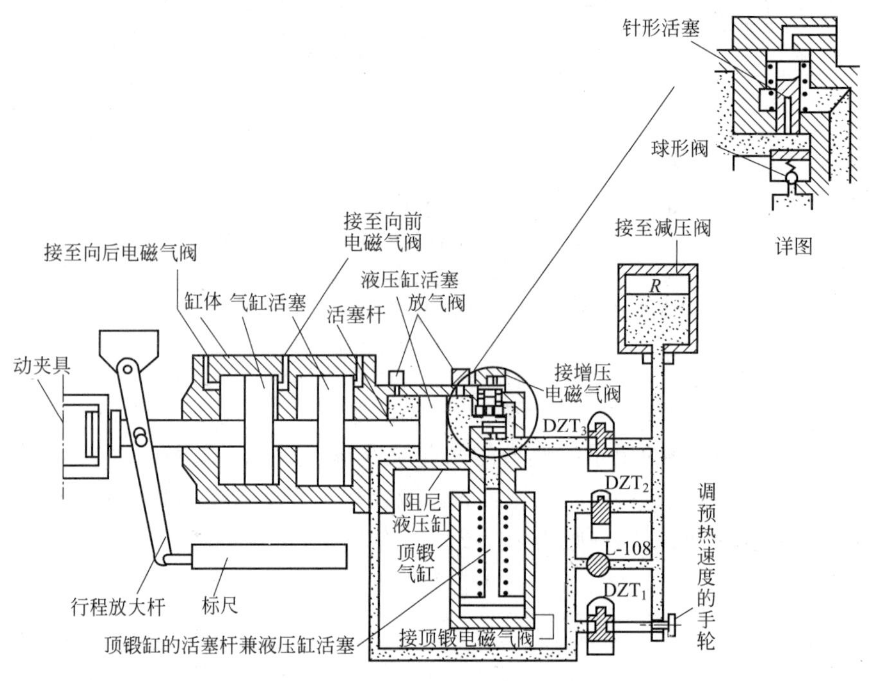


图 3-21　UN17-150 型对焊机的送进机构

闪光和顶锻留量均由装在焊机上的行程开关和凸轮来控制，调节各个凸轮和行程开关的位置就可调节各留量。

这类送进机构的优点是顶锻力大，控制准确；缺点就是构造复杂。

(3) 夹紧机构

夹紧机构由两个夹具构成，一个是固定的，称为静夹具；另一个是可移动的，称为动夹具。前者直接安装在机架上，与焊接变压器次级线圈的一端相接，但在电气上与机架绝缘；后者安装在动板上，可随动板左右移动，在电气上与焊接变压器次级线圈的另一端相连接。

常见夹具型式有：手动偏心轮夹紧，手动螺旋夹紧，气压式、气液压式及液压式。

(4) 对焊机焊接回路

对焊机的焊接回路一般包括电极、导电平板、次级软导线及变压器次级线圈，如图 3-22 所示。

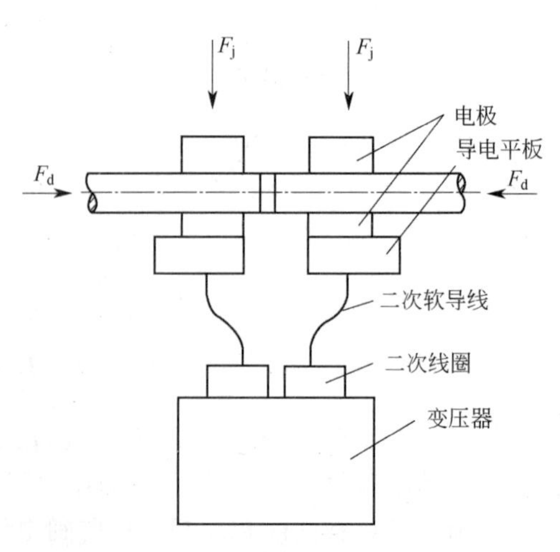


图 3-22　对焊机的焊接回路

$F_j$—夹紧力；$F_d$—顶锻力

焊接回路是由刚性和柔性的导线元件相互串联（有时并联）构成的导电回路，同时也是传递力的系统，回路尺寸增大，焊机阻抗增大，使焊机的功率因数和效率均下降。为了提高闪光过程的稳定性，要减少焊机的短路阻抗，特别是减少其中有效电阻分量。

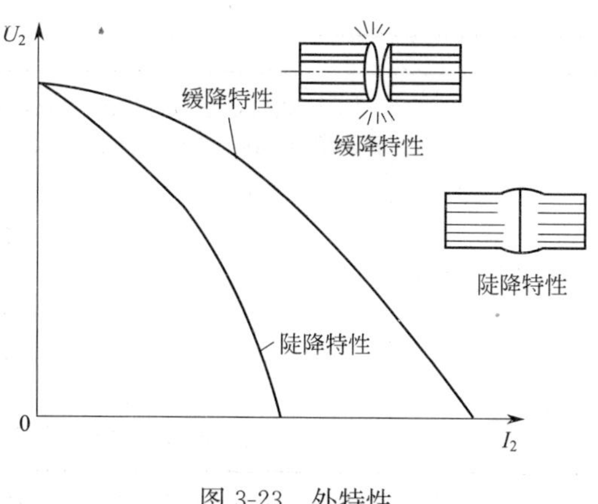

图 3-23　外特性

对焊机的外特性决定于焊接回路的电阻分量，当电阻很大时，在给定的空载电压下，短路电流 $I_2$ 急剧减小，是为陡降的外特性，如图 3-23 所示。当电阻很小时，外特性具有缓降的特点。对于闪光对焊要求焊机具有缓降的外特性比较适宜。因为闪光时，缓降的外特性可以保证在金属过梁的电阻减小时使焊接电流骤然增大，使过梁易于加热和爆破，从而稳定了闪光过程。

### 3.3.3　钢筋闪光对焊的工艺

钢筋闪光对焊的焊接工艺可分为连续闪光焊、预热闪光焊和闪光-预热闪光焊等，根据钢筋品种、直径、焊机功率、施焊部位等因素选用。钢筋闪光对焊的焊接工艺，见表 3-6。

**钢筋闪光对焊的焊接工艺**　　**表 3-6**

| 焊接工艺 | 图示及内容 |
| --- | --- |
| 连续闪光焊 | 连续闪光焊的工艺过程包括：连续闪光和顶锻过程<br>施焊时，先闭合一次电路，使两根钢筋端面轻微接触，此时端面的间隙中即喷射出火花般熔化的金属微粒——闪光，接着徐徐移动钢筋使两端面仍保持轻微接触，形成连续闪光。当闪光到预定的长度，使钢筋端头加热到将近熔点时，就以一定的压力迅速进行顶锻。先带电顶锻，再无电顶锻到一定长度，焊接接头即告完成 |
| 预热闪光焊 | 预热闪光焊是在连续闪光焊前增加一次预热过程，以扩大焊接热影响区。其工艺过程包括：预热、闪光和顶锻过程<br>施焊时先闭合电源，然后使两根钢筋端面交替地接触和分开，这时钢筋端面的间隙中即发出断续的闪光，而形成预热过程。当钢筋达到预热温度后进入闪光阶段，随后顶锻而成 |

续表

| 焊接工艺 | 图示及内容 |
| --- | --- |
| 闪光-预热闪光焊 | 闪光-预热闪光焊是在预热闪光焊前加一次闪光过程，目的是使不平整的钢筋端面烧化平整，使预热均匀。其工艺过程包括：一次闪光、预热、二次闪光及顶锻过程<br>施焊时首先连续闪光，使钢筋端部闪平，然后同预热闪光焊 |

注：$t_1$—烧化时间；$t_{1.1}$——一次烧化时间；$t_{1.2}$—二次烧化时间；$t_2$—预热时间；$t_{3.1}$—有电顶锻时间；$t_{3.2}$—无电顶锻时间。

生产中，可按不同条件进行选用：当钢筋直径较小，钢筋强度级别较低，在表 3-7 规定的范围内，可采用“连续闪光焊”；当超过表中规定，且钢筋端面较平整，宜采用“预热闪光焊”；当超过表中规定，且钢筋端面不平整，应采用“闪光 - 预热闪光焊”。

连续闪光焊所能焊接的钢筋上限直径，应根据焊机容量、钢筋牌号等具体情况而定，并应符合表 3-7 的规定。

**连续闪光焊钢筋上限直径** **表 3-7**

| 焊机容量 | 钢筋牌号 | 钢筋直径/mm |
| --- | --- | --- |
| 160<br>(150) | HPB300<br>HRB335 HRBF335<br>HRB400 HRBF400 | 22<br>22<br>20 |
| 100 | HPB300<br>HRB335 HRBF335<br>HRB400 HRBF400 | 20<br>20<br>18 |
| 80<br>(75) | HPB300<br>HRB335 HRBF335<br>HRB400 HRBF400 | 16<br>14<br>12 |

(1) 闪光对焊时，应选择调伸长度、烧化留量、顶锻留量以及变压器级数等焊接参数。闪光对焊三种工艺方法留量见图 3-24。

(2) 调伸长度的选择，应随着钢筋牌号的提高和钢筋直径的加大而增长，主要是减缓接头的温度梯度，防止在热影响区产生淬硬组织。当焊接 HRB400、HRBF400 等牌号钢筋时，调伸长度宜在 40～60mm 内选用。

(3) 烧化留量的选择，应根据焊接工艺方法确定。当连续闪光焊时，闪光过程应较长。烧化留量应等于两根钢筋在断料时切断机刀口严重压伤部分（包括端面的不平整度），再加 8～10m。

闪光 - 预热闪光焊时，应区分一次烧化留量和二次烧化留量。一次烧化留量不应小于 10mm。二次烧化留量不应小于 6mm。

(4) 需要预热时，宜采用电阻预热法。预热留量应为 1～2mm，预热次数应为 1～4 次；每次预热时间应为 1.5～2s，间歇时间应为 3～4s。

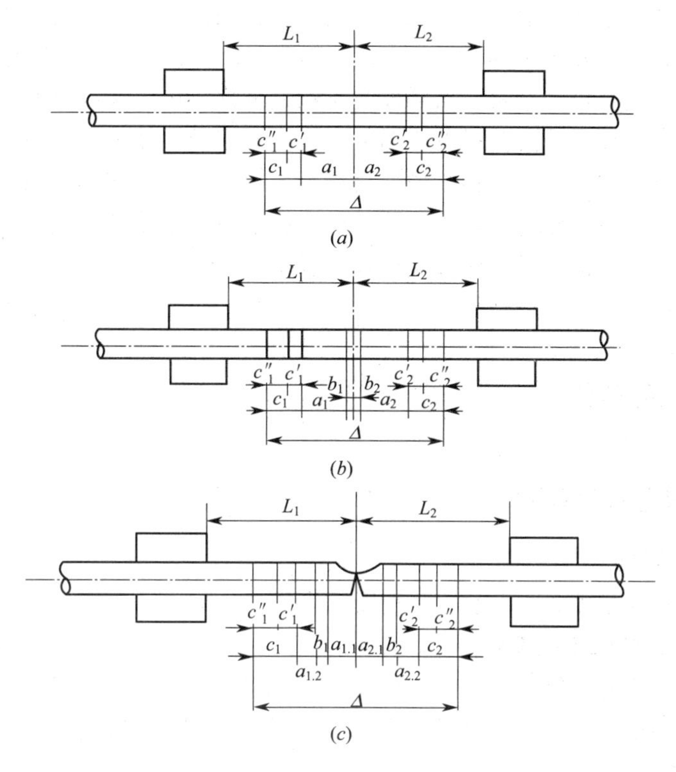


图 3-24　钢筋闪光对焊三种工艺方法留量图解

(*a*) 连续闪光焊；(*b*) 预热闪光焊；(*c*) 闪光-预热闪光焊

$L_1$、$L_2$—调伸长度；$a_1+a_2$—烧化留量；$a_{1.1}+a_{2.1}$—一次烧化留量；

$a_{1.2}+a_{2.2}$—二次烧化留量；$b_1+b_2$—预热留量；$c_1+c_2$—顶锻留量；

$c_1'+c_2'$—有电顶锻留量；$c_1''+c_2''$—无电顶锻留量；Δ—焊接总留量

(5) 顶锻留量应为 4～10mm，并应随钢筋直径的增大和钢筋牌号的提高而增加。其中，有电顶锻留量约占 1/3，无电顶锻留量约占 2/3，焊接时必须控制得当。

焊接 HRB500 钢筋时，顶锻留量宜稍微增大，以确保焊接质量。

(6) 当 HRBF335 钢筋、HRBF400 钢筋、HRBF500 钢筋或 RRB400W 钢筋进行闪光对焊时，与热轧钢筋相比，应减小调伸长度，提高焊接变压器级数、缩短加热时间，加快顶锻，形成快热快冷条件，使热影响区长度控制在钢筋直径的 60%范围之内。

(7) 变压器级数应根据钢筋牌号、直径、焊机容量以及焊接工艺方法等具体情况选择。

(8) HRB500 钢筋焊接时，应采用预热闪光焊或闪光-预热闪光焊工艺。当接头拉伸试验结果，发生脆性断裂或弯曲试验不能达到规定要求时，尚应在焊机上进行焊后热处理。

### 3.3.4　钢筋闪光焊的实例

**【例 3-3】** 某大厦上部主体结构钢筋工程施工，本工程钢筋工程所含工艺复杂，为了加快施工进度，本工程地上结构部分水平方向直径大于 16mm 钢筋连接采用闪光对焊进行焊接。根据总平面布置，地下室施工完毕后，将钢筋加工房布置到现场。上部主体结构施工过程中钢筋制作主要在场内完成，采用一台塔吊将钢筋吊运至工作面上，局部塔吊不方便吊转位置采用人工转运办法。水平地上结构钢筋由塔吊直接将钢筋吊至施工楼层进行绑扎。钢筋加工前，技术员需根据设计图纸、规范要求及钢筋配料，填写钢筋配料单，钢筋配料需按以下原则进行：筋配料必须认真熟悉设计图纸，了解钢筋的锚固长度、搭接长度、保护层厚度等参数；配料时，需充分考虑梁板墙等各结构构件之间的关系，以便控制钢筋翻样的长度，避免构件尺寸超大或出现露筋情况。

## 3.4 箍筋闪光对焊

### 3.4.1 箍筋闪光对焊特点

**1. 接头质量可靠**

对焊箍筋接头质量可靠，有利于结构受力和满足抗震设防要求。

**2. 节约钢筋，降低工程造价**

由于采用对焊工艺，每道箍筋可节约两个弯钩的钢材，在工程中箍筋的数量比较大，节约的箍筋弯钩用钢材很可观；而且，箍筋的直径越大，效果越明显。

**3. 施工方便**

（1）在采用闪光对焊之前，柱箍筋的安装是先把箍筋水平拉开，再往柱主筋上卡，费力费时；使用这种新型对焊箍筋，可以从上往下套，比较省力省时。

还可以先将柱主筋接头以下的对焊箍筋先套扎好，完成主筋接头后再套入主筋上段对焊箍筋。

（2）梁的主筋箍筋安装时，先将对焊箍筋分垛立放，再将梁主筋穿入，比较方便。

对四肢箍以上的梁箍筋安装时，下部主筋穿筋较困难，可用专用钢筋支架控制四肢箍的位置，分成几垛放置，再穿入梁主筋。

（3）以往的箍筋由于弯钩多，不好振捣、容易卡住插入式振捣棒，而使用这种对焊箍筋就不存在这个问题。

**4. 所需焊接变压器级数高**

箍筋是封闭环式，焊接时必然有一小部分焊接电流从箍筋这一端直接分流至箍筋的另一端。这就要求在施焊时应适当调高焊接变压器级数，增大焊接电流。

### 3.4.2 箍筋闪光对焊的设备

**1. 设备选择**

箍筋直径通常偏小，若直径为 $\phi 6 \sim \phi 10$ 时，应选用 UN1-40 型对焊机，并且采用连续闪光焊工艺。该种焊机外形体积比较小，特别是电极夹钳容易固定及退出箍筋，对提高工效有利。

若箍筋直径较大，为 $\phi 12 \sim \phi 18$ 时，须采用 UN1-75 型闪光对焊机及预热闪光对焊工艺。这时，也可以采用 UN1-100 型对焊机，由于焊接电流比较大，对于用钢筋切断机下料的钢筋也能适应，可以采用连续闪光焊工艺，质量较稳定。

**2. UN1-40型对焊机**

UN1-40型对焊机的主要技术参数和焊机结构如下：

(1) 主要技术参数

主要技术参数见表3-8。

**UN1-40型对焊机主要技术参数** **表3-8**

| 技术参数 | | 要　求 |
|---|---|---|
| 初级电压/V | | 220/380 |
| 额定电容/kVA | | 40 |
| 负载持续率(%) | | 20 |
| 初级额定电流/A | | 182/105 |
| 调节级数/级 | | 8 |
| 次级空载电压/V | | 2.37/4.75 |
| 最大顶锻力/N | | 1500 |
| 最大送料行程/mm | | 20 |
| 最大钳口距离/mm | | 50 |
| 冷却水消耗量/(L/h) | | 120 |
| 焊机重量/kg | | 275 |
| 外形尺寸 | 高/mm | 1300 |
| | 宽/mm | 500 |
| | 长/mm | 1340 |

(2) 结构

对焊机主要结构包括焊接变压器、固定电极、移动电极（即钳口)、焊接送料机构（加压机构）及控制元件等。使用杠杆送料时，利用操纵杆移动可动机构。

左、右两电极分别通过多层铜皮与焊接变压器次级线圈之导体连接，焊接变压器的次级线圈应由流水冷却。次级空载电压应用分级开关调节。在焊接处的两侧以及下方均有防护板，防止熔化金属溅入变压器及开关中，焊工需经常清除防护板上的金属溅沫，以免造成短路等故障。

1) 送料机构。送料机构的作用是完成焊接时所需的熔化以及挤压过程，主要包含操纵杆、调节螺钉、压簧等。若将操纵杆在两极限位置中移动时，可以获得20mm的工作行程。若操纵杆在行程终端（左侧）时，应将调节螺钉的中心轴（与焊机中心轴间的夹角）调整到4°～5°。这时，可以获得最大的顶锻压力。在调节螺钉调整妥善后，应将其两侧的螺母旋紧。

所有移动部件都有油孔，应经常保持润滑。

若用杠杆送料时，应先松开螺母放松压簧，使挂钩取消作用，然后再将调节螺钉与可动机构连接的长孔螺杆换为圆孔螺杆。

2) 开关控制。若按下按钮开关时，接通继电器，使其电源接触器作用，则焊接变压器与电源接通。想要控制焊件在焊接过程中的烧化量，可调节装在可动机构上的断电器的伸出长度，当其触动行程开关时，电流即被切断，焊接过程终止。

控制回路的电源由次级电压是36V的辅变压器供电。杠杆送料时，可用于电阻焊以及闪光焊。

3）钳口（电极）。通过手动偏心轮加压，使焊件紧固于电极上，压力的大小可调节偏心轮或偏心套筒。

4）焊接变压器。焊接变压器是铁壳式，其初级绕组为盘形；次级绕组是由三片周围焊有水冷铜管的铜板并联而成的。变压器至电极是由多层薄铜皮连接。

焊接过程通电时间的长短，可以由焊工通过按钮开关及行程开关控制。

焊接时，应按钢筋直径来选择调节级数，以取得所需要的次级空载电压。各级二次空载电压值见表3-9。

**各级二次空载电压** **表3-9**

<table>
<tr><th rowspan="2">级数</th><th colspan="3">插头位置</th><th rowspan="2">二次空载电压/V</th></tr>
<tr><th>Ⅰ</th><th>Ⅱ</th><th>Ⅲ</th></tr>
<tr><td>1</td><td>2</td><td rowspan="2">2</td><td rowspan="4">2</td><td>2.37</td></tr>
<tr><td>2</td><td>1</td><td>2.59</td></tr>
<tr><td>3</td><td>2</td><td rowspan="2">1</td><td>2.79</td></tr>
<tr><td>4</td><td>1</td><td>3.04</td></tr>
<tr><td>5</td><td>2</td><td rowspan="2">2</td><td rowspan="4">1</td><td>3.33</td></tr>
<tr><td>6</td><td>1</td><td>3.68</td></tr>
<tr><td>7</td><td>2</td><td rowspan="2">1</td><td>4.17</td></tr>
<tr><td>8</td><td>1</td><td>4.75</td></tr>
</table>

### 3. 对设备的要求

（1）钢筋调直切断机

1）保证调直后钢筋无弯折。

2）钢筋切断长度误差不得超过5mm。

3）钢筋端头表面应垂直于钢筋轴线，无压弯、无斜口。

（2）钢筋切断机

1）活动刀片无晃动。

2）活动刀片与固定刀片之间的间隙可调至0.3mm。

3）刀片应保持锋利。

（3）箍筋弯曲机

1）弯曲角能按需要调整。

2）弯曲角度准确，符合设计要求。

（4）箍筋焊接设备

1）调整压杆高度位置，可使箍筋两端部轴线在同一中心线上。

2）箍筋钳口压紧机构操作方便，压紧后无松动。

3）顶锻机构滑动装置沿导轨左右滑动灵便，无晃动。

4）改换插把位置方便，以获得所需要的次级空载电压；电气系统安全可靠。

在焊接生产中，对于直径为 8～10mm 的箍筋，可配置 80(75)kV・A 的闪光对焊机，对于直径 12～18mm 的箍筋，应配置 100kV・A 的闪光对焊机。

（5）性能完好

所有箍筋加工、焊接的设备应性能完好，符合使用说明书的规定。使用过程中一旦出现故障，或件磨损，影响加工精度，应立即停机检查，进行维修。

## 3.4.3 箍筋闪光对焊的工艺

**1. 焊点位置**

箍筋闪光对焊的焊点位置宜设在箍筋受力较小一边的中部，不等边的多边形柱箍筋对焊点位置宜设在两个边上的中部。

**2. 箍筋下料**

箍筋下料长度应预留焊接总留量（$\Delta$），其中包括烧化留量（$A$）、预热留量（$B$）和顶锻留量（$C$）。

矩形箍筋下料长度可按下式计算：

$$L_g=2(a_g+b_g)+\Delta$$

式中 $L_g$——箍筋下料长度（mm）；

$a_g$——箍筋内净长度（mm）；

$b_g$——箍筋内净宽度（mm）；

$\Delta$——焊接总留量（mm）。

当切断机下料，增加压痕长度，采用闪光—预热闪光焊工艺时，焊接总留量 $\Delta$ 随之增大，约为 1.0$d$（$d$ 为箍筋直径）。上列计算箍筋下料长度经试焊后核对，箍筋外皮尺寸应符合设计图纸的规定。

**3. 钢筋切断和弯曲**

（1）钢筋切断宜采用钢筋专用切割机下料；当用钢筋切断机时，刀口间隙不得大于 0.3mm。

（2）切断后的钢筋端面应与轴线垂直，无压弯、无斜口。

（3）钢筋按设计图纸规定尺寸弯曲成型，制成待焊箍筋，应使两个对焊钢筋头完全对准，具有一定弹性压力，如图 3-25 所示。

**4. 注意事项**

（1）待焊箍筋为半成品，应进行加工质量的检查，属中间质量检查。按每一工作班、同一牌号钢筋、同一加工设备完成的待焊箍筋作为一个检验批，每批随机抽查 5%件。检查项目应符合下列规定：

1）两钢筋头端面应闭合，无斜口。

2）接口处应有一定弹性压力。

（2）箍筋闪光对焊应符合下列规定：

1）宜使用 100kVA 的箍筋专用对焊机。

2）宜采用预热闪光焊，焊接工艺参数、操作要领、焊接缺陷的产生与消除措施等，可按相关规定执行。

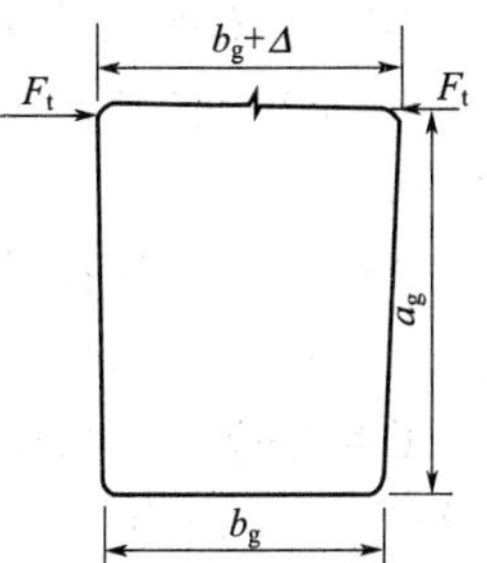


图 3-25 待焊箍筋

$a_g$—箍筋内净长度；

$b_g$—箍筋内净宽度；

$\Delta$—焊接总留量；

$F_t$—弹性压力

3）焊接变压器级数应适当提高，二次电流稍大。

4）两钢筋顶锻闭合后，应延续数秒钟再松开夹具。

（3）箍筋闪光对焊过程中，当出现异常现象或焊接缺陷时，应查找原因，采取措施，及时消除。

### 3.4.4 箍筋闪光焊的实例

**【例 3-4】** 某商住楼，本工程三标段总建筑面积 100966m$^2$，包含全部地下室及地上部分 1～4 号楼、11 号楼五栋单体建筑，其中 1 号楼、3 号楼 29 层，2 号楼 32 层，4 号楼、11 号楼 25 层。结构形式为框架剪力墙结构。

本工程梁、柱箍筋均采用封闭式闪光对焊箍筋。2 种箍筋比较，如图 3-26 所示，采用封闭箍筋有以下三大优点：

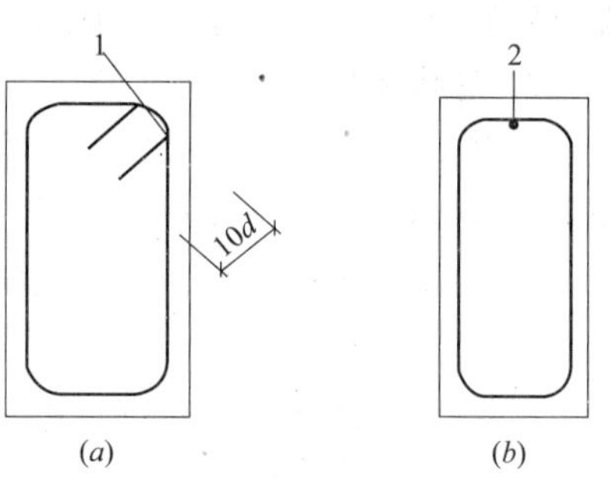


图 3-26　2 种箍筋比较

（a）弯钩箍筋；（b）对焊箍筋

1—弯钩；2—焊点

（1）节省原材料的用量

传统箍筋弯钩部分的钢筋用量为：抗震结构弯钩平直长度为 10$d$。两个弯钩共 20$d$；采用封闭箍筋后节省弯钩部分的钢筋用量；$\phi$8 箍筋每个可节约 0.83kg，$\phi$10 每个可节约 0.162kg。本工程共节约钢筋用量约 60t。

（2）提高项目经济效益

累计可节约成本约 10 万元。

（3）提高工作效率和质量。

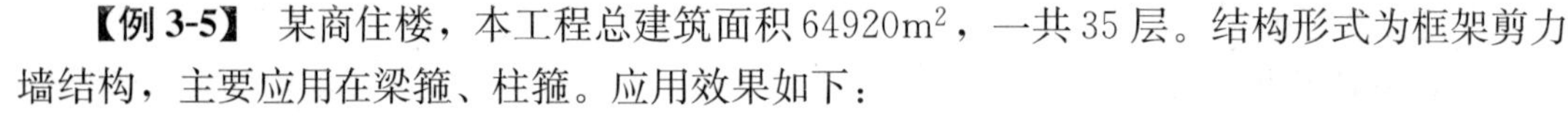

**【例 3-5】** 某商住楼，本工程总建筑面积 64920m$^2$，一共 35 层。结构形式为框架剪力墙结构，主要应用在梁箍、柱箍。应用效果如下：

（1）能很好控制梁二排钢筋和柱角筋的位置；节约钢材、提高工效，加快工程施工进度。

（2）该商住楼工程使用闪光对焊封闭箍筋，节约钢材如下：

1）$\phi$6.5 钢筋按常规加工需要用量为 45.53t，采用闪光对焊封闭箍筋节约钢材 1.25t。

2）$\phi$8 钢筋按常规加工需要用量为 355.65t，采用闪光对焊封闭箍筋节约钢材 22.35t。

3）$\phi$10 钢筋按常规加工需要用量为 179.35t，采用闪光对焊封闭箍筋节约钢材 10.26t。

4）$\phi$12 钢筋按常规加工需要用量为 257.73t，采用闪光对焊封闭箍筋节约钢材 10.78t。

**【例 3-6】** 贵州电视台业务用房，用地面积为 13918m$^2$，建筑面积为 47412m$^2$，建筑占地面积为 5339m$^2$，建筑等级 1 级，主楼共 23 层，高 99.3m，裙楼演播区共 6 层，高 30.9m，裙楼圆厅 4 层，高 20.4m。工程在六度抗震设防区，根据工程要求，提高一度按七度抗震设防。结构形式是：主楼为框-剪结构，裙楼是框架结构。因为该工程为电视业务用房，使用功能较多，相应主体结构较复杂，钢筋种类多，其箍筋就包含有多种牌号、多种规格的钢筋，为箍筋闪光对焊的推广应用提供了一个良好的使用环境。

该工程对质量要求非常严格，在钢筋选用上，采用了重庆钢铁公司、湘潭钢铁公司、新余钢铁公司、广西柳钢集团公司生产的钢筋，质量可靠，包含：$\phi$6、$\phi$8、$\phi$10、$\phi$12、Q235 热轧圆盘条，$\phi$12、$\phi$14 HPB300 和 HRB335 的 9m 定尺直条钢筋。圆盘钢在现场采用了冷拉调直。

焊接设备采用的是 UN1-40 对焊机，并将原设备正面设置的开关改安在杠杆手柄上，不但便于操作控制，又可防止原开关处于对焊闪光飞溅区域，易产生烫伤手的危害，这使对焊箍筋速度明显加快，对焊质量也较好。

第一批应用的箍筋规格是 $\phi$6、$\phi$8、$\phi$10、$\phi$12、$\phi$14；箍筋数量各是 602、580、600、600、600。箍筋加工的内空最小尺寸是 200mm×200mm。

质量验收时，是以 300 个接头作为一个检验批，随机切取 3 个接头做拉伸试验，全部断于母材，质量验收为合格。工程完工，各方对该项新工艺的应用均表满意。

**【例 3-7】** 某住宅小区

**1. 工程概况**

某集团公司于 2006 年 3 月至 2009 年 3 月施工，建筑面积 17.06 万 m$^2$，框架剪力墙结构，施工采用了箍筋闪光对焊工艺技术，应用情况如下：

（1）钢筋牌号：Q300、HRB335

（2）焊接方法：箍筋闪光对焊

（3）钢筋接头总数：共计 2194856 个，其中

Q300 直径 8mm1220920 个、直径 10mm705454 个。

HRB335 直径 12mm256942 个、直径 14mm8662 个。

直径 16mm2100 个、18mm780 个。

**2. 焊机型号**

UN-100 型闪光对焊机。

**3. 焊接工艺参数**

焊接功率视钢筋直径调节，档位在 6～8 挡。直径 10mm 以下的箍筋采用“连续闪光焊”：直径 10mm 以上的箍筋采用“预热闪光焊”。

**4. 焊接接头外观检查结果**

接头基本无错位，焊缝位置略有镦粗，均无裂纹，外观检查全部合格。

**5. 焊接接头力学性能试验结果**

所有焊接接头试件，经清远市建筑工程质量监督检测站（CMA 认证机构）检测，抗拉试验力学性能均为合格。

**6. 优越性和经济分析**

（1）解决了传统弯钩箍筋在主筋密集或箍筋较粗时，无法将箍筋两端均弯成 135°弯钩的质量问题。

（2）用闪光对焊箍筋安装的柱梁钢筋骨架，成型尺寸准确，观感质量好。

（3）柱梁钢筋安装时，由于闪光对焊箍筋没有弯钩，好滑动，明显提高了安装速度。

（4）本工程应用闪光对焊箍筋共计 2194856 个，与传统 135°弯钩箍筋比较，节约钢材 301034kg，按每千克 3.80 元计算，经济价值 114.39 万元。

## 3.5 钢筋电阻点焊

### 3.5.1 钢筋电阻点焊特点及其适用范围

电阻点焊时的总电阻包括内部电阻和接触电阻两部分。凡是影响电场分布的诸因素都直接影响总电阻的大小。钢筋电阻点焊正是利用电流通过两钢筋接触点的电阻而产生的热量形成熔核，冷却凝固而形成焊点，将两钢筋交叉连接在一起，如图 3-27 所示。

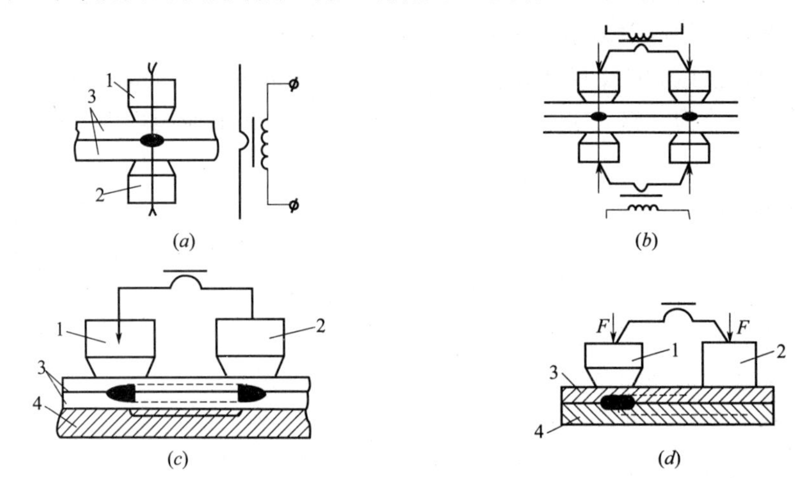


图 3-27 钢筋电阻点焊

（a）双面单点焊；（b）双面双点焊；（c）单面双点焊；（d）单面单点焊

1、2—电极；3—焊件；4—铜垫板

**1. 特点**

混凝土结构中的钢筋焊接骨架和焊接网，宜采用电阻点焊制作。

在钢筋骨架和钢筋网中，以电阻点焊代替绑扎，也可以提高劳动生产率，提高骨架和网的刚度，也可以提高钢筋（丝）的设计计算强度，因此宜积极推广应用。

**2. 适用范围**

电阻点焊适用于 $\phi$8～$\phi$16HPB300 热轧光圆钢筋，$\phi$6～$\phi$16HRB335、HRB400 热轧带肋钢筋，$\phi$4～$\phi$12CRB550 冷轧带肋钢筋，$\phi$3～$\phi$5 冷拔低碳钢丝的焊接。

对于不同直径钢筋（丝）焊接的情况，系指较小直径钢筋（丝），即焊接骨架、焊接网两根不同直径钢筋焊点中直径较小的钢筋。

### 3.5.2 钢筋电阻点焊的设备

点焊机是电阻焊机的一种。电阻焊机除了满足制造简单，成本低，使用方便，工作可靠、稳定，维修容易等基本要求之外，尚应具有：

（1）焊机结构强度及刚性好。

（2）焊接回路有良好适应性。

（3）程序动作的转换迅速、可靠。

（4）调整焊机（焊接电流）及更换电极方便。

**1. 加压机构**

(1) 原有脚踏式点焊机、电动凸轮式点焊机，目前已不多见。

(2) 气压式气缸是加压系统的主要部件，由一个活塞隔开的双气室，可使电极产生这样一种行程：抬起电极、安放钢筋、放下电极、对钢筋加压，如图 3-28 所示。配有气压式加压机构的点焊机有 DN2-100A 型、DN3-75 型、DN3-100 型等。

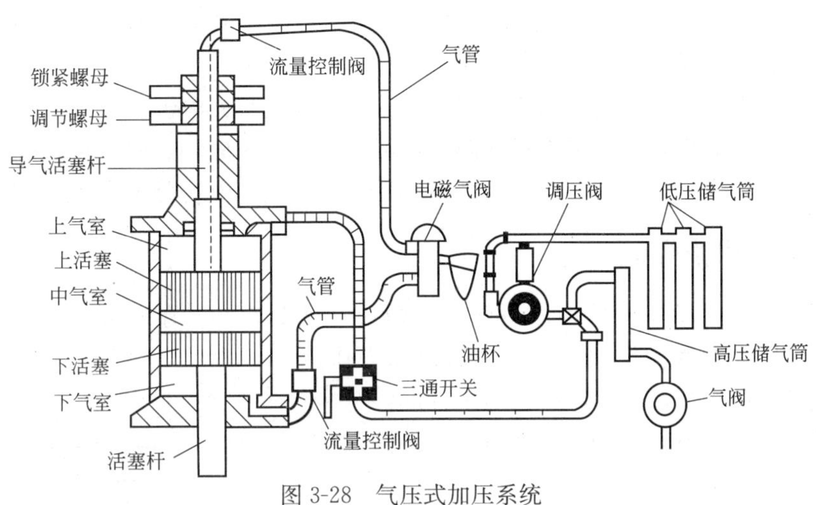

图 3-28 气压式加压系统

(3) 气压式点焊钳在钢筋网片、骨架的制作中，常采用气压式点焊钳。工作行程 15mm；辅助行程 40mm；电极压力 3000N、气压 0.5MPa；重 16kg。

**2. 焊接回路**

点焊机的焊接回路包括变压器次级绕组引出铜排，连接母线，电极夹等，如图 3-29 所示。

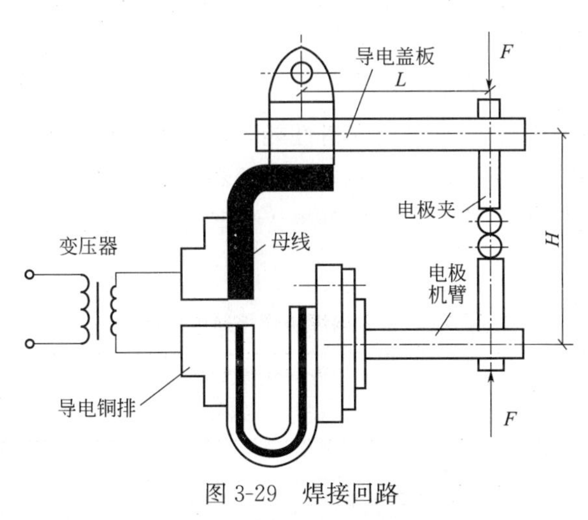

图 3-29 焊接回路

机臂一般用铜棒制成，交流点焊机的机臂直径不小于 60mm，大容量焊机的机臂应更粗些，在最大电极压力作用下，一般机臂挠度不大于 2mm，焊接回路尺寸为 $L=200\sim1200$mm；机臂间距 $H=500\sim800$mm；臂距可调范围 $h=10\sim50$mm。

电极夹用来夹持电极、导电和传递压力，故应有良好力学性能和导电性能。因断面尺寸小，电流密度高，故与机臂及电极都应有良好的接触。

机架是由焊机各部件总装成一体的托架，应有足够的刚度和强度。

**3. 电极**

电极用来导电和加压，并决定主要的散热量，所以电极材料、形状、工作端面尺寸，以至冷却条件对焊接质量和生产率都有重大影响。

电极采用铜合金制作。为了提高铜的高温强度、硬度和其他性能，可加入铬、镉、铍、铝、锌、镁等合金元素。

电极的形式有很多种，用于钢筋点焊时，一般均采用平面电极。

电极端头靠近焊件，在不断重复加热下，温度上升，因此，一般均需通水冷却。冷却水孔与电极端面距离必须恰当，以防冷却条件变坏，或者电流场分布变坏。

## 3.5.3 钢筋电阻点焊的工艺

点焊过程可分为预压、通电、锻压三个阶段，见图 3-30。在通电开始一段时间内，接触点扩大，固态金属因加热膨胀，在焊接压力作用下，焊接处金属产生塑性变形，并挤向工件间隙缝中；继续加热后，开始出现熔化点，并逐渐扩大成所要求的核心尺寸时切断电流。

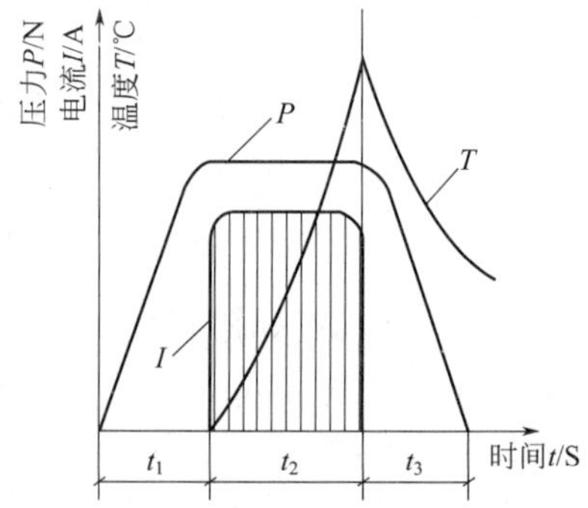

图 3-30 点焊过程示意图
$t_1$—预压时间；$t_2$—通电时间；$t_3$—锻压时间

焊点的压入深度。应符合下列要求：

(1) 焊点的压入深度应为较小钢筋直径的18%～25%。

(2) 冷拔光圆钢丝、冷轧带肋钢筋点焊时，压入深度应为较小钢筋直径的 25%～40%。

当焊接不同直径的钢筋时，焊接网的纵向与横向钢筋的直径应符合下式要求：

$$d_{min} \geqslant 0.6 d_{max}$$

电阻点焊应根据钢筋级别、直径及焊机性能等，合理选择变压器级数、焊接通电时间和电极压力。在焊接过程中应保持一定的预压时间和锻压时间。

采用 DN3-75 型气压式点焊机焊接 HPB300 级钢筋时，焊接通电时间和电极压力分别见表 3-10 和表 3-11。

**采用 DN3-75 型点焊机焊接通电时间（s）** **表 3-10**

| 变压器级数 | 较小钢筋直径/mm | | | | | | |
|---|---|---|---|---|---|---|---|
| | 4 | 5 | 6 | 8 | 10 | 12 | 14 |
| 1 | 1.10 | 0.12 | — | — | — | — | — |
| 2 | 0.08 | 0.07 | — | — | — | — | — |
| 3 | — | — | 0.22 | 0.70 | 1.50 | — | — |
| 4 | — | — | 0.20 | 0.60 | 1.25 | 2.50 | 4.00 |
| 5 | — | — | — | 0.50 | 1.00 | 2.00 | 3.50 |
| 6 | — | — | — | 0.40 | 0.75 | 1.50 | 3.00 |
| 7 | — | — | — | — | 0.50 | 1.20 | 2.50 |

注：点焊 HRB335、HRB335F、HRB400、HRBF400、HRB500 或 CRB550 钢筋时，焊接通电时间可延长 20%～25%。

采用 DN3-75 型点焊机电极压力（N） 表 3-11

| 较小钢筋直径/mm | HPB300 | HRB335 HRBF335<br>HRB400 HRBF400<br>HRB500 HRBF500<br>CRB550 CDW550 |
|---|---|---|
| 4 | 980～1470 | 1470～1960 |
| 5 | 1470～1960 | 1960～2450 |
| 6 | 1960～2450 | 2450～2940 |
| 8 | 2450～2940 | 2940～3430 |
| 10 | 2940～3920 | 3430～3920 |
| 12 | 3430～4410 | 4410～4900 |
| 14 | 3920～4900 | 4900～5880 |

钢筋点焊工艺，根据焊接电流大小和通电时间长短，可分为强参数工艺和弱参数工艺。强参数工艺的电流强度较大（120～360A/mm²），而通电时间很短（0.1～0.5s）；这种工艺的经济效果好，但点焊机的功率要大。弱参数工艺的电流强度较小（80～160A/mm²），而通电时间较长（>0.5s）。点焊热轧钢筋时，除因钢筋直径较大而焊机功率不足需采用弱参数外，一般都可采用强参数，以提高点焊效率。点焊冷处理钢筋时，为了保证点焊质量，必须采用强参数。

### 3.5.4 钢筋电阻点焊的实例

**【例 3-8】** 根据《公路隧道设计规范》（JTG D70—2004）规定，在喷射混凝土内应设带肋钢筋焊接网，有利于提高喷射混凝土的抗剪和抗弯强度，提高混凝土的抗冲切能力，抗弯曲能力，提高喷射混凝土的整体性，减少喷射混凝土的收缩裂纹，防止局部掉块。钢筋焊接网网格应按矩形布置，钢筋焊接网的钢筋间距为 150～300mm。可采用 150mm×150mm，200mm×200mm，200mm×250mm，250mm×300mm，300mm×300mm 的组合方式。

钢筋焊接网的喷射混凝土保护层的厚度不得小于 20mm，当采用双层钢筋焊接网时，两层钢筋焊接网之间的间隔距离不应小于 60mm。

**【例 3-9】** 钢筋混凝土路面用钢筋焊接网的最小直径及最大间距应符合现行行业标准《公路水泥混凝土路面设计规范》（JTG D40—2011）的规定。当采用冷轧带肋钢筋时，钢筋直径不应小于 8mm、纵向钢筋间距不应大于 200mm，横向钢筋间距不应大于 300mm。焊接网的纵、横向钢筋宜采用相同的直径，钢筋的保护层厚度不应小于 50mm。钢筋混凝土路面补强用的焊接网可按钢筋混凝土路面用焊接网的有关规定执行。

（1）混凝土路面与固定构造物相衔接的胀缝无法设置传力杆时，可在毗邻构造物的板端部内配置双层钢筋焊接网；或在长度为 6～10 倍板厚的范围内逐渐将板厚增加 20%。

（2）混凝土路面与桥梁相接，桥头设有搭板时，应在搭板与混凝土面层板之间设置长 6～10mm 的钢筋混凝土面层过渡板。当桥梁为斜交时，钢筋混凝土板的锐角部分应采用钢筋焊接网补强。

（3）混凝土面层下有箱形构造物横向穿越，其顶面至面层底面的距离小于 400mm 或嵌入基层时，在构造物顶宽及两侧，混凝土面层内应布设双层钢筋焊接网，上下层钢筋焊接网应设在距面层顶面和底面各 1/4～1/3 厚度处。

混凝土面层下有圆形管状构造物横向穿越，其顶面至面层底面的距离小于 1200mm 时，在构造物两侧，混凝土面层内应布设单层钢筋焊接网，钢筋焊接网设在距面层顶面 1/4～1/3 厚度处。

**【例 3-10】** 钢筋焊接网可用于市政桥梁和公路桥梁的桥面铺装、旧桥面改造及桥墩防裂等。通过国内上千座桥梁应用工程质量验收表明，采用焊接网明显提高桥面铺装层质量，保护层厚度合格率达 97%以上，桥面平整度提高，桥面几乎无裂缝，铺装速度提高 50%以上，降低桥面铺装工程造价约 10%。桥面铺装层的钢筋焊接网应使用焊接网或预制冷轧带肋钢筋焊接网，不宜使用绑扎钢筋焊接网。桥面铺装用钢筋焊接网的直径及间距应依据桥梁结构形式及荷载等级确定。钢筋焊接网间距可采用 100～200mm，其钢筋直径宜采用 6～10mm。钢筋焊接网纵、横向宜采用相等间距，焊接网距顶面的保护层厚度不应小于 20mm。

## 3.6 钢筋电渣压力焊

### 3.6.1 钢筋电渣压力焊特点及其适用范围

钢筋电渣压力焊是改革开放以来兴起的一项新的钢筋竖向连接技术，属于熔化压力焊，它是利用电流通过两根钢筋端部之间产生的电弧热和通过渣池产生的电阻热将钢筋端部熔化，然后施加压力使钢筋焊接为一体的方法。这种方法具有施工简便、生产效率高、节约电能、节约钢材和接头质量可靠、成本较低的特点。主要用于现浇钢筋混凝土结构中竖向或斜向（倾斜度在 4∶1 范围内）钢筋的连接。

竖向钢筋电渣压力焊是一种综合焊接，它具有埋弧焊、电渣焊、压力焊三种焊接方法的特点。焊接开始时，首先在上下两钢筋端之间引燃电弧，使电弧周围焊剂熔化形成空穴，随后在监视焊接电压的情况下，进行“电弧过程”的延时，利用电弧热量，一方面使电弧周围的焊剂不断熔化，以使渣池形成必要的深度；另一方面使钢筋端面逐渐烧平，为获得优良接头创造条件。接着将上钢筋端部潜入渣池中，电弧熄灭，进行“电渣过程”的延时，利用电阻热能使钢筋全断面熔化并形成有利于保证焊接质量的端面形状。最后，在断电的同时迅速进行挤压，排除全部熔渣和熔化金属，形成焊接接头（图 3-31）。

钢筋电渣压力焊接一般适用于 HPB300、HRB335 级 $\phi14$～$\phi40$ 钢筋的连接。

### 3.6.2 钢筋电渣压力焊的设备

**1. 焊机**

目前的焊机种类较多，大致分类如下。

（1）按整机组合方式分类

分体式焊机——包括焊接电源（包括电弧焊机）、焊接夹具、控制系统和辅件（焊剂盒，回收工具等几部分）。此外，还有控制电缆、焊接电缆等附件。其特点是便于充分利用现有电弧焊机，节省投资。

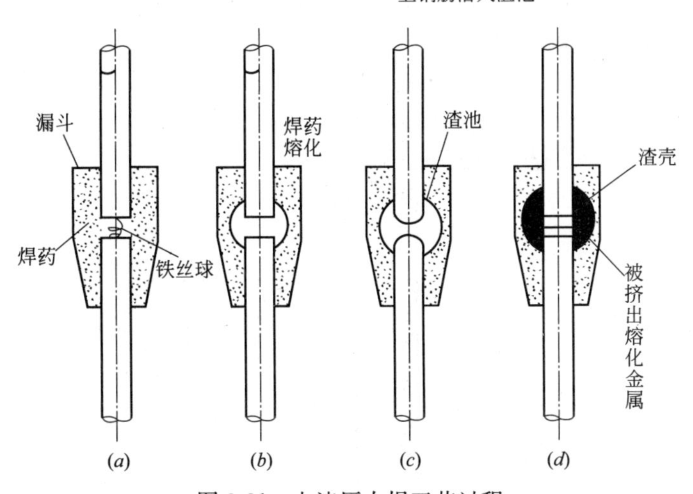


图 3-31　电渣压力焊工艺过程

(a) 引弧引燃过程；(b) 造渣过程；(c) 电渣过程；(d) 挤压过程

同体式焊机——将控制系统的电气元件组合在焊接电源内，另配焊接夹具、电缆等。其特点是可以一次投资到位，购入即可使用。

(2) 按操作方式分类

手动式焊机——由焊工操作。这种焊机由于装有自动信号装置，又称半自动焊机，如图 3-32 和图 3-33 所示。

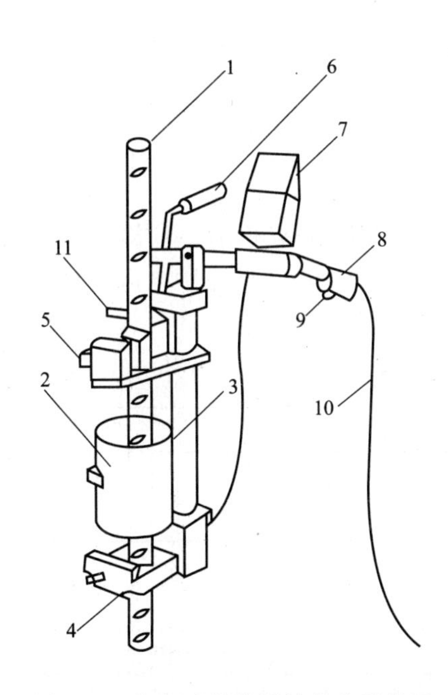


图 3-32　杠杆式单柱焊接机头示意图

1—钢筋；2—焊剂盒；3—单导柱；4—下夹头；5—上夹头；6—手柄；7—监控仪表；8—操作手把；9—开关；10—控制电缆；11—插座

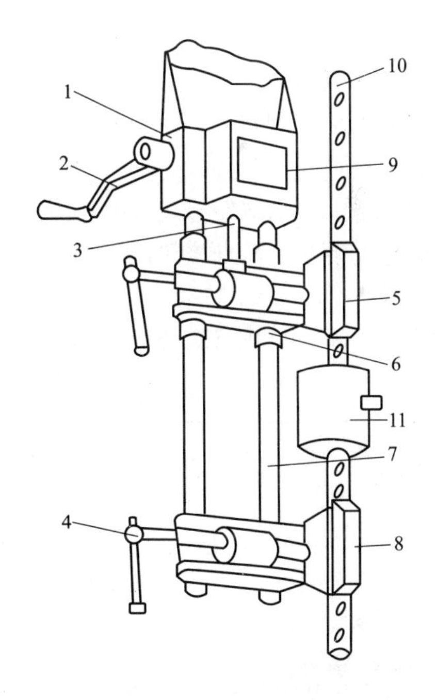


图 3-33　丝杠传动式双柱焊接机头示意图

1—伞形齿轮箱；2—手柄；3—升降丝框；4—夹紧装置；5—上夹头；6—导管；7—双导柱；8—下夹头；9—操作盒；10—钢筋；11—熔剂盒

自动式焊机——这种焊机可自动完成电弧、电渣及顶压过程，可以减轻劳动强度，但电气线路较复杂，如图 3-34 所示。

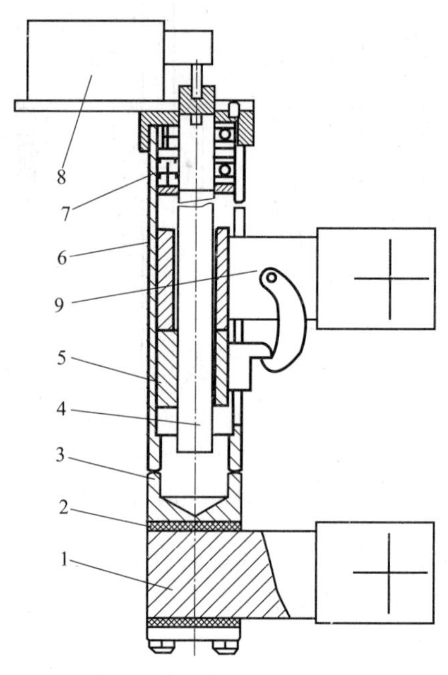


图 3-34　自动焊接卡具构造示意图

1—下卡头；2—绝缘层；3—支柱；4—丝框；5—传动螺母；6—滑套；7—推力轴承；8—伺服电动机；9—上卡头

**2. 焊接电源**

可采用额定焊接电源 500A 或 500A 以上的弧焊电源（电弧焊机），作为焊接电源，交流或直流均可。

焊接电源的次级空载电压应较高，便于引弧。

焊机的容量，应根据所焊钢筋直径选定。常用的交流弧焊机有：BX3-500-2、BX3-650、BX2-700、BX2-1000 等，也可选用 JSD-600 型或 JSD-1000 型专用电源，见表 3-12；直流弧焊电源，可用 ZX5-630 型晶闸管弧焊整流器或硅弧焊整流器。

**电渣压力焊电源性能指标表**　　**表 3-12**

| 项目 | 单位 | JSD-600 | | JSD-1000 | |
|---|---|---|---|---|---|
| 电源电压 | V | 380 | | 380 | |
| 相数 | 相 | 3 | | 3 | |
| 输入容量 | kVA | 45 | | 76 | |
| 空载电压 | V | 80 | | 78 | |
| 负载持续率 | % | 60 | 35 | 60 | 35 |
| 初级电流 | A | 116 | | 196 | |
| 次级电流 | A | 600 | 750 | 1000 | 1200 |
| 次级电压 | V | 22～45 | | 22～45 | |
| 可焊接钢筋直径 | mm | 14～32 | | 22～40 | |

**3. 焊接夹具**

由立柱、传动机构、上下夹钳、焊剂（药）盒等组成，并装有监控装置，包括控制开关、次级电压表、时间指示灯（显示器）等。

夹具的主要作用：夹住上下钢筋，使钢筋定位同心；传导焊接电流；确保焊药盒直径与钢筋直径相适应，便于装卸焊药；装有便于准确掌握各项焊接参数的监控装置。

**4. 控制箱**

它的作用是通过焊工操作（在焊接夹具上揿按钮），使弧焊电源的初级线路接通或断开。

**5. 焊剂**

焊剂采用高锰、高硅、低氢型 HJ431 焊剂，其作用是使熔渣形成渣池，使钢筋接头良好的形成，并保护熔化金属和高温金属，避免氧化、氮化作用的发生。使用前必须经250℃烘烤 2h。落地的焊剂可以回收，并经 5mm 筛子筛去熔渣，再经铜箩底筛一遍后烘烤 2h，最后再用铜箩底筛一遍，才能与新焊剂各掺半混合使用。

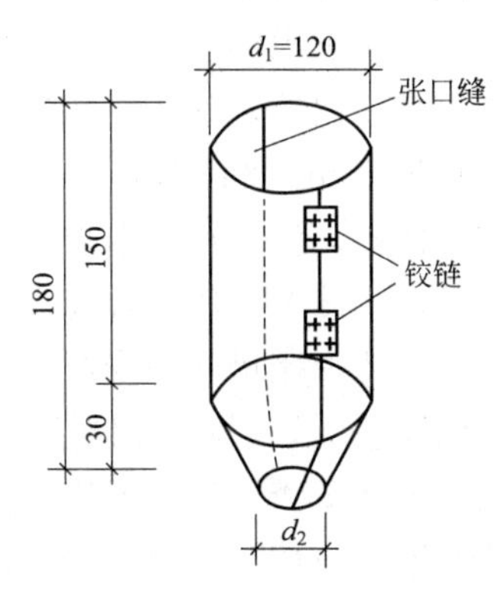

图 3-35　焊剂（药）盒

焊剂盒可做成合瓣圆柱体，下口为锥体（图 3-35），锥体口直径（$d_2$），可按表 3-13选用。

焊剂盒下口尺寸　　表 3-13

| 焊接钢筋直径/mm | 锥体口直径 $d_2$/mm | 焊接钢筋直径/mm | 锥体口直径 $d_2$/mm |
| --- | --- | --- | --- |
| 40 | 46 | 28 | 32 |
| 32 | 36 | | |

## 3.6.3　钢筋电渣压力焊的工艺

（1）焊接夹具的上下钳口应夹紧于上、下钢筋上；钢筋一经夹紧，不得晃动，且两钢筋应同心。

（2）引弧可采用直接引弧法或铁丝圈（焊条芯）间接引弧法。

（3）引燃电弧后，应先进行电弧过程，然后，加快上钢筋下送速度，使上钢筋端面插入液态渣池约 2mm，转变为电渣过程，最后在断电的同时，迅速下压上钢筋，挤出熔化金属和熔渣（图 3-36）。

（4）接头焊毕，应稍作停歇，方可回收焊剂和卸下焊接夹具；敲去渣壳后，四周焊包凸出钢筋表面的高度，当钢筋直径为 25mm 及以下时不得小于 4mm；当钢筋直径为28mm 及以上时不得小于 6mm。

（5）在焊接生产中焊工应进行自检，当发现偏心、弯折、烧伤等焊接缺陷时，应查找原因和采取措施，及时消除。

## 3.6.4　钢筋电渣压力焊的实例

**【例 3-11】** 在高层建筑现浇钢筋混凝土工程中，大直径钢筋竖向连接是一项工作量大的中间工序，其完成速度的快慢及质量的优劣，直接影响到工程的质量。传统的电弧焊，焊接速度慢、工艺要求高、费用大。随着建筑行业科学与技术的发展，电渣压力焊应用于柱纵向钢筋连接已得到广泛认同。

某公司楼高 15 层的工程，柱纵向钢筋直径为 25mm 和 32mm，使用电渣压力焊将钢筋接长，该工程采取如下措施。

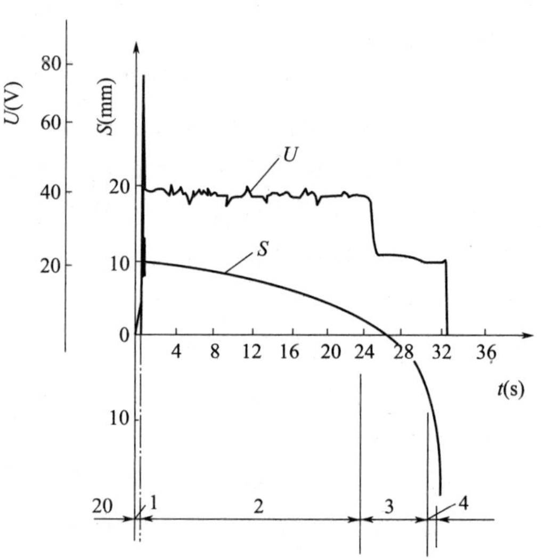


图 3-36　$\phi$28mm 钢筋电渣压力焊工艺过程图示

U—焊接电压；S—上钢筋位移；t—焊接时间

1—引弧过程；2—电弧过程；3—电渣过程；

4—顶压过程

（1）按电渣压力焊施焊

安装焊接钢筋→安放垫压引弧铁→缠绕石棉绳装上焊剂盒→装放焊剂→接通电源引弧电压→造渣过程形成渣池→电渣过程钢筋端面熔化→切断电源，顶压钢筋完成焊接→卸出焊剂，拆卸焊盒→拆除夹具。

1）将电源与交流弧焊机、控制器、焊机按厂家提供要求接好。

2）把焊机上的下夹钳夹在固定的钢筋上，把待焊钢筋夹在上夹钳上，扶直钢筋时，上下钢筋的肋要对准。

3）垫压引弧铁，先用石棉绳或石棉布绑一圈后，在上面装焊剂筒，焊剂必须装满，轻轻压实，钢筋置于焊剂筒中心位置。

4）按下机头启动按钮，使焊机通电，反时针方向摇动手柄引弧，如一次引弧不成，将手柄顺时针方向摇动，使两钢筋接触，电压到零时，迅速将手柄反时针方向摇动，再次引弧。

5）引弧后，迅速调整手柄，使焊接电压保持在 25～35V 之间，红灯亮时，均匀中速顺时针方向摇动手柄，使两筋接触，按停电按钮，此时焊接完成。如引弧不良，在红灯亮后，可用数数计时，以保证焊接时间。

6）焊接完毕，待 10s 左右打开焊剂筒，倒出剩余焊剂，松开机头紧固螺丝，卸下机头，开始下个焊点。

7）待焊口冷却后，敲掉口上的焊渣，敲渣时，要戴防护眼镜。

（2）质量措施

1）钢筋焊接的端头要直，端面要平。

2）上、下钢筋必须同心，否则应进行调整。

3）焊接过程中不允许搬动钢筋，以保证钢筋自由向下正常落下，否则会产生外观虽好的“假焊”接头。

4）顶压钢筋时，需扶直并且静止约 0.5min，确保接头铁液固化。冷却时间约 2～3min，然后才能拆除药盒。在焊剂盒能够周转的情况下，尽量晚拆药盒，以确保焊头的缓冷。

5）正式试焊前，应先按同批钢筋和相同焊接参数制作试件，经检验合格后，才能确定按焊接参数进行施工。钢筋种类、规格变换或焊机维修后，均需进行焊前试验。

6）在施焊过程中，如发现铁液溢出，应及时增添焊药封闭。

7）当引弧后，在电弧稳定燃烧时，如发现渣池电压低，表明上、下钢筋之间距离小，容易产生短路（即两钢筋粘在一起）；当渣池电压过高时，表明上、下钢筋之间的距离过大，则容易发生断路，均需调整。

8）通电时间的控制，宜采用自动报警装置，以便于切断电路。

9）焊接设备的外壳必须接地，操作人员必须戴绝缘手套和穿绝缘鞋。

10）负温焊接时（气温在－5℃左右），应根据不同的钢筋直径，适当完成通电时间，增大焊接电流，搭设挡风设施和延长打掉渣壳的时间等。雨、雪天不得施焊。

（3）安全措施

1）电渣焊使用的焊机设备外壳必须接地，露天放置的焊机应有防雨遮盖。

2）焊接电缆必须有完整的绝缘，绝缘性能不良的电缆禁止使用。

3）在潮湿地方作业时，应用干燥木板或橡胶片等绝缘物做垫板。

4）焊工作业应佩戴专用手套和绝缘鞋，手套及绝缘鞋应保持干燥。

5）在大、中雨天时严禁进行焊接施工。在小雨天时，焊接施工要有可靠的遮蔽防护措施，焊接设备要遮蔽好，电线要保证绝缘良好，焊药必须保持干燥。

6）在高温天气施工时，焊接施工现场要做好防暑降温工作。

7）用于电渣焊作业的工作台、脚手架，必须牢固、可靠、安全适用。

（4）工期、成本的比较分析

市场竞争日趋激烈，施工工期与成本控制成为各企业竞争的两个重点。该工程纵向钢筋接长施工采用了电渣压力焊，与传统电弧焊接、绑扎搭接技术比较，不但其施工速度得到加快，模板工序也能紧密配合搭接，而且钢筋焊接试件强度的检验结果也均达到了规范要求。成本控制方面，电渣压力焊与电弧焊相比，纵向钢筋用量可节约7%～10%；与绑扎搭接焊相比，纵向钢筋用量可节约20%～25%，由此可见，电渣压力焊技术的应用对降低建筑成本有着深远意义。

## 3.7 钢筋气压焊

### 3.7.1 钢筋气压焊特点及其适用范围

钢筋气压焊是利用氧气和乙炔气，按一定的比例混合燃烧的火焰，将被焊钢筋两端加热，使其达到热塑状态，经施加适当压力，使其接合的固相焊接法。

**1. 特点**

钢筋气压焊工艺具有设备简单、操作方便、质量好、成本低等优点，但对焊工要求严，焊前对钢筋端面处理要求高。被焊两钢筋直径之差不得大于7mm；若差异过大，容易造成小钢筋过烧，大钢筋温度不足而产生未焊透。采用氧液化石油气火焰加热，与采用氧炔焰比较，可以降低成本；采用熔态气压焊与采用固态气压焊比较，可以免除对钢筋端面平整度和清洁度的苛刻要求，方便施工。

**2. 适用范围**

钢筋气压焊适用于现场焊接梁和板，也适用于柱的Ⅱ、Ⅲ级直径为20～40mm的钢筋。不同直径的钢筋也可用气压焊焊接，但直径差不大于7mm。钢筋弯曲的地方不能焊。进口钢筋的焊接，要先做试验，以验证它的可焊性。

## 3.7.2 钢筋气压焊的设备

**1. 气压焊设备组成**

（1）供气装置

包括氧气瓶、溶解乙炔气瓶或液化石油气瓶、干式回火防止器、减压器及胶管等。氧气瓶、溶解乙炔气瓶和液化石油气瓶的使用应遵照国家有关规定执行。

（2）多嘴环管加热器

多嘴环管加热器应配备多种规格的加热圈，以满足各不同直径钢筋焊接的需要。

（3）加压器

包括油泵、油管、油压表、顶压油缸等。

（4）焊接夹具

焊接夹具有几种不同规格，与所焊钢筋直径相适应。

供气装置为气焊、气割时的通用设备；多嘴环管加热器、加压器、焊接夹具为钢筋气压焊的专用设备，总称钢筋气压焊机。

**2. 氧气瓶**

氧气瓶用来存储及运输压缩的气态氧。氧气瓶有几种规格，最常用的为容积40L的钢瓶，如图3-37(*a*)所示。各项参数见表3-14。

**容积40L的氧气瓶各项参数** **表3-14**

| 外径 | 壁厚 | 筒体高度 | 容积 | 质量(装满氧气) | 瓶内公称压力 | 储存氧气 |
| --- | --- | --- | --- | --- | --- | --- |
| 219mm | ～8mm | ～1310mm | 40L | ～76kg | 14.71MPa | 6m$^3$ |

为了便于识别，应在氧气瓶外表涂以天蓝色或浅蓝色，并漆有“氧气”黑色字样。

**3. 乙炔气瓶**

乙炔气瓶是储存及运输溶解乙炔的特殊钢瓶；在瓶内填满多孔性物质，在多孔性物质中浸渍丙酮，丙酮用来溶解乙炔，如图3-37(*b*)所示。

多孔性物质的作用是防止气体的爆炸及加速乙炔溶解于丙酮的过程。多孔性物质上有大量小孔，小孔内存有丙酮和乙炔。因此，当瓶内某处乙炔发生爆炸性分解时，多孔性物质就可限制爆炸蔓延到全部。

多孔性物质是轻而坚固的惰性物质，使用时不易损耗，并且当撞击、推动及振动钢瓶时不致沉落下去。多孔性物质，以往均采用打碎的小块活性炭。现在有的改用以硅藻土、石灰、石棉等主要成分的混合物，在泥浆状态下填入钢瓶，进行水热反应（高温处理）使其固化、干燥而制得的硅酸钙多孔物质，空隙率要求达到90%～92%。

乙炔瓶主要参数，见表3-15。

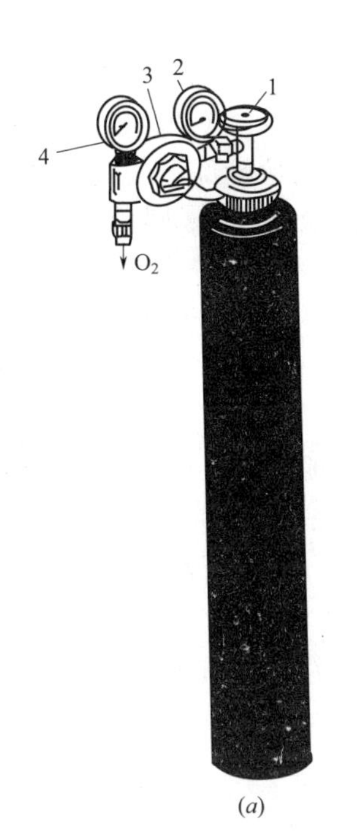


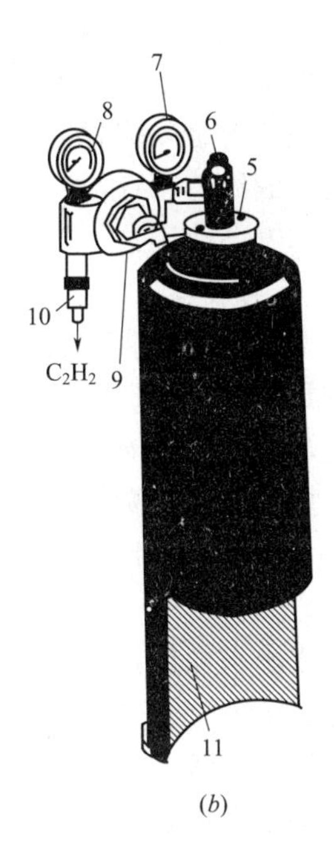


(*a*)　　　　(*b*)

图 3-37　氧气瓶和乙炔气瓶

(*a*) 氧气瓶；(*b*) 乙炔气瓶

1—氧气阀；2—氧气瓶压力表；3—氧减压阀；4—氧工作压力表；
5—易熔阀；6—阀帽；7—乙炔瓶压力表；8—乙炔工作压力表；
9—乙炔减压阀；10—干式回火防止器；11—含有丙酮多孔材料

**乙炔瓶各项参数**　　**表 3-15**

| 外径 | 壁厚 | 高度 | 容积 | 质量(装满乙炔) | 瓶内公称压力(当室温为 15℃) | 储存乙炔气 |
|---|---|---|---|---|---|---|
| 255～285mm | ～3mm | 925～950mm | 40L | ～69kg | 1.52MPa | $6m^3$ |

丙酮是一种透明带有辛辣气味的易蒸发的液体。在 15℃时的相对密度为 0.795，沸点为 55℃。乙炔在丙酮内的溶解度决定于其温度和压力的大小。乙炔从钢瓶内输出时一部分丙酮将为气体所带走。输出 $1m^3$ 乙炔，丙酮的损失约为 50～100g。

在使用强功率多嘴环管加热器时，为了避免大量丙酮被带走，乙炔从瓶内输出的速率不得超过 $1.5m^3/h$，若不敷使用时，可以将两瓶乙炔并联使用。乙炔钢瓶必须安放在垂直的位置。当瓶内压力减低到 0.2MPa 时，应停止使用。

乙炔钢瓶的外表应涂白色，并漆有“乙炔”红色字样。

**4. 液化石油气瓶**

液化石油气瓶是专用容器，按用量和使用方式不同，气瓶有 10kg、15kg、36kg、50kg 等多种规格，以 50kg 规格为例，主要参数见表 3-16。

**50kg 规格液化石油气瓶各项参数**　　**表 3-16**

| 外径 | 壁厚 | 高度 | 容积 |
|---|---|---|---|
| 406mm | 3mm | 1215mm | ≥118L |

瓶内公称压力（当室温为15℃）为1.57MPa，最大工作压力为1.6MPa，水压试验为3MPa。气瓶通过试验鉴定后，应将制造厂名、编号、质量、容积、制造日期、工作压力等项内容，标在气瓶的金属铭牌上，并应盖有国家检验部门的钢印。气瓶体涂银灰色，注有“液化石油气”的红色字样，15kg规格气瓶，如图3-38所示。

液化石油气瓶的安全使用：

（1）气瓶不得充满液体，必须留有10%～20%的气化空间，防止液体随环境温度升高而膨胀导致气瓶破裂。

（2）胶管和密封垫材料应选用耐油橡胶。

（3）防止暴晒，贮存室要通风良好、室内严禁明火。

（4）瓶阀和管接头处不得漏气，注意检查调压阀连接处丝扣的磨损情况，防止由于磨损严重或密封垫圈损坏、脱落而造成的漏气。

（5）严禁火烤或沸水加热，冬季使用必要时可用温水加温，远离暖气和其他热源。

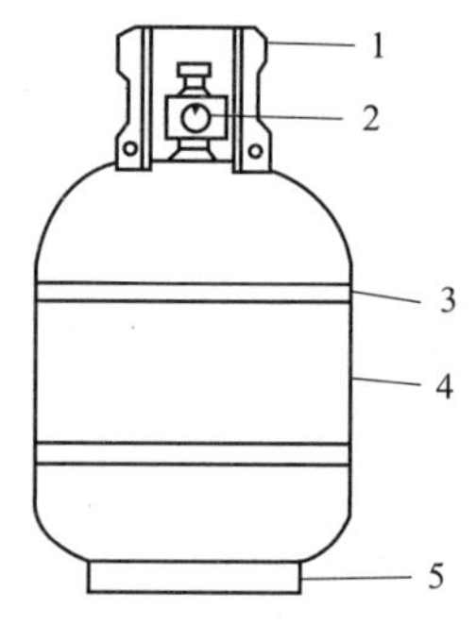

图3-38 液化石油气瓶
1—瓶阀护圈；2—阀门；3—焊缝；4—瓶体；5—底座

（6）不得自行倒出残渣，以免遇火成灾。

（7）瓶底不准垫绝缘物，防止静电积蓄。

**5. 气瓶的贮存与运输**

（1）贮存的要求

1）各种气瓶都应各设仓库单独存放，不准和其他物品合用一库。

2）仓库的选址应符合以下要求：

①远离明火与热源，且不可设在高压线下。

②库区周围15m内，不应存放易燃易爆物品，不准存放油脂、腐蚀性、放射性物质。

③有良好的通道，便于车辆出入装卸。

3）仓库内外应有良好的通风与照明，室内温度控制在40℃以下，照明要选用防爆灯具。

4）库区应设醒目的“严禁烟火”的标志牌，消防设施要齐全有效。

5）库房建筑应选用一、二级耐火建筑，库房屋顶应选用轻质非燃烧材料。

6）仓库应设专人管理，并有严格的规章制度。

7）未经使用的实瓶和用后返回仓库的空瓶应分开存放，排列整齐以防混乱。

8）液化石油气比空气重，易向低处流动，因此，存放液化石油气瓶的仓库内，排水口要设安全水封，电缆沟口、暖气沟口要填装砂土砌砖抹灰，防止石油气窜入而发生危险。

（2）运输安全规则

1）气瓶在运输中要避免剧烈的振动和碰撞，特别是冬季瓶体金属韧性下降时，更应格外注意。

2）气瓶应装有瓶帽，防止碰坏瓶阀。搬运气瓶时，应使用专用小车，不准肩扛、背负、拖拉或脚踹。

3）批量运输时，要用瓶架将气瓶固定。轻装轻卸，禁止从高处下滑或从车上往下扔。

4）夏季远途运输，气瓶要加覆盖，防止暴晒。

5）禁止用起重设备直接吊运钢瓶，充实的钢瓶禁止喷漆作业。

6）运输气瓶的车辆专车专运，不准与其他物品同车运输，也不准一车同运两种气瓶。

氧气瓶、溶解乙炔气瓶或液化石油气瓶的使用应遵照国家质量技术监督局颁发的相关规程和人力资源和社会保障部颁发的有关规定执行。

**6. 减压器**

减压器是用来将气体从高压降低到低压，并显示瓶内高压气体压力和减压后工作压力的装置。此外，还有稳压的作用。

QD-2A 型单级氧气减压器的高压额定压力为 15MPa，低压调节范围为0.1～1.0MPa。

乙炔气瓶上用的 QD-120 型单级乙炔减压器的高压额定压力为 1.6MPa，低压调节范围为 0.01～0.15MPa。

减压器的工作原理，如图 3-39 所示。其中，单级反作用式减压器应用较广。

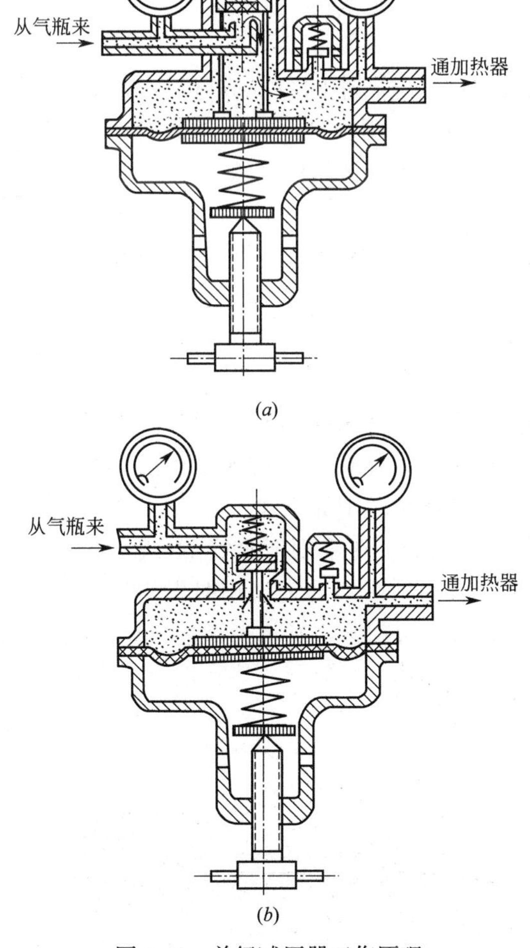


图 3-39 单级减压器工作原理

（*a*）正作用；（*b*）反作用

采用氧液化石油气压焊时，液化石油气瓶上的减压器外形和工作原理与用于乙炔气瓶上的相同。但减压表应采用碳三表，或丙烷表，参数见表 3-17。

**主要技术规格参数** **表 3-17**

| 名称 | 型号 | 输入压力 /MPa | 调节范围 /MPa | 配套压力表/MPa | | 流量 /($m^3$/h) |
|---|---|---|---|---|---|---|
| | | | | 输入 | 输出 | |
| 碳三减压器 | $YQC_3$-33A | 1.6 | 0.01～0.15 | 2.5 | 0.25 | 5 |
| | $YQC_3$-33B | 1.6 | 0.01～0.15 | 4 | 0.25 | 6 |
| 丙烷减压器 | YQW-3A | 1.6 | 0.01～0.25 | 2.5 | 0.4 | 6 |
| | YQW-2A | 1.6 | 0.01～0.1 | 2.5 | 0.15 | 5 |

**7. 回火防止器**

回火防止器是装在燃料气体系统上防止火焰向燃气管路或气源回烧的保险装置。回火防止器有水封式和干式两种。干式回火防止器，如图 3-40 所示。水封式回火防止器常与乙炔发生器组装成一体，使用时，一定要检查水位。

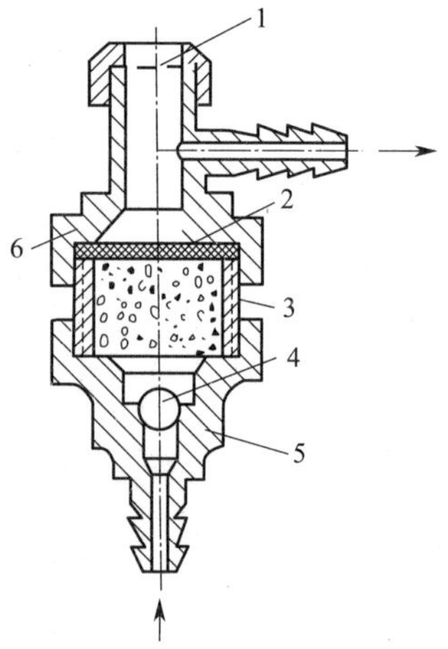

图 3-40 干式回火防止器

1—防爆橡皮圈；2—橡皮压紧垫圈；3—滤清器；4—橡皮反向活门；5—下端盖；6—上端盖

**8. 乙炔发生器**

乙炔发生器是利用碳化钙（电石中的主要成分）和水相互作用以制取乙炔的设备。目前，国家推广使用瓶装溶解乙炔，在施工现场，乙炔发生器已逐渐被淘汰。

**9. 多嘴环管加热器**

多嘴环管加热器，以下简称加热器，是混合乙炔和氧气，经喷射后组成多火焰的钢筋气压焊专用加热器具，由混合室和加热圈两部分组成。

（1）加热器的分类

加热器按气体混合方式不同，可分为两种，射吸式（低压的）加热器和等压式（高压的）加热器。目前采用的多数为射吸式，但从发展来看，宜逐渐改用等压式。

1）射吸式（低压的）加热器。在采用射吸式加热器时，氧气通入后，先进入射吸室，由射吸室通道流出时发生很高的速度，这样的结果，就造成围绕射吸口环形通道内气体的稀薄，因而促成对乙炔的抽吸作用，使乙炔以低的压力进入加热器。氧与乙炔在混合室内混合之后，再流向加热器的喷嘴喷口而出，如图 3-41 所示。

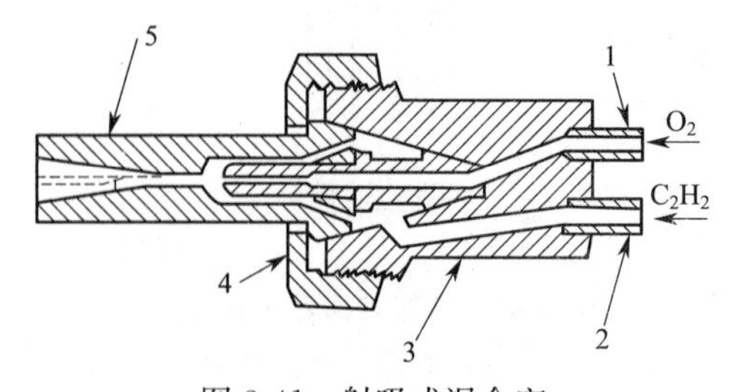


图 3-41 射吸式混合室

1—高压氧；2—低压乙炔；3—手把；4—固定螺帽；5—混合室

由加热器喷嘴喷口出来的混合气体，其成分不仅决定于加热器上氧气、乙炔阀针手轮的调节作用，并且也随下列因素而变更：喷口与钢筋表面的距离，混合气体的温度，喷口前面混合气体的压力等。当喷口和钢筋表面距离太近时，将构成气体流动的附加阻力，使乙炔通道中稀薄程度降低，使混合气体的含氧量增加。

2）压式（高压的）加热器。当采用等压式加热器时，易于使氧乙炔气流的配比保持稳定。

当加热器喷口出来的气体速度减低时，喷口被堵塞，以及加热器管路受热至高出一定温度范围时，则会发生“回火”现象。

加热器的喷嘴数有 6 个、8 个、10 个、12 个、14 个不等，根据钢筋直径大小选用。在一般情况下，当钢筋直径为 25mm 及以下，喷嘴数为 6 个或 8 个；钢筋直径为 32mm 及以下，喷嘴数为 8 个或 10 个；钢筋直径为 40mm 及以下，喷嘴数为 10 个或 12 个。从环管形状来分，有圆形、矩形及 U 形多种。从喷嘴与环管的连接来分，有平接头式（P），有弯头式（W）。

（2）加热器使用性能要求

1）射吸式加热器的射吸能力，或等压式加热器中乙炔与氧的混合和供气能力，必须与多个喷嘴的总体喷射能力相适应。

2）加热器的加热能力应与所焊钢筋直径的粗细相适应，以保证钢筋的端部经过较短的加热时间，达到所需要的高温。

3）加热器各连接处，应保持高度的气密性。在下列进气压力下不得漏气：氧气通路内按氧气工作压力提高 50%；乙炔和混合气通路内压力为 0.25MPa。

4）多嘴环管加热器的火焰应稳定，当风速为 6m/s 的风垂直吹向火焰时，火焰的焰芯仍应保持稳定。火焰应有良好挺度，多束火焰应均匀，并且有聚敛性，焰芯形状应呈圆柱形，顶端为圆锥形或半球形，不得有偏斜和弯曲。

5）多嘴环管加热器各气体通路的零件应用抗腐蚀材料制造，乙炔通路的零件不得用含铜量大于 70%的合金制造。在装配之前，凡属气体通路的零部件必须进行脱脂处理。

6）多嘴环管加热器基本参数，见表 3-18。

**多嘴环管加热器基本参数** **表 3-18**

<table>
<tr><th rowspan="2">加热器代号</th><th rowspan="2">加热嘴数<br>/个</th><th rowspan="2">焊接钢筋<br>额定直径/mm</th><th>加热嘴直径</th><th>焰芯长度</th><th>氧气工作压力</th><th>乙炔工作压力</th></tr>
<tr><th colspan="2">/mm</th><th colspan="2">/MPa</th></tr>
<tr><td>W6</td><td>6</td><td>25</td><td rowspan="3">1.10</td><td rowspan="3">≥8</td><td>0.6</td><td rowspan="6">0.05</td></tr>
<tr><td>W8</td><td>8</td><td>32</td><td>0.7</td></tr>
<tr><td>W12</td><td>12</td><td>40</td><td>0.8</td></tr>
<tr><td>P8</td><td>8</td><td>25</td><td rowspan="3">1.00</td><td rowspan="3">≥7</td><td>0.6</td></tr>
<tr><td>P10</td><td>10</td><td>32</td><td>0.7</td></tr>
<tr><td>P14</td><td>14</td><td>40</td><td>0.8</td></tr>
</table>

采用氧液化石油气压焊时，多嘴环管加热器的外形和射吸式构造与氧乙炔气压焊时基本相同；但喷嘴端面为梅花式，中间有一个大孔，周围有若干小孔，氧乙炔喷嘴如图 3-42所示，氧液化石油气喷嘴如图 3-43 所示，加热圈如图 3-44 所示。

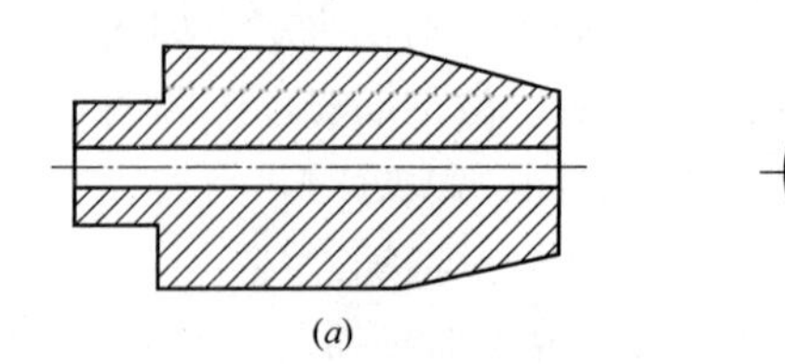


图 3-42　氧乙炔多嘴环管加热器（Y）喷嘴示意图

（a）喷嘴纵剖面；（b）喷嘴端面图

说明：材质：喷嘴、紫铜

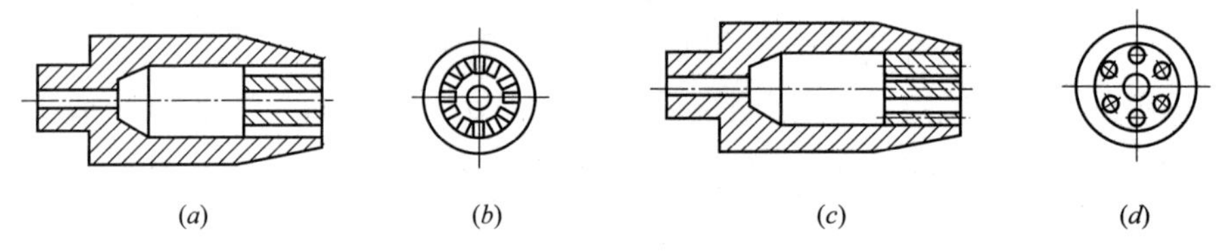


图 3-43　氧液化石油气多嘴环管加热器（U）喷嘴示意图

（a）槽式喷嘴纵削面图；（b）槽式喷嘴端面图；（c）孔式喷嘴纵剖面图；（d）孔式喷嘴端面图

说明：材质：喷嘴芯 黄铜外套 紫铜

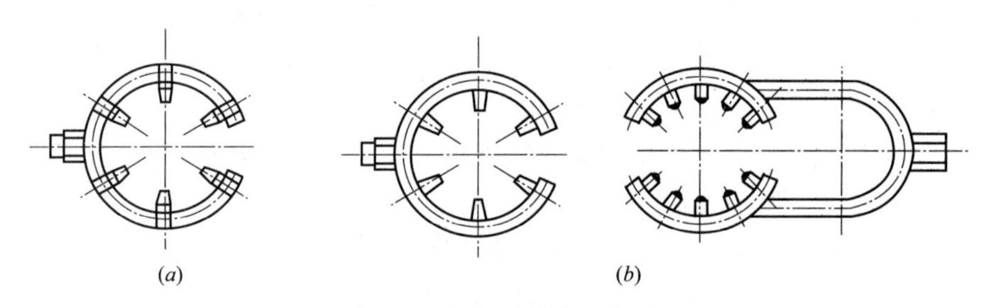


图 3-44　加热圈结构示意图

（a）弯式（W）；（b）平式（P）

说明：材质：管 黄铜喷嘴 紫铜

**10. 加压器**

加压器为钢筋气压焊中对钢筋施加顶压力的压力源装置。

（1）加压器的组成：加压器由液压泵、液压表、橡胶软管和顶压油缸四部分组成。

（2）加压器的分类：液压泵有手动式和电动式两种。

1）手动式加压器的构造，如图 3-45 所示。电动式加压器外形，如图 3-46 所示。

2）加压器的使用性能

①加压器的轴向顶压力应保证所焊钢筋断面上的压力达到 40MPa；顶压油缸的活塞顶头应保证有足够的行程。

②在额定压力下，液压系统关闭卸荷阀 1min 后，系统压力下降值不超过 2MPa。

③加压器的无故障工作次数为 1000 次，液压系统各部分不得漏油，回位弹簧不得断裂，与焊接夹具的连接必须灵活、可靠。

④橡胶软管应耐弯折，质量符合有关标准的规定，长度 2～3m。

⑤加压器液压系统推荐使用 N46 抗磨液压油，应能在 70℃以下正常使用，顶压油缸

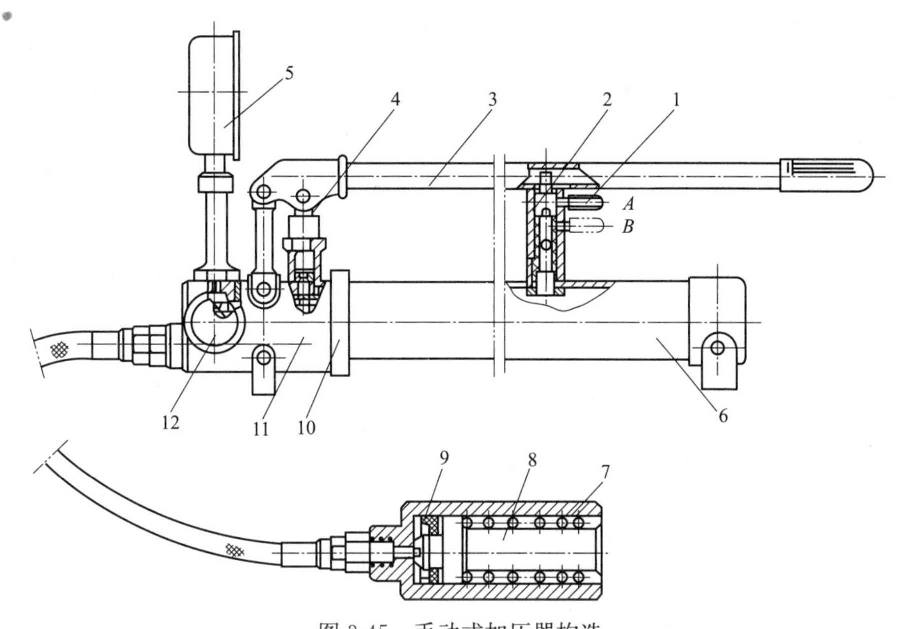


图 3-45　手动式加压器构造

1—锁柄；2—锁套；3—压把；4—泵体；5—压力表；6—油箱；7—弹簧；
8—活塞顶头；9—油缸体；10—连接头；11—泵座；12—卸载阀

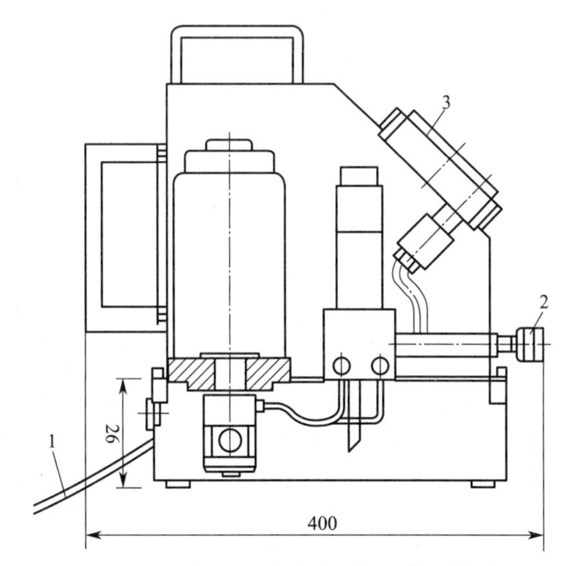


图 3-46　高压电动油泵（加压器）外形

1—电源线；2—出油口；3—油压表

内密封环应耐高温。

⑥达到额定压力时，手动油泵的杠杆操纵力不得大于 350N。

⑦电动油泵的流量在额定压力下应达到 0.25L/min。手动油泵在额定压力下排量不得小于 10mL/次。

⑧电动油泵供油系统必须设置安全阀，其调定压力应与电动油泵允许的工作压力一致。

⑨顶压油缸的基本参数，见表 3-19。

顶压油缸基本参数　　表 3-19

| 顶压油缸代号 | 活塞直径/mm | 活塞杆行程/mm | 额定压力/MPa |
|---|---|---|---|
| DY32 | 32 | 45 | 31.5 |
| DY40 | 40 | 60 | 40 |
| DY50 | 50 | 60 | 40 |

**11. 焊接夹具**

焊接夹具是用来将上、下（或左、右）两钢筋夹牢，并对钢筋施加顶压力的装置。常用的焊接夹具，如图 3-47 所示。

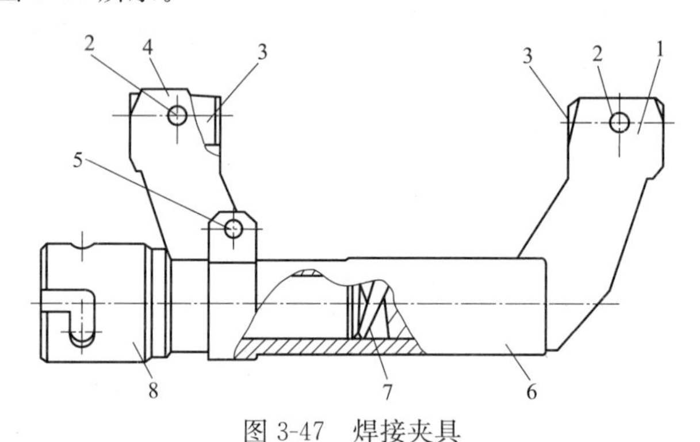


图 3-47　焊接夹具

1—定夹头；2—紧固螺栓；3—夹块；4—动夹头；5—调整螺栓；
6—夹具体；7—回位弹簧；8—卡帽（卡槽式）

焊接夹具的卡帽有卡槽式和花键式两种。

焊接夹具的使用性能要求如下：

1）焊接夹具应保证夹持钢筋牢固，在额定荷载下，钢筋与夹头间相对滑移量不得大于 5mm，并便于钢筋的安装定位。

2）在额定荷载下，焊接夹具的动夹头与定夹头的同轴度不得大于 0.25。

3）焊接夹具的夹头中心线与筒体中心线的平行度不得大于 0.25mm。

4）焊接夹具装配间隙累积偏差不得大于 0.50mm。

5）动夹头轴线相对定夹头的轴线可以向两个调中螺栓方向移动，每侧幅度不得小于 3mm。

6）动夹头应有足够的行程，保证现场最大直径钢筋焊接时顶压镦粗的需要。

7）动夹头和定夹头的固筋方式有 4 种，如图 3-48 所示。使用时不应损伤带肋钢筋肋下钢筋的表面。

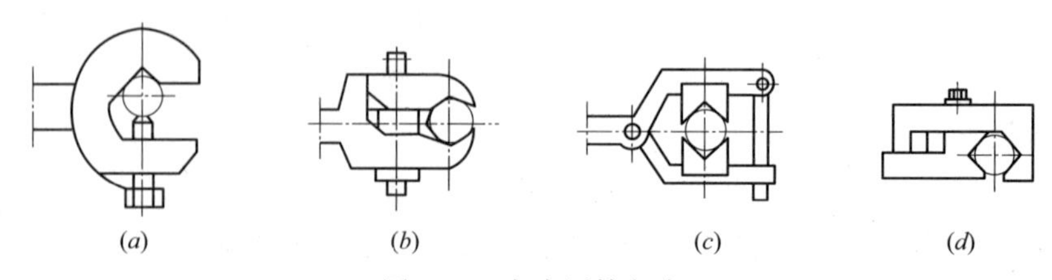


图 3-48　夹头固筋方式

（a）螺栓顶紧；（b）钳口夹紧；（c）抱合夹紧；（d）斜铁楔紧

8）焊接夹具的基本参数，见表 3-20。

焊接夹具基本参数（mm） 表 3-20

| 焊接夹具代号 | 焊接钢筋额定直径 | 额定荷载/kN | 允许最大荷载/kN | 动夹头有效行程 | 动、定夹头净距 | 夹头中心与筒体外缘净距 |
|---|---|---|---|---|---|---|
| HJ25 | 25 | 20 | 30 | ≥45 | 160 | 70 |
| HJ32 | 32 | 32 | 48 | ≥50 | 170 | 80 |
| HJ40 | 40 | 50 | 65 | ≥60 | 200 | 85 |

当加压时，由于顶压油缸的轴线与钢筋的轴线不是在同一中心线上，力是从顶压油缸的顶头顶出，通过焊接夹具的动、定夹头再传给钢筋，因而产生一个力矩；另外滑柱在筒体内摩擦，这些均消耗一定的力；经测定，实际施加于钢筋的顶压力约为顶压油缸顶出力的 0.84～0.87，计算钢筋顶压力时，可采用压力传递折减系数 0.8。

## 3.7.3 钢筋气压焊的工艺

**1. 施工准备**

（1）施工前应对现场有关人员和操作工人进行钢筋气压焊的技术培训。培训的重点是焊接原理、工艺参数的选用、操作方法、接头检验方法、不合格接头产生的原因和防治措施等。对磨削、装卸等辅助作业工人，亦需了解有关规定和要求。焊工必须经考核并发给合格证后，方准进行操作。

（2）在正式焊接前，对所有需作焊接的钢筋，应按《混凝土结构工程施工质量验收规范》GB 50204—2015 有关规定截取试件，进行试验。试件应切取 6 根，3 根做弯曲试验，3 根做拉伸试验，并按试验合格所确定的工艺参数进行施焊。

（3）竖向压接钢筋时，应先搭好脚手架。

（4）对钢筋气压焊设备和安全技术措施进行仔细检查，以确保正常使用。

**2. 焊接钢筋端部加工要求**

（1）钢筋端面应切平，切割时要考虑钢筋接头的压缩量，一般为（0.6～1.0）$d$。断面应与钢筋的轴线相垂直，端面周边毛刺应去掉。钢筋端部若有弯折或扭曲，应矫正或切除。切割钢筋应用砂轮锯，不宜用切断机。

（2）清除压接面上的锈、油污、水泥等附着物，并打磨见新面。使其露出金属光泽，不得有氧化现象。压接端头清除的长度一般为 50～100mm。

（3）钢筋的压接接头应布置在数根钢筋的直线区段内，不得在弯曲段内布置接头。有多根钢筋压接时，接头位置应按《混凝土结构工程施工质量验收规范》GB 50204—2015 的规定错开。

（4）两钢筋安装于夹具上，在加工时应夹紧并加压顶紧。两钢筋轴线要对正，并对钢筋轴向施加 5～10MPa 初压力。钢筋之间的缝隙不得大于 3mm。压接面要求如图 3-49 所示。

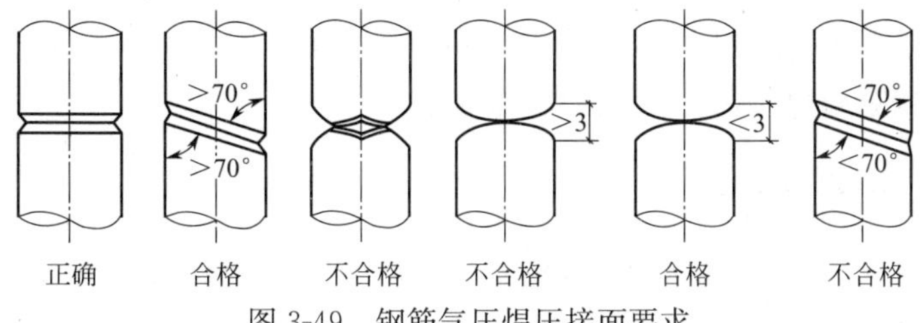


图 3-49 钢筋气压焊压接面要求

**3. 气压焊焊接要求**

（1）压接部位应符合有关规范及设计要求，一般可按表 3-21 进行检查。

**压接部位** **表 3-21**

| 项目 | | 允许压接范围 | 同截面压接点数 | 压接点错开距离/mm |
|---|---|---|---|---|
| 柱 | | 柱净高的中间 1/3 部位 | 不超过全部接头的 1/2 | 500 |
| 梁 | 上钢筋 | 梁净跨的中间 1/2 部位 | | |
| | 下钢筋 | 梁净跨的两端 1/4 部位 | | |
| 墙 | 墙端柱 | 同柱 | | |
| | 墙体 | 底部、两端 | | |
| 有水平荷载构件 | | 同梁 | | |

（2）压接区两钢筋轴线的相对偏心量（$e$），小得大于钢筋直径的 0.15 倍，同时不得大于 4mm，如图 3-50 所示。钢筋直径不同相焊时，按小钢筋直径计算，且小直径钢筋不得错出大直径钢筋。当超过以上限量时，应切除重焊。

（3）接头部位两钢筋轴线不在同一直线上时，其弯折角不得大于 4°。当超过限量时，应重新加热矫正。

（4）镦粗区最大直径（$d_c$）应为钢筋公称直径的 1.4～1.6 倍，长度（$L_c$）应为钢筋公称直径的 0.9～1.2 倍，且凸起部分平缓圆滑，如图 3-51 所示。否则，应重新加热加压镦粗。

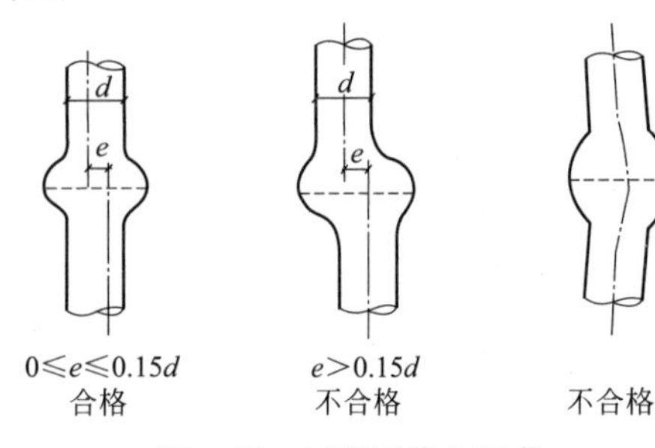


图 3-50 压接区偏心要求

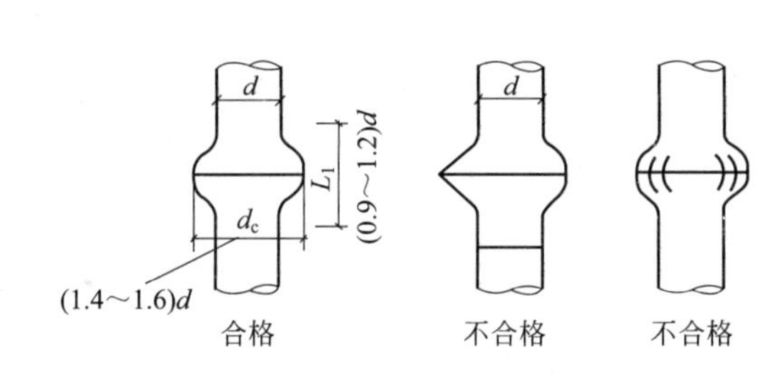


图 3-51 镦粗区最大直径和长度

（5）镦粗区应为压焊面。若有偏移，其最大偏移量（$d_h$）不得大于钢筋公称直径的 0.2 倍，如图 3-52 所示。

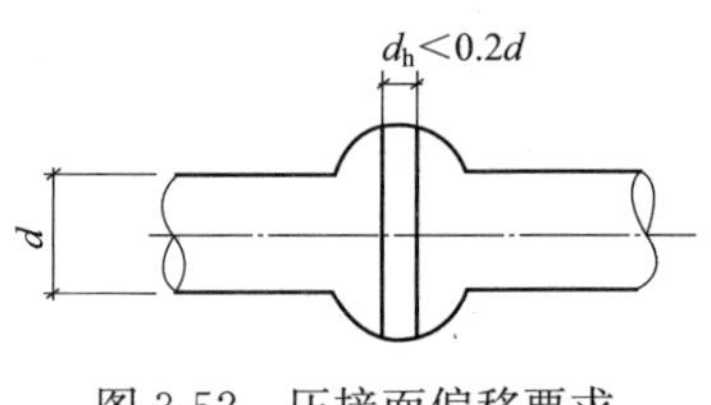


图 3-52 压接面偏移要求

（6）钢筋压焊区表面不得有横向裂纹，若发现有横向裂纹，应切除重焊。

（7）钢筋压焊区表面不得有严重烧伤，否则应切除重焊。

（8）外观检查如有 5%接头不合格时，应暂停作业，待找出原因并采取有效措施后，方可继续作业。

## 3.7.4 钢筋气压焊的实例

**【例 3-12】** 梅山大桥是跨海公路大桥，从浙江宁波北仑春晓镇至舟山定海区六横岛，全长 2200m，宽 28.4m，双向四车道。大桥共有 33 跨，66 个桥墩，最高桥墩高 17m。大桥主要采用 HRB335 钢筋，原设计使用滚轧直螺纹连接，之后改用半自动钢筋气压焊。大桥钢筋接头总数约 98000 个；现已焊接完成接头 30000 个，焊接钢筋直径均为 32mm。

**1. 自动钢筋气压焊设备**

自动钢筋气压焊设备系从国外引进，由 5 部分组成：钢筋直角切割机、多嘴环管加热器、自动加压装置、管线及油缸、加压器，另有氧气瓶、乙炔气瓶等。使用该焊接设备时，可以配合采用全自动焊接工艺，也可采用半自动焊接工艺，即手动加热，自动加压，本工程采用后一种工艺。

该气压焊设备的特点如下。

（1）钢筋端面呈直角，端面间隙 0.5mm 以下；端面平滑，无氧化膜，不用打磨，高速切断，提高作业效率。

（2）自动（电动式）加压装置可以同时运作 2 个压焊点（2 台加热装置自动运行）。

（3）将钢筋直径输入电脑，调整火焰和加热器，可得到最合适的加热时间与加压时间，自动完成压接。将数据接到电脑上，进行输出打印，提高压接的可靠性。

（4）压接器具有高强度和耐久性，容易调整和操作。

**2. 设备改进与工艺简化**

钢筋气压焊工艺可分 2 种：固态气压焊（闭式）和熔态气压焊（开式）。采用固态气压焊时，两钢筋端而顶紧，钢筋端部加热至塑性状态，约 1250～1300℃，通过加压使两钢筋端面原子相互移动，完成焊接。原来，采用手动多嘴环管加热器，环管上只有垂直方向的喷嘴，焊接工艺是三次加压法，如图 3-53 所示。现在，环管上增加了倾斜方向的喷嘴，针对钢筋接口附近加热，使钢筋端面密合与接头镦粗同时进行，变 3 次加压为 1 次加压这样简化了工艺，提高了工效，实施加压自动化。

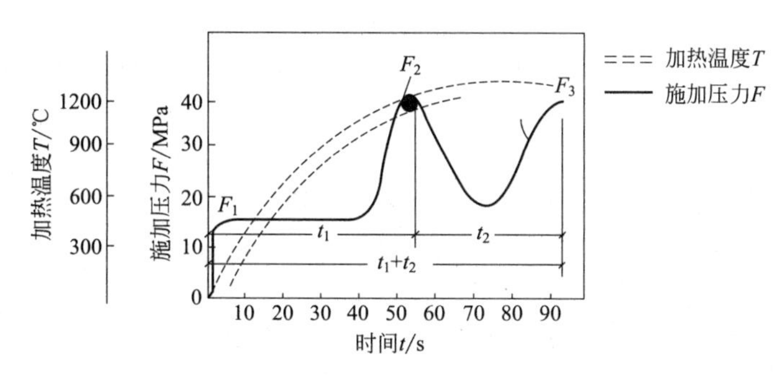


图 3-53　三次加压法焊接工艺过程

注：$t_1$—碳化焰对准钢筋接缝处集中加热；$F_1$——次加压，预压；

$t_2$—中性焰往复宽幅加热；$F_2$—二次加压，接缝密合；

$t_1+t_2$—根据钢筋直径和火焰热功率而定；

$F_3$—三次加压，镦粗成形

工程应用表明，该设备适用于钢筋混凝土结构 HPB300、HRB335、HRB400 的 $\phi$16～$\phi$51钢筋在垂直、水平和倾斜位置的焊接。在本工程中，主要在平地焊接，然后搬运至桥墩安装。主要有如下优点：

（1）操作简单，易掌握，劳动强度低。

（2）焊接速度快，提高工效，接头外表美观，钢筋线形顺直。

（3）无有毒气体产生，对环境无污染。

（4）焊接质量稳定，成品合格率高，在本工程中，根据行业标准《钢筋焊接及验收规程》（JGJ 18—2012）中规定，从接头中抽取拉伸、弯曲试件共 100 组，一次合格率达 100%。

（5）成本低，具有较好的经济价值。以 $\phi$32 钢筋接头为例，与钢筋滚轧直螺纹连接比较如表 3-22 所示。

钢筋气压焊经济分析（元）　　**表 3-22**

| 连接方法 | 材料费 | 设备折旧费 | 工费 | 小计 |
|---|---|---|---|---|
| 滚轧直螺纹 | 6.0 | 1.0 | 2.5 | 9.5 |
| 气压焊 | 1.0 | 1.5 | 2.0 | 4.5 |

**3. 结语**

采用半自动（或全自动）钢筋气压焊技术，可以简化操作工序，确保质量，提高工效，降低成本，符合国家节能环保政策，具有广阔的应用前景。

## 3.8　预埋件钢筋埋弧压力焊

### 3.8.1　埋弧压力焊特点及其适用范围

钢筋埋弧压力焊是利用焊剂层下的电弧燃烧将两焊件相邻熔化，然后加压顶锻使两焊件焊合。这种焊接方法工艺简单，生产效率高，质量好，成本低。它适用于钢筋与钢板作丁字形接头焊接。它可分为手工操作和自动控制两种方式。它可分为手工操作和自动控制两种方式。

**1. 特点**

预埋件钢筋埋弧压力焊的优点是生产效率高、质量好等，适合于各种预埋件 T 形接头钢筋与钢板的焊接，预制厂大批量生产时，经济效益尤为显著。

（1）热效率高

在通常的自动埋弧焊中，因为焊剂及熔渣的隔热作用，电弧基本上无热的辐射损失，飞溅造成的热量损失也很小。虽用于熔化焊剂的热量有所增加，但总的热效率要比焊条电弧焊高很多。

在预埋件埋弧压力焊中，用于熔化钢筋、钢板的热量约占总热量的 72%，是相当高的。

（2）熔深大

因为焊接电流大，电弧吹力强，所以接头的熔深较大。

（3）焊缝质量好

采用一般的埋弧焊时，电弧区受到焊剂、熔渣、气腔的保护，基本上与空气隔绝，保护效果好，CO 是电弧区的主要成分。一般埋弧自动焊时焊缝金属的含氮量很低，含氧量也较低，焊缝金属力学性能良好。

焊接接头中没有气孔、夹渣等焊接缺陷。

（4）焊工劳动条件好

没有弧光辐射，放出的烟尘也较少。

（5）效率高

劳动生产率比焊条电弧焊要高3～4倍。

**2. 适用范围**

预埋件钢筋埋弧压力焊适用于钢筋直径6～22mm的热轧HPB300级钢筋，直径6～28mm的HRB335、HRBF335、HRB400、HRBF400级钢筋的焊接。

### 3.8.2 埋弧压力焊的设备

**1. 设备要求**

预埋件钢筋埋弧压力焊设备应符合下列要求：

（1）当钢筋直径为6mm时，可选用500型弧焊变压器作为焊接电源；当钢筋直径为8mm及以上时，应选用1000型弧焊变压器作为焊接电源。

（2）焊接机构应操作方便、灵活；宜装有高频引弧装置；焊接地线宜采取对称接地法，以减少电弧偏移；操作台面上应装有电压表和电流表。

（3）控制系统应灵敏、准确，并应配备时间显示装置或时间继电器，以控制焊接通电时间。

**2. 焊接机构**

手动式焊机的焊接机构通常采用立柱摇臂式，它由机架、机头和工作平台三部分组成。焊接机架是一摇臂立柱，焊接机头装在摇臂立柱上。摇臂立柱装在工作平台上。焊接机头可在平台上方，向前后、左右移动。摇臂可方便地上下调节，工作平台中间要嵌装一块铜板电极，在一侧装有漏网，漏网下有贮料筒，存贮使用过的焊剂。

**3. 控制系统**

控制系统是由控制变压器、互感器、接触器、继电器等组成；另外还有引弧用的高频振荡器。主要部件都集中地组装在工作平台下的控制柜内，焊接机构与控制柜组成一体。

工作平台上装有电压表、电流表、时间显示器，用以观察次级电压（空载电压、电弧电压）、焊接电流以及焊接通电时间。

电气控制原理图，如图3-54所示。

**4. 高频引弧器**

高频引弧器是埋弧压力焊机中的重要组成部分，高频引弧器的种类较多，以采用火花隙高频电流发生器为佳。它具有吸铁振动的火花隙机构（感应线圈），不但能简化高压变电器的结构，而且可以从小功率中获得振荡线圈次级回路的高压，其工作原理，如图3-55所示。

焊接开始的瞬间，电流从A、B接入，由E点处电流经过常闭触点K，使L、K构成回路，$L_1$导电，吸引线圈开始动作，把触头K分开，随后电流向电容$C_1$充电，经过一定时间，当正弦波电流为零值时，吸力消失，触头K闭合，这时$C_1$、线圈$L_2$经触头K形成一闭合回路，$C_1$向$C_2$放电，电容器的静电能就转换为线圈的电磁能。

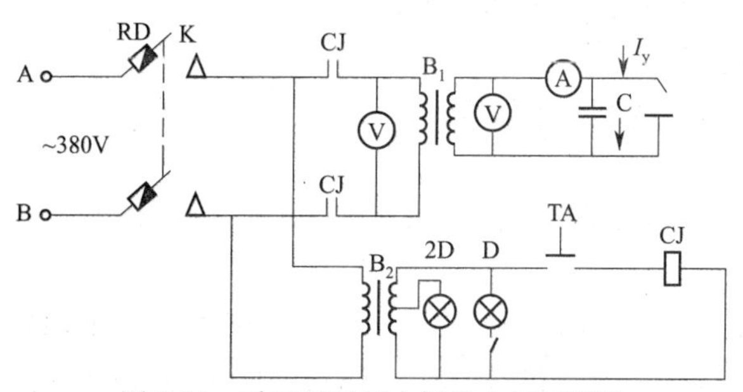


图 3-54　手工埋弧压力焊机电气原理图

K—铁壳开关；RD—管式熔断器；$B_1$—弧焊变压器；

$B_2$—控制变压器；D—焊接指示灯；C—保护电容；2D—电源指示灯；

TA—肩动按钮；CJ—交流接触器；$I_y$—高频振荡引弧电流接入

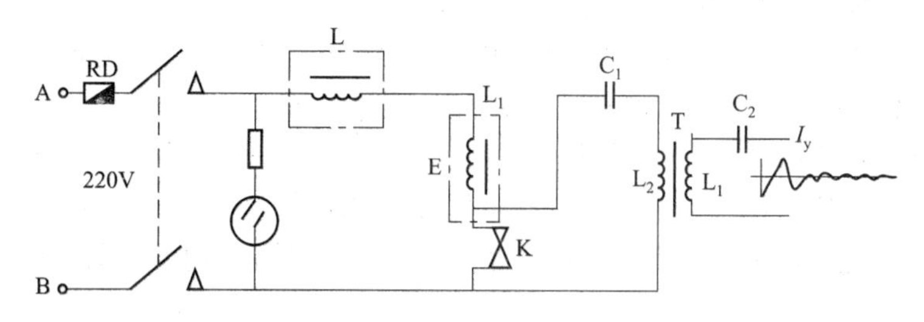


图 3-55　高频引弧器工作原理图

电容器放电后，储藏在线圈内的电磁能沿电路重新反向通电，致使电容器又一次被充电，这种过程重复地继续。若回路内没有损耗，其振荡就不会停止。实际上，回路内有电阻，这种振荡会迅速减少至零，其持续时间一般仅为数毫秒，外加正弦电流从零逐渐增加，使 $L_1$ 导电，K 分开，振荡回路被切断，致使电容器 $C_1$ 又接受电流充电，再次重复上述过程。这样，就可产生高频振荡电流 $I_y$。

**5. 钢筋夹钳**

对钢筋夹钳的要求是：

（1）钳口可以依据焊接钢筋直径大小调节。

（2）通电导电性能应良好。

（3）夹钳松紧应适宜。在操作中，往往由于接触不好，导致钳口及钢筋之间产生电火花现象，钢筋表面烧伤，为此一定要在夹钳尾部安装顶杠及弹簧，使其自行调节夹紧，防止产生火花。

**6. 电磁式自动埋弧压力焊机**

焊接电源采用 BX2-1000 型弧焊变压器。

焊接机构由机架、工作平台和焊接机头构造组成。焊接机头构造，如图 3-56 所示。

焊接机头应装在可动横臂的前端。可动横臂能前后滑动和绕立柱转动，是由电磁铁和锁紧机构来控制的；焊接机构的立柱可上下调整，用以适应不同长度钢筋预埋件的焊接；工作平台上应放置被焊钢板，台面上装有导电夹钳。

控制箱内安有延时调节器的自动控制系统、高频振荡器和焊接电流、电压指示仪表等。

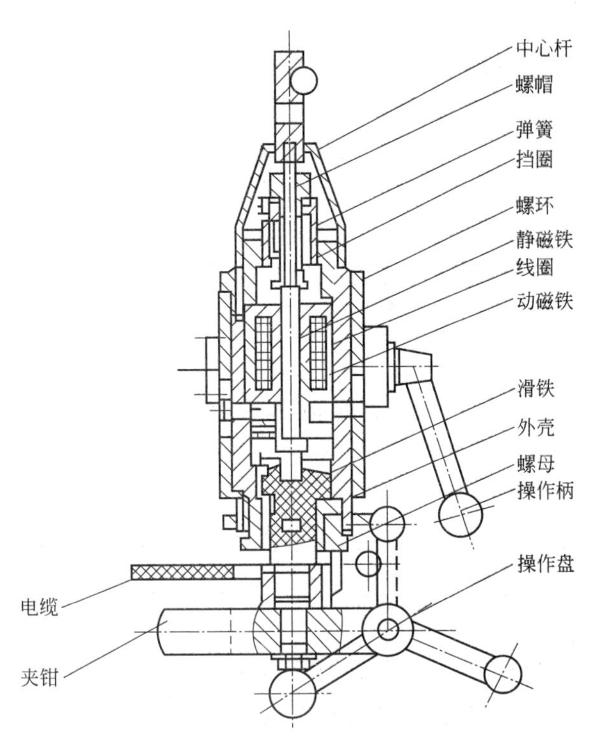


图 3-56　焊接机头构造简图

## 3.8.3　埋弧压力焊的工艺

预埋件钢筋埋弧压力焊是将钢筋与钢板安放成 T 形连接形式，利用焊接电流通过，在焊剂层下产生电弧，形成熔池，加压完成的一种压焊方法（图 3-57）。这种焊接方法工艺简单、工效高、质量好、成本低。

**1. 设备**

预埋件钢筋埋弧压力焊设备应符合下列规定：

（1）当钢筋直径为 6mm 时，可选用 500 型弧焊变压器作为焊接电源；当钢筋直径为 8mm 及以上时，应选用 1000 型弧焊变压器作为焊接电源。

（2）焊接机构应操作方便、灵活；宜装有高频引弧装置；焊接地线宜采取对称接地法，以减少电弧偏移；操作台面上应装有电压表和电流表。

（3）控制系统应灵敏、准确，并应配备时间显示装置或时间继电器，以控制焊接通电时间。

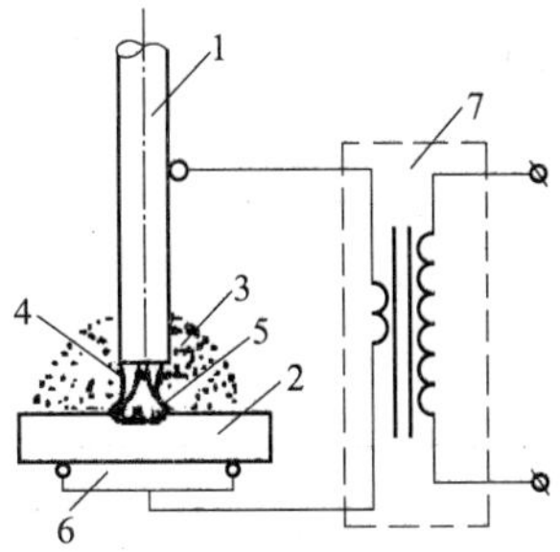

图 3-57　预埋件钢筋埋弧压力焊示意

1—钢筋；2—钢板；3—焊剂；4—电弧；5—熔池；6—铜板电极；7—焊接变压器

**2. 焊接工艺**

埋弧压力焊工艺过程应符合下列规定：

（1）钢板应放平，并应与铜板电极接触紧密。

（2）将锚固钢筋夹于夹钳内，应夹牢；并应放好挡圈，注满焊剂。

（3）接通高频引弧装置和焊接电源后，应立即将钢筋上提，引燃电弧，使电弧稳定燃烧，再渐渐下送。

（4）顶压时，用力应适度（图 3-58）。

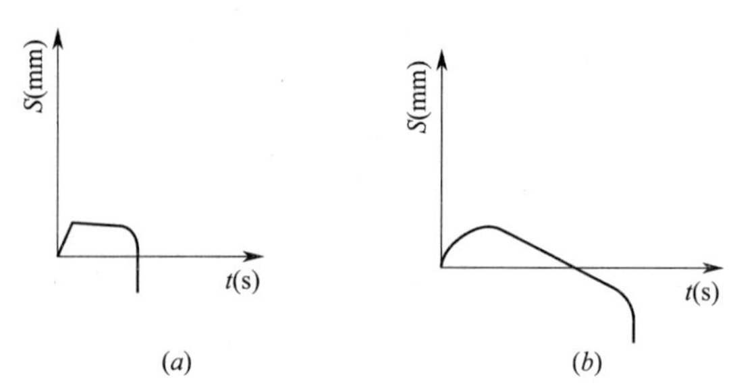


图 3-58 预埋件钢筋埋弧压力焊上钢筋位移

（a）小直径钢筋；（b）大直径钢筋

S—钢筋位移；t—焊接时间

（5）敲去渣壳，四周焊包凸出钢筋表面的高度，当钢筋直径为 18mm 及以下时，不得小于 3mm，当钢筋直径为 20mm 及以上时，不得小于 4mm。

**3. 焊接参数**

埋弧压力焊的焊接参数应包括引弧提升高度、电弧电压、焊接电流和焊接通电时间。当采用 500 型焊接变压器时，焊接参数应符合表 3-23 的规定；当采用 1000 型焊接变压器时，也可选用大电流、短时间的强参数焊接法。

**埋弧压力焊焊接参数** **表 3-23**

| 钢筋牌号 | 钢筋直径/mm | 引弧提升高度/mm | 电弧电压/V | 焊接电流/A | 焊接通电时间/s |
|---|---|---|---|---|---|
| HPB300<br>HRB335<br>HRBF335<br>HRB400<br>HRBF400 | 6 | 2.5 | 30～35 | 400～450 | 2 |
| | 8 | 2.5 | 30～35 | 500～600 | 3 |
| | 10 | 2.5 | 30～35 | 500～650 | 5 |
| | 12 | 3.0 | 30～35 | 500～650 | 8 |
| | 14 | 3.5 | 30～35 | 500～650 | 15 |
| | 16 | 3.5 | 30～40 | 500～650 | 22 |
| | 18 | 3.5 | 30～40 | 500～650 | 30 |
| | 20 | 3.5 | 30～40 | 500～650 | 33 |
| | 22 | 4.0 | 30～40 | 500～650 | 36 |

## 3.8.4 预埋件钢筋埋弧螺柱焊

**1. 埋弧螺柱焊的设备**

预埋件钢筋埋弧螺柱焊设备应包括：埋弧螺柱焊机、焊枪、焊接电缆、控制电缆和钢筋夹头等。

**2. 埋弧螺柱焊的焊机**

埋弧螺柱焊机应由晶闸管整流器和调节—控制系统组成，有多种型号，在生产中，应根据表 3-24 选用。

**焊机选用** **表 3-24**

| 序 号 | 钢筋直径/mm | 焊机型号 | 焊接电流调节范围/A | 焊接时间调节范围/s |
|---|---|---|---|---|
| 1 | 6～14 | RSM～1000 | 100～1000 | 1.30～13.00 |
| 2 | 14～25 | RSM～2500 | 200～2500 | 1.30～13.00 |
| 3 | 16～28 | RSM～3150 | 300～3150 | 1.30～13.00 |

**3. 埋弧螺柱焊的焊枪**

埋弧螺柱焊焊枪有电磁铁提升式和电机拖动式两种，生产中，应根据钢筋直径和长度选用焊枪。

**4. 埋弧螺柱焊的工艺**

预埋件钢筋埋弧螺柱焊工艺应符合下列规定：

（1）将预埋件钢板放平，在钢板的远处对称点，用两根电缆将钢板与焊机的正极连接，将焊枪与焊机的负极连接，连接应紧密、牢固。

（2）将钢筋推入焊枪的夹持钳内，顶紧于钢板，在焊剂挡圈内注满焊剂。

（3）应在焊机上设定合适的焊接电流和焊接通电时间；应在焊枪上设定合适的钢筋伸出长度和钢筋提升高度，见表 3-25。

**埋弧螺柱焊焊接参数** **表 3-25**

| 钢筋牌号 | 钢筋直径/mm | 焊接电流/A | 焊接时间/s | 提升高度/mm | 伸出长度/mm | 焊剂牌号 | 焊机型号 |
|---|---|---|---|---|---|---|---|
| HPB300<br>HRB335<br>HRBF335<br>HRB400<br>HRBF400 | 6 | 450～550 | 3.2～2.3 | 4.8～5.5 | 5.5～6.0 | HJ 431<br>SJ 101 | RSM1000 |
| | 8 | 470～580 | 3.4～2.5 | 4.8～5.5 | 5.5～6.5 | | RSM1000 |
| | 10 | 500～600 | 3.8～2.8 | 5.0～6.0 | 5.5～7.0 | | RSM1000 |
| | 12 | 550～650 | 4.0～3.0 | 5.5～6.5 | 6.5～7.0 | | RSM1000 |
| | 14 | 600～700 | 4.4～3.2 | 5.8～6.6 | 6.8～7.2 | | RSM1000/2500 |
| | 16 | 850～1100 | 4.8～4.0 | 7.0～8.5 | 7.5～8.5 | | RSM2500 |
| | 18 | 950～1200 | 5.2～4.5 | 7.2～8.6 | 7.8～8.8 | | RSM2500 |
| | 20 | 1000～1250 | 6.5～5.2 | 8.0～10.0 | 8.0～9.0 | | RSM3150/2500 |
| | 22 | 1200～1350 | 6.7～5.5 | 8.0～10.5 | 8.2～9.2 | | RSM3150/2500 |
| | 25 | 1250～1400 | 8.8～7.8 | 9.0～11.0 | 8.4～10.0 | | RSM3150/2500 |
| | 28 | 1350～1550 | 9.2～8.5 | 9.5～11.0 | 9.0～10.5 | | RSM3150 |

（4）按动焊枪上按钮“开”，接通电源，钢筋上提，引燃电弧，如图 3-59 所示。

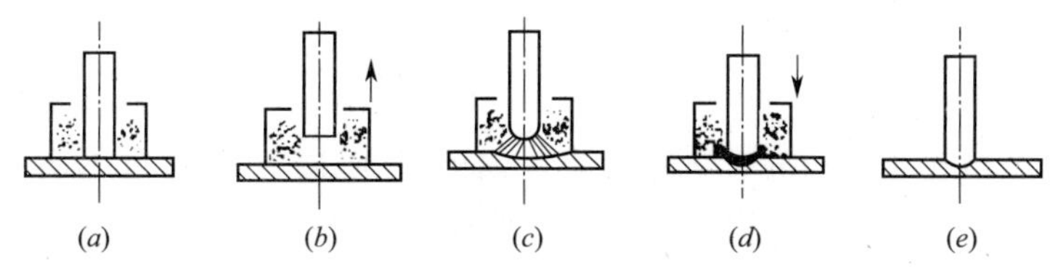


图 3-59 预埋件钢筋埋弧螺柱焊示意

（*a*）套上焊剂挡圈，顶紧钢筋，注满焊剂；（*b*）接通电源，钢筋上提，引燃电弧；（*c*）燃弧；（*d*）钢筋插入熔池，自动断电；（*e*）打掉渣壳，焊接完成

(5) 经过设定燃弧时间，钢筋自动插入熔池，并断电。

(6) 停息数秒钟，打掉渣壳，四周焊包应凸出钢筋表面；当钢筋直径为 18mm 及以下时，凸出高度不得小于 3mm；当钢筋直径为 20mm 及以上时，凸出高度不得小于 4mm。

## 3.8.5 埋弧压力焊的实例

**【例 3-13】** 中港第三航务工程局上海浦东分公司应用预埋件钢筋埋弧压力焊已有多年。该公司主要生产预应力混凝土管桩（$\phi$600～$\phi$1200）、钢筋混凝土方桩及梁、板等预制混凝土构件。管桩端板制作中采用了钢筋埋弧压力焊。钢筋牌号是 HRB335，直径为 10、12、14mm。端板最大外径为 1200mm，锚筋为 18 根，由于工作量大，公司自制埋弧压力焊机 2 台，焊接电源为上海电焊机厂生产的 BX2-1000 型弧焊变压器。施焊时，电弧电压为 25～30V，焊剂 431。2002 年生产管桩端板 35000 件。此外，还生产其他预埋件 32.6t。埋弧压力焊生产率高，焊接质量好，改善焊工劳动条件，具有明显的技术经济效益。

**【例 3-14】** 埋弧螺柱焊在北京国家体育场工程的应用

**1. 基本情况**

钢筋采用 HRB400，直径 20mm，长度 700mm；钢板 Q345B，厚度 200mm，尺寸 80mm×80mm，预埋件总数 568 个，每一预埋件钢筋接头数 8 个。螺柱焊机型号 RSM2500，焊剂牌号 SJ101，烘干温度 350℃，120min。

**2. SJ101 焊剂性能**

该焊剂是氟碱型烧结焊剂，是种碱性焊剂。为灰色圆形颗粒，碱度值 1.8，粒度为 2.0～2.8mm（10～16 目）。可交流、直流两用，直流焊时钢筋（焊丝）接正极，电弧燃烧稳定，脱渣容易，焊缝成型美观。焊缝金属具有较高的低温冲击韧度，该焊剂具有较好的抗吸潮性。

**3. 焊接工艺参数**

焊接电流 1800A，焊接时间指示刻度 2 格，钢筋提升高度 3～5mm，伸出长度 9～10mm。

**4. 焊接接头质量**

国家体育场有 568 个预埋件，4 万多个接头全部按此焊接工艺进行指导焊接，施工过程中对 T 形接头进行抽检 40 多件，全部试验合格。国家体育场结构柱每根柱重量达 700t，没有发生因预埋件焊接质量而引起柱安装变形的质量问题。

**【例 3-15】** 埋弧螺柱焊在上海世博会工程中的应用

**1. 基本情况**

该焊接技术在上海世博会中国馆、上海世博会演艺中心工程中应用。钢筋牌号 HRB400，直径 25mm 和 28mm，长 900mm；钢板牌号 Q345B，厚度不小于 30mm，尺寸 800mm×1000mm，预埋件总数 50 个，每个预埋件钢筋接头数 60 个。焊机型号为 RSM5-A3150；焊剂牌号 SJ101，烘干温度为 350℃，时间 120min。

**2. 焊接参数**

焊接电流为 1300A，焊接时间 6s，提升高度 7mm，伸出长度 11mm。

**3. 接头外观质量检查**

符合行标《钢筋焊接及验收规程》JGJ 18—2012 中的相关规定。

（1）本条明确规定以 300 个同牌号钢筋接头作为一批。

（2）本条文规定对钢筋熔态气压焊接头的镦粗直径与固态气压焊接头相比，稍有不同。

接头轴线偏移在钢筋直径 3/10 以下时，可加热矫正，如图 3-60 所示。

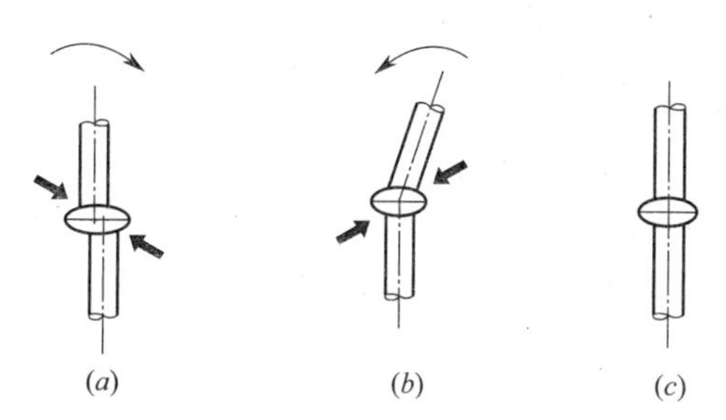


图 3-60 接头轴线偏移加热矫正示意

（a）第一次加热扳移；（b）第二次加热扳正；（c）已矫正

"粗箭线"—为火焰加热方向；"细箭线"—为用力扳移方向

**4. 接头力学性能检验**

拉伸试验结果，断裂于钢筋母材，抗拉强度为 550～610MPa，合格。

# 4　钢筋绑扎搭接

## 4.1　钢筋绑扎和安装的准备工作

在混凝土工程中，模板安装，钢筋绑扎与混凝土浇筑是立体交叉作业的，为了保证质量、提高效率、缩短工期，必须在钢筋绑扎安装前认真做好以下准备工作：

**1. 图纸、资料的准备**

（1）熟悉施工图

施工图是钢筋绑扎安装的依据。熟悉施工图的目的：是弄清各个编号钢筋形状、标高、细部尺寸，安装部位，钢筋的相互关系，确定各类结构钢筋正确合理的绑扎顺序。同时若发现施工图有错漏或不明确的地方，应及时与有关部门联系解决。

（2）核对配料单及料牌

依据施工图，结合规范对接头位置、数量、间距的要求，核对配料单及料牌是否正确，校核已加工好的钢筋的品种、规格、形状、尺寸及数量是否合乎配料单的规定，有无错配、漏配。

（3）确定施工方法

根据施工组织设计中对钢筋安装时间和进度的要求，研究确定相应的施工方法。例如，哪些部位的钢筋可以预先绑扎好，工地模内组装；哪些钢筋在工地模内绑扎安装；钢筋成品和半成品的进场时间、进场方法、劳动力组织等。

**2. 工具、材料的准备**

（1）工具准备。应备足扳手、铁丝、小撬棍、马架、钢筋钩、划线尺、水泥（混凝土）垫块、撑铁（骨架）等常用工具。

（2）了解现场施工条件。包括运输路线是否畅通，材料堆放地点是否安排的合理等。

（3）检查钢筋的锈蚀情况，确定是否除锈和采用哪种除锈方法等。

**3. 现场施工的准备**

（1）施工图放样

正式施工图一般仅一两份，一个工程往往又有几个不同部位同时进行，所以，必须按钢筋安装部位绘出若干草图，草图经校核无误后，才可作为绑扎依据。

（2）钢筋位置放线

若梁、板、柱类型较多时，为避免混乱和差错，还应在模板上标示各种型号构件的钢筋规格、形状和数量。为使钢筋绑扎正确，一般先在结构模板上用粉笔按施工图标明的间距画线，作为摆料的依据。通常平板或墙板钢筋在模板上划线；柱箍筋在两根对角线主筋上划点；梁箍筋在架立钢筋上划点；基础的钢筋则在固定架上划线或在两向各取一根钢筋上划点。钢筋接头按规范对于位置、数量的要求，在模板上划出。

（3）做好互检、自检及交检工作

在钢筋绑扎安装前，应会同施工员、木工、水电安装工等有关工种，共同检查模板尺寸、标高，确定管线、水电设备等的预埋和预留工作。

**4. 混凝土施工过程中的注意事项**

在混凝土浇筑过程中，混凝土的运输应有自己独立的通道。运输混凝土不能损坏成品钢筋骨架。应在混凝土浇筑时派钢筋工现场值班，及时修整移动的钢筋或扎好松动的绑扎点。

## 4.2 钢筋绑扎工具

钢筋绑扎工具一般有：铅丝钩、小撬棒、起拱扳子、绑扎架等。

**1. 铅丝钩**

铅丝钩是主要的钢筋绑扎工具，是用直径12～16mm、长度为160～200mm圆钢筋制作的。根据工程需要，可在其尾部加上套管、小扳口等形式的钩子，如图4-1所示。

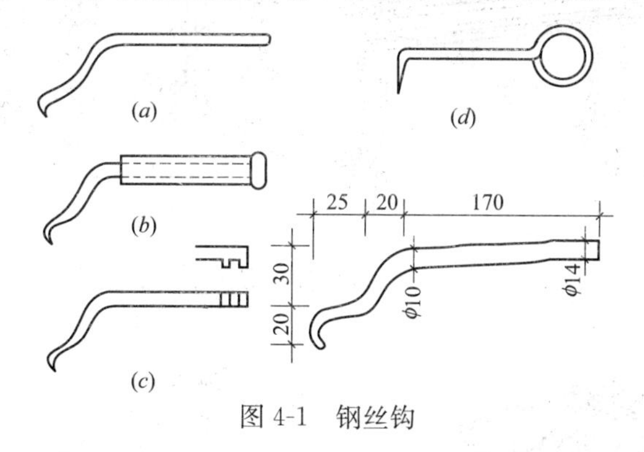

图4-1　钢丝钩

**2. 小撬棒**

小撬棒用来调整钢筋间距，矫直钢筋的部分弯曲，垫保护层水泥垫块等，如图4-2所示。

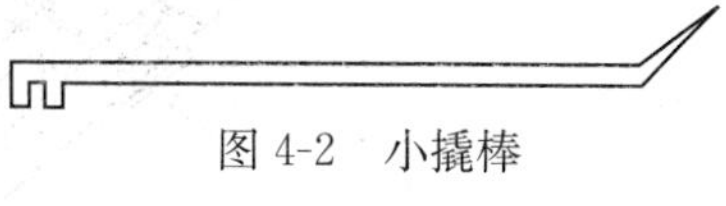
图4-2　小撬棒

**3. 起拱扳子**

起拱扳子是在绑扎现浇楼板钢筋时，用来弯制楼板弯起钢筋的工具。楼板的弯起钢筋不是预先弯曲成型好再绑扎，而是待弯起钢筋和分布钢筋绑扎成网片后用起拱扳子来操作的，如图4-3所示。

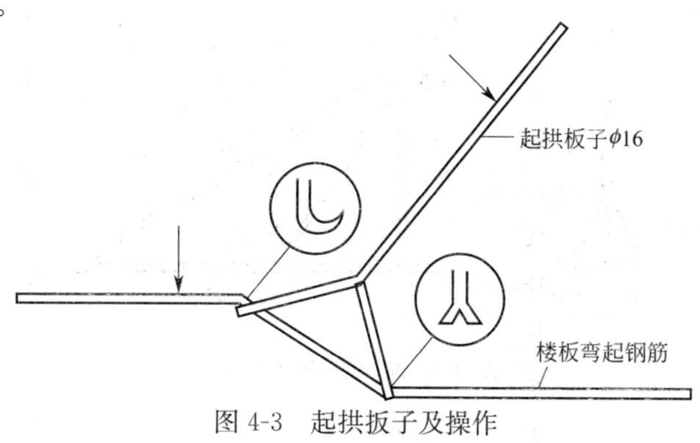

图4-3　起拱扳子及操作

**4. 绑扎架**

绑扎钢筋骨架需用钢筋绑扎架，根据绑扎骨架的轻重、形状可选用不同规格的轻型、重型、坡式等各式钢筋骨架，如图 4-4～图 4-6 所示。

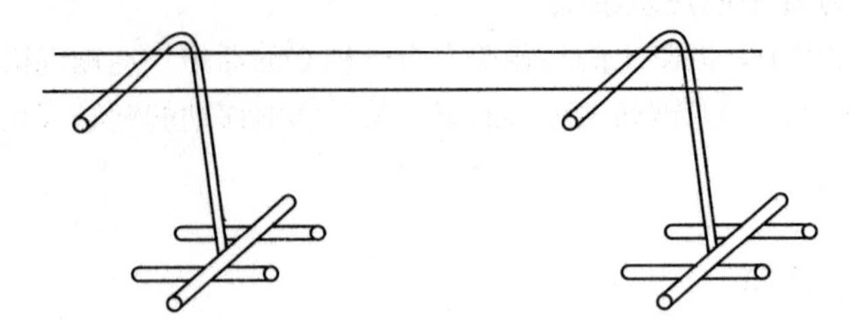

图 4-4　轻型骨架绑扎架

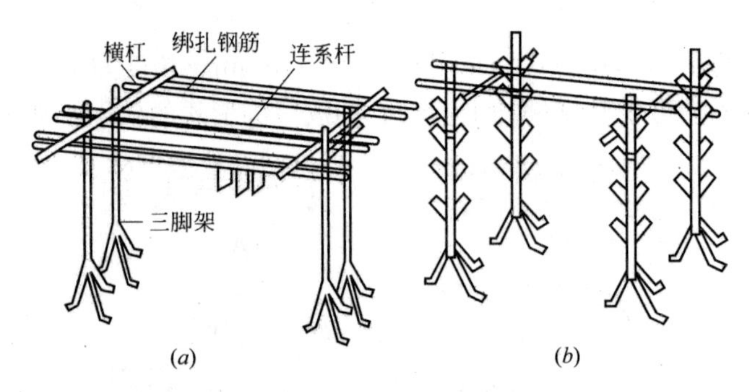


图 4-5　重型骨架绑扎架

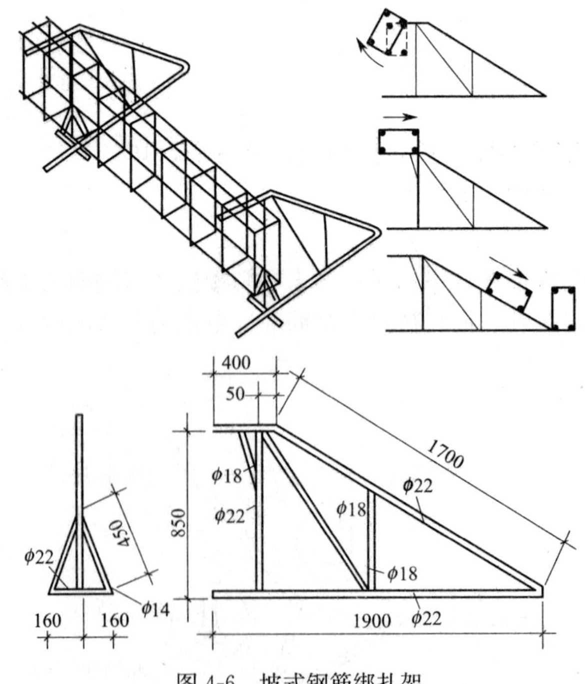


图 4-6　坡式钢筋绑扎架

## 4.3 钢筋绑扎方法及要求

### 4.3.1 钢筋绑扎方法

绑扎钢筋是借助钢筋钩用铁线把各种单根钢筋绑扎成整体骨架或网片。绑扎钢筋的扎扣方法按稳固、顺势等操作的要求可分为若干种，其中，最常用的是一面顺扣绑扎方法。

**1. 一面顺扣绑扎法**

如图 4-7 所示，绑扎时先将钢丝扣穿套钢筋交叉点，接着用钢筋钩钩住钢丝弯成圆圈的一端，旋转钢筋钩，一般旋 1.5～2.5 转即可。操作时，扎扣要短，才能少转快扎。这种方法操作简便，绑点牢靠，适用于钢筋网、骨架各个部位的绑扎。

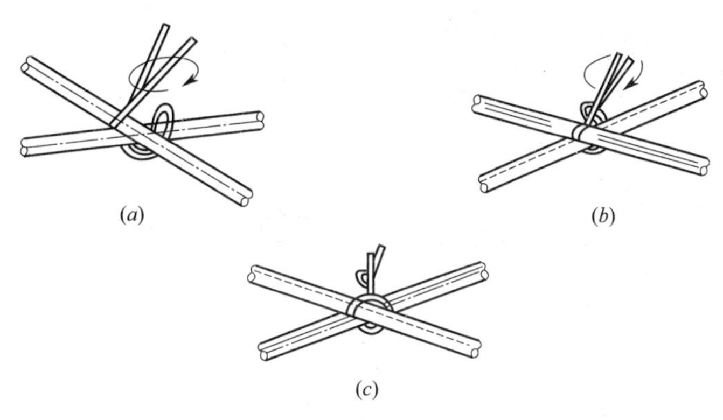


图 4-7 钢筋一面顺扣绑扎法

**2. 其他扎扣方法**

钢筋绑扎除一面顺扣操作法之外，还有十字花扣、反十字花扣、兜扣、缠扣、兜扣加缠、套扣等，这些方法主要根据绑扎部位的实际需要进行选择，如图 4-8 所示为其他几种扎扣方式。其中，十字花扣、兜扣适用于平板钢筋网和箍筋处绑扎；缠扣主要用于混凝土墙体和柱子箍筋的绑扎；反十字花扣、兜扣加缠适用于梁骨架的箍筋与主筋的绑扎；套扣用于梁的架立钢筋和箍筋的绑扎点处。

### 4.3.2 钢筋绑扎要求

（1）钢筋接头宜设置在受力较小处；有抗震设防要求的结构中，梁端、柱端箍筋加密区范围内不宜设置钢筋接头，且不应进行钢筋搭接。同一纵向受力钢筋不宜设置两个或两个以上接头。接头末端至钢筋弯起点的距离，不应小于钢筋直径的 10 倍。

（2）同一构件内的接头宜分批错开。同一连接区段内，纵向受力钢筋接头面积百分率及箍筋配置要求如下：

同一连接区段内，纵向受力钢筋接头面积百分率为该区段内有接头的纵向受力钢筋截面面积与全部纵向受力钢筋截面面积的比值。

接头连接区段的长度为 1.3 倍搭接长度，凡接头中点位于该连接区段长度内的接头均应属于同一连接区段（图 4-9）。

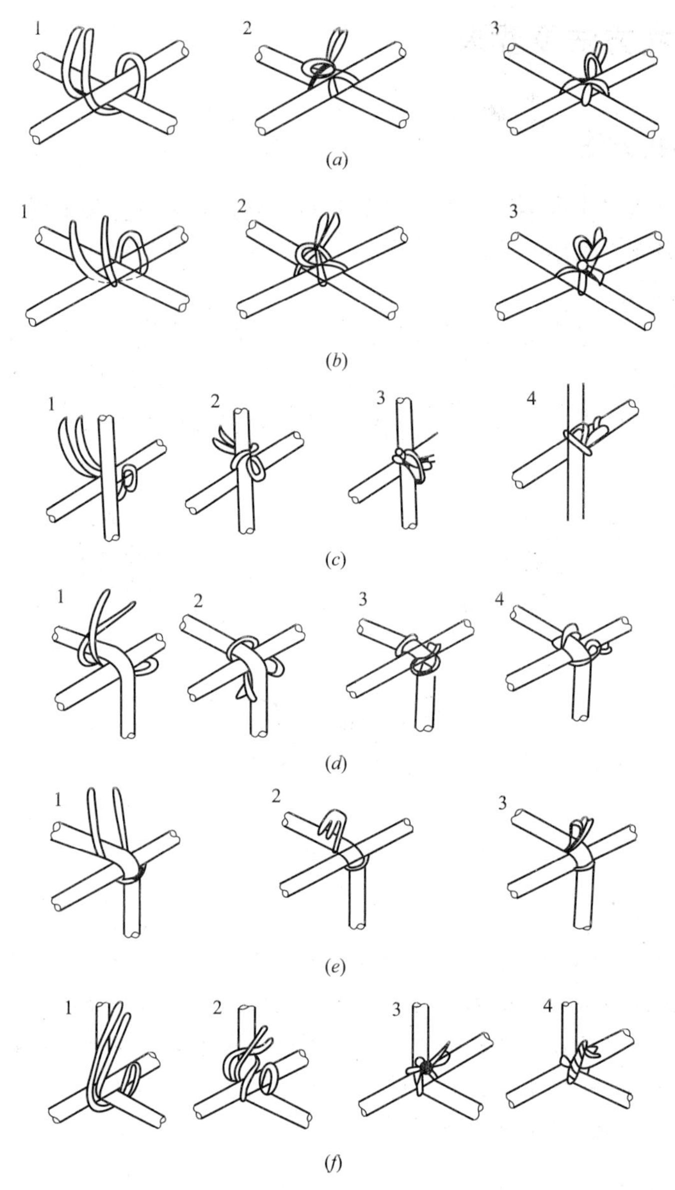

图 4-8　钢筋的其他绑扎方法

（a）兜扣；（b）十字花扣；（c）缠扣；（d）反十字花扣；（e）套扣；（f）兜扣加缠

同一连接区段内，纵向受压钢筋的接头面积百分率可不受限制，纵向受拉钢筋的接头面积百分率应符合下列规定：

1）梁类、板类及墙类构件，不宜超过 25%；基础筏板，不宜超过 50%。

2）柱类构件，不宜超过 50%。

3）当工程中确有必要增大接头面积百分率时，对梁类构件，不应大于 50%；对其他构件，可根据实际情况适当放宽。

各接头的横向净间距 $s$ 不应小于钢筋直径，且不应小于 25mm。

（3）当纵向受拉钢筋的绑扎搭接接头面积百分率不大于 25%时，其最小搭接长度应

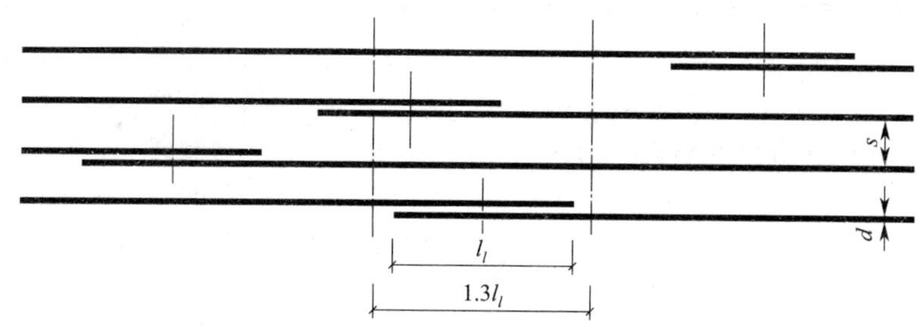


图 4-9　钢筋绑扎搭接接头连接区段及接头面积百分率

注：图中所示搭接接头同一连接区段内的搭接钢筋为两根，当各钢筋直径相同时，接头面积百分率为50%。

符合表 4-1 的规定。

**纵向受拉钢筋的最小搭接长度**　　**表 4-1**

| 钢筋类型 | | 混凝土强度等级 | | | | | | | | |
|---|---|---|---|---|---|---|---|---|---|---|
| | | C20 | C25 | C30 | C35 | C40 | C45 | C50 | C55 | ≥C60 |
| 光面钢筋 | 300 级 | 48$d$ | 41$d$ | 37$d$ | 34$d$ | 31$d$ | 29$d$ | 28$d$ | — | — |
| 带肋钢筋 | 335 级 | 46$d$ | 40$d$ | 36$d$ | 33$d$ | 30$d$ | 29$d$ | 27$d$ | 26$d$ | 25$d$ |
| | 400 级 | — | 48$d$ | 43$d$ | 39$d$ | 36$d$ | 34$d$ | 33$d$ | 31$d$ | 30$d$ |
| | 500 级 | — | 58$d$ | 52$d$ | 47$d$ | 43$d$ | 41$d$ | 39$d$ | 38$d$ | 36$d$ |

注：$d$ 为搭接钢筋直径。两根直径不同钢筋的搭接长度，以较细钢筋的直径计算。

（4）当纵向受拉钢筋搭接接头面积百分率为50%时，其最小搭接长度应按表4-1中的数值乘以系数1.15取用；当接头面积百分率为100%时，应按表4-1中的数值乘以系数1.35取用；当接头面积百分率为25%～100%的其他中间值时，修正系数可按内插取值。

（5）当出现下列情况，如钢筋直径大于25mm，施工过程中受力钢筋易受扰动，带肋钢筋末端采用弯钩或机械锚固措施，混凝土保护层厚度大于钢筋直径的3倍，抗震结构构件等宜采用焊接方法。

（6）在绑扎接头的搭接长度范围内，应采用钢丝绑扎三点。

## 4.4　钢筋骨架绑扎施工

### 4.4.1　基础钢筋绑扎

（1）将基础垫层清扫干净，用石笔和墨斗在上面弹放钢筋位置线。

（2）按钢筋位置线布放基础钢筋。

（3）绑扎钢筋。基础四周两行钢筋交叉点应逐点绑扎牢。中间部分交叉点可相隔交错扎牢，但必须保证受力钢筋不位移。双向主筋的钢筋网，则需将全部钢筋相交点扎牢。相邻绑扎点的钢丝扣成八字形，以免网片歪斜变形。

（4）基础底板采用双层钢筋网时，在上层钢筋网下面应设置钢筋撑脚或混凝土撑脚，以保证钢筋位置正确，钢筋撑脚应垫在下片钢筋网上。

钢筋撑脚的形式和尺寸如图 4-10 所示。图 4-10($a$)所示类型撑脚每隔 1m 放置 1 个。其直径选用：当板厚，$h \leqslant 300$mm 时为 8～10mm；当板厚 $h=300$～500mm 时为 12～14mm；当板厚 $h>500$mm 时选用图 4-10($b$)所示撑脚，钢筋直径为 16～18mm。沿短向通常布置，间距以能保证钢筋位置为准。

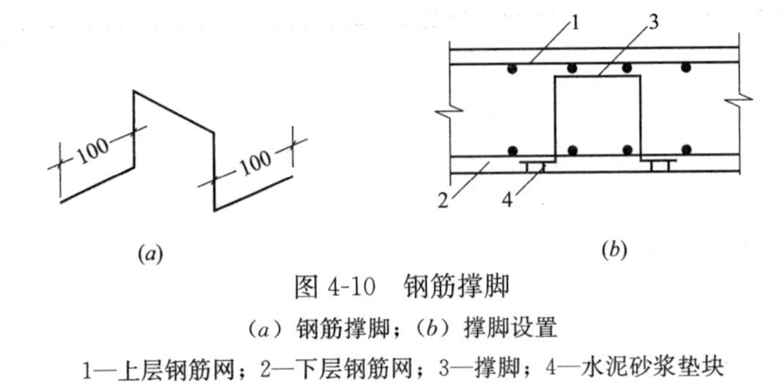


图 4-10　钢筋撑脚

($a$)钢筋撑脚；($b$)撑脚设置

1—上层钢筋网；2—下层钢筋网；3—撑脚；4—水泥砂浆垫块

(5) 现浇柱与基础连接用的插筋，其箍筋应比柱的箍筋缩小一个柱筋直径，以便连接。插筋位置一定要固定牢靠，以免造成柱轴线偏移。

(6) 对厚筏板基础上部钢筋网片，可采用钢管临时支撑体系。如图 4-11($a$)所示为绑扎上部钢筋网片用的钢管支撑。在上部钢筋网片绑扎完毕后，需置换出水平钢管；为此另取一些垂直钢管通过直角扣件与上部钢筋网片的下层钢筋连接起来（该处需另用短钢筋段加强)，替换了原支撑体系，如图 4-11($b$)所示。在混凝土浇筑过程中，逐步抽出垂直钢管，如图 4-11($c$)所示。此时，上部荷载可由附近的钢管及上、下端均与钢筋网焊接的多个拉结筋来承受。由于混凝土不断浇筑与凝固，拉结筋细长比减少，从而提高了承载力。

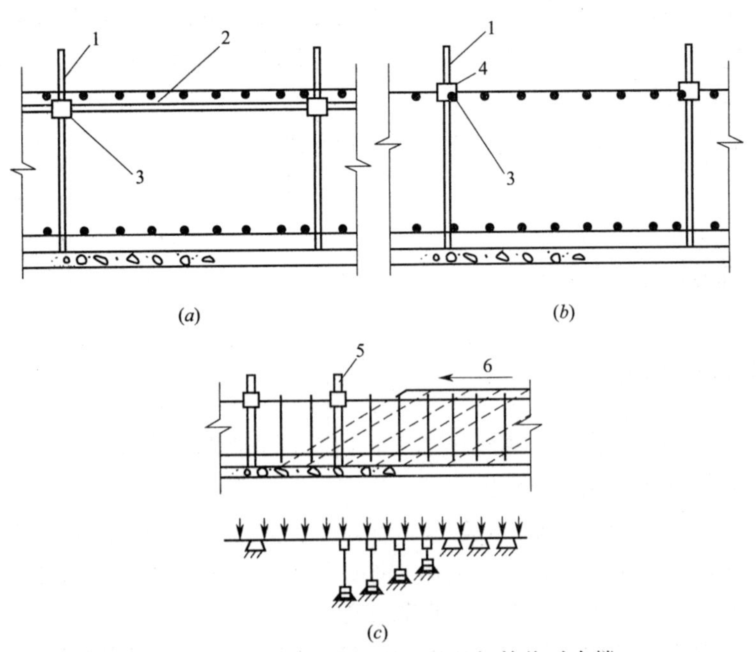


图 4-11　厚片筏上部钢筋网片的钢管临时支撑

($a$)绑扎上部钢筋网片时；($b$)浇筑混凝土前；($c$)浇筑混凝土时

1—垂直钢管；2—水平钢管；3—直角扣件；4—下层水平钢筋；5—待拔钢管；6—混凝土浇筑方向

（7）钢筋的弯钩应朝上，不要倒向一边；双层钢筋网的上层钢筋弯钩应朝下。独立柱基础为双向弯曲，其底面短向的钢筋应放在长向钢筋的上面。

（8）基础中纵向受力钢筋的混凝土保护层厚度应不小于 40mm，当无垫层时应不小于 70mm。

## 4.4.2 柱钢筋绑扎

（1）套柱箍筋。按图纸要求间距，计算好每根柱箍筋数量，先将箍筋套在下层伸出的搭接筋上，然后立柱子钢筋，在搭接长度内，绑扣不少于 3 个，绑扣要向柱中心。如果柱子主筋采用光圆钢筋搭接时，角部弯钩应与模板成 45°，中间钢筋的弯钩应与模板成 90°角。

（2）搭接绑扎竖向受力筋。柱子主筋立起后，绑扎接头的搭接长度、接头面积百分率应符合设计要求。

（3）画箍筋间距线。在立好的柱子竖向钢筋上，按图纸要求用粉笔划箍筋间距线。

（4）柱箍筋绑扎：

1）按已划好的箍筋位置线，将已套好的箍筋往上移动，由上往下绑扎，宜采用缠扣绑扎。

2）箍筋与主筋要垂直，箍筋转角处与主筋交点均要绑扎，主筋与箍筋非转角部分的相交点成梅花交错绑扎。

3）箍筋的弯钩叠合处应沿柱子竖筋交错布置，并绑扎牢固，如图 4-12 所示。

4）有抗震要求的地区，柱箍筋端头应弯成 135°，平直部分长度不小于 $10d$（$d$ 为箍筋直径），如图 4-13 所示。如箍筋采用 90°搭接，搭接处应焊接，焊缝长度单面焊缝不小于 $10d$。

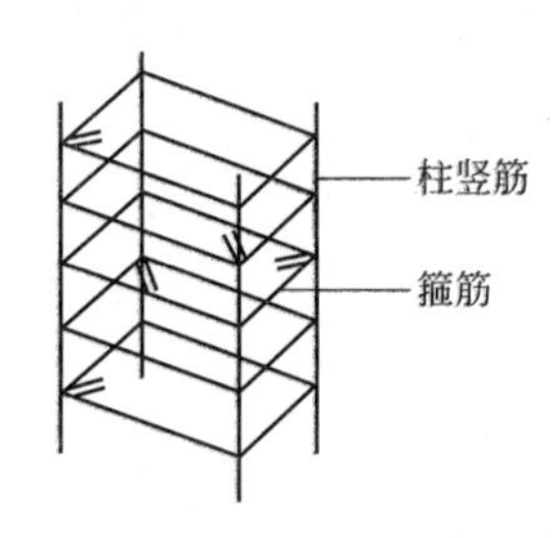

图 4-12　柱箍筋交错布置示意

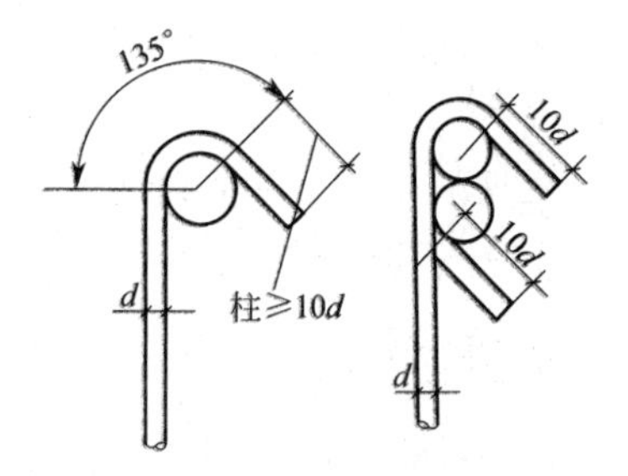

图 4-13　箍筋抗震要求示意

5）柱基、柱顶、梁柱交接处箍筋间距应按设计要求加密。柱上下两端箍筋应加密，加密区长度及加密区内箍筋间距应符合设计图纸要求。如设计要求箍筋设拉筋时，拉筋应钩住箍筋，如图 4-14 所示。

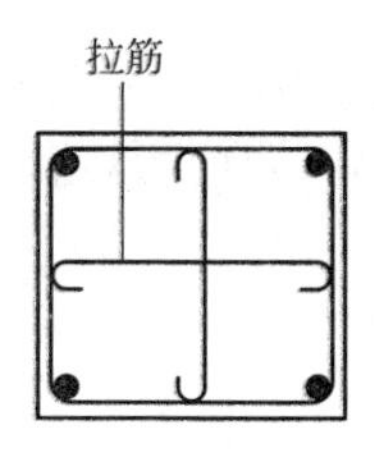

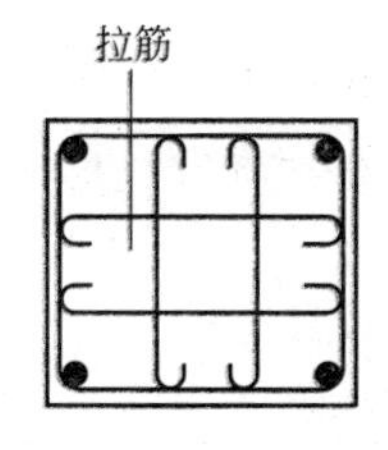

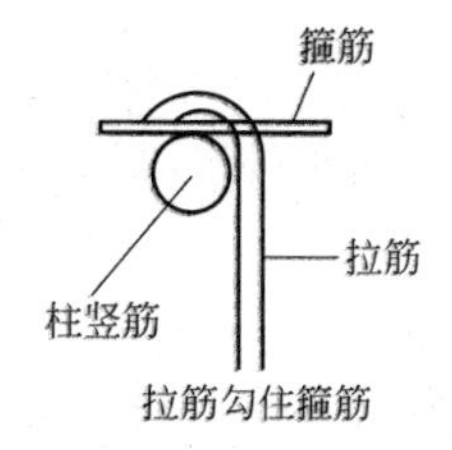

图 4-14　拉筋布置示意图

6）柱筋保护层厚度应符合规范要求，主筋外皮为25mm，垫块应绑在柱竖筋外皮上，间距一般为1000mm，（或用塑料卡卡在外竖筋上）以保证主筋保护层厚度准确。当柱截面尺寸有变化时，柱应在板内弯折，弯后的尺寸要符合设计要求。

### 4.4.3 墙钢筋现场绑扎

（1）将预留钢筋调直理顺，并将表面砂浆等杂物清理干净。先立2～4根纵向筋，并划好横筋分档标志，然后于下部及齐胸处绑两根定位水平筋，并在横筋上划好分档标志，然后绑扎其余纵向筋，最后绑扎剩余横筋。如墙中有暗梁、暗柱时，应先绑暗梁、暗柱再绑周围横筋。

（2）墙的纵向钢筋每段钢筋长度不宜超过4m（钢筋的直径≤12mm）或6m（直径＞12mm），水平段每段长度不宜超过8m，以利绑扎。

（3）墙的钢筋网绑扎同基础，钢筋的弯钩应朝向混凝土内。

（4）采用双层钢筋网时，在两层钢筋间应设置撑铁，以固定钢筋间距。撑铁可用直径6～10mm的钢筋制成，长度等于两层网片的净距，如图4-15所示，间距约为1m，相互错开排列。

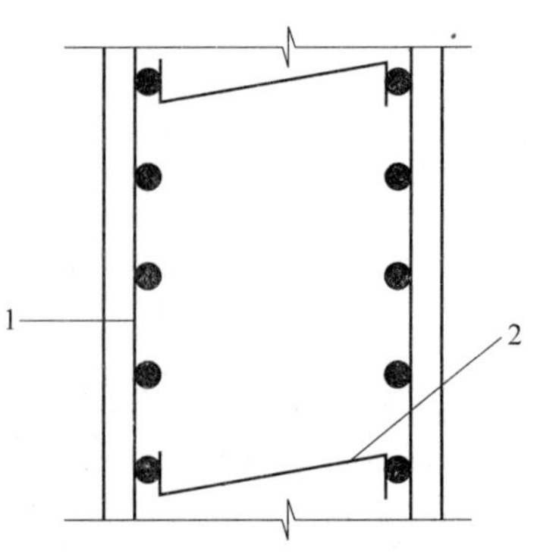

图4-15　墙钢筋的撑铁
1—钢筋网；2—撑铁

（5）墙的钢筋网绑扎。全部钢筋的相交点都要扎牢，绑扎时相邻绑扎点的钢丝扣成八字形，以免网片歪斜变形。

（6）为控制墙体钢筋保护层厚度，宜采用比墙体竖向钢筋大一型号的钢筋梯子凳，在原位替代墙体钢筋，间距1500mm左右。

（7）墙的钢筋，可在基础钢筋绑扎之后浇筑混凝土前插入基础内。

（8）墙钢筋的绑扎，也应在模板安装前进行。

### 4.4.4 梁钢筋绑扎

（1）核对图纸，严格按施工方案组织绑扎工作。

（2）在梁侧模板上画出箍筋间距，摆放箍筋。

（3）先穿主梁的下部纵向受力钢筋及弯起钢筋，将箍筋按已画好的间距逐个分开；穿次梁的下部纵向受力钢筋及弯起钢筋，并套好箍筋；放主次梁的架立筋；隔一定间距将架立筋与箍筋绑扎牢固；调整箍筋间距使间距符合设计要求，绑架立筋，再绑主筋，主次梁同时配合进行。

（4）框架梁上部纵向钢筋应贯穿中间节点，梁下部纵向钢筋伸入中间节点锚固长度及伸过中心线的长度要符合设计要求。框架梁纵向钢筋在端节点内的锚固长度也要符合设计要求。

（5）梁上部纵向筋的箍筋，宜用套扣法绑扎。

（6）梁钢筋的绑扎与模板安装之间的配合关系。

1）梁的高度较小时，梁的钢筋架空在梁顶上绑扎，然后再落位。

2）梁的高度较大（大于等于 1.0m）时，梁的钢筋宜在梁底模上绑扎，其两侧模或一侧模后装。

（7）梁板钢筋绑扎时应防止水电管线将钢筋抬起或压下。

（8）板、次梁与主梁交叉处，板的钢筋在上，次梁的钢筋居中，主梁的钢筋在下，如图 4-16 所示；若有圈梁或垫梁，则应主梁的钢筋在上，如图 4-17 所示。

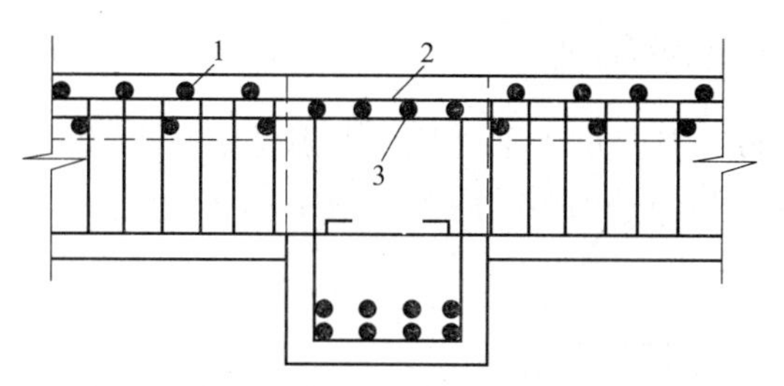

图 4-16　板、次梁与主梁交叉处钢筋的放置

1—板的钢筋；2—次梁钢筋；3—主梁钢筋

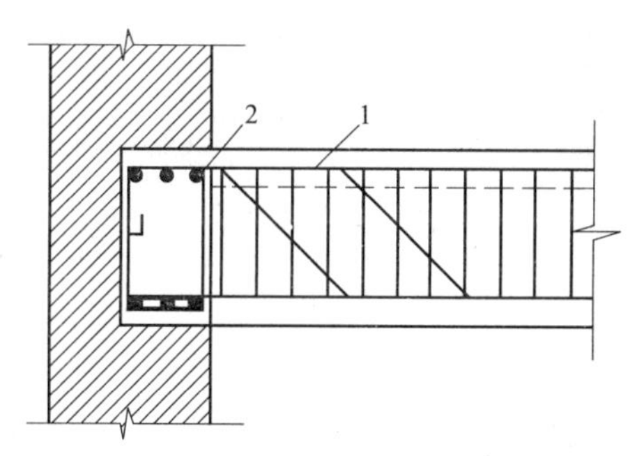

图 4-17　主梁与垫梁交叉处钢筋的放置

1—主梁钢筋；2—垫梁钢筋

（9）框架节点处钢筋穿插十分稠密时，应特别注意梁顶面主筋间的净距要有 30mm，以利浇筑混凝土。

（10）箍筋在叠合处的弯钩，在梁中应交错绑扎，箍筋弯钩为 135°，平直部分长度为 $10d$，如做成封闭箍时，单面焊缝长度为 $5d$。

（11）梁端第一个箍筋应设置在距离柱节点边缘 50mm 处。梁端与柱交接处箍筋应加密，其间距与加密区长度均要符合设计要求。

（12）在主、次梁受力筋下均应垫垫块（或塑料卡），保证保护层的厚度。受力筋为双排时，可用短钢筋垫在两层钢筋之间，钢筋排距应符合设计要求。

## 4.4.5　板钢筋绑扎

（1）清理模板上面的杂物，用粉笔在模板上划好主筋、分布筋间距。

（2）按划好的间距，先摆放受力主筋、后放分布筋。预埋件、电线管、预留孔等及时配合安装。

（3）在现浇板中有板带梁时，应先绑板带梁钢筋，再摆放板钢筋。

（4）绑扎板筋时一般用顺扣或八字扣，除外围两根钢筋的相交点应全部绑扎外，其余各点可交错绑扎（双向板相交点需全部绑扎）。如板为双层钢筋，两层钢筋之间须加钢筋撑脚。以确保上部钢筋的位置。负弯矩钢筋每个相交点均要绑扎。

（5）在钢筋的下面垫好砂浆垫块，间距 1.5m。垫块的厚度等于保护层厚度，应满足设计要求，如设计无要求时，板的保护层厚度应为 15mm。钢筋搭接长度与搭接位置的要求与前面所述梁相同。

### 4.4.6 现浇悬挑雨篷钢筋绑扎

雨篷板为悬挑式构件，其板的上部受拉、下部受压。所以，雨篷板的受力筋配置在构件断面的上部，并将受力筋伸进雨篷梁内，如图 4-18 所示。

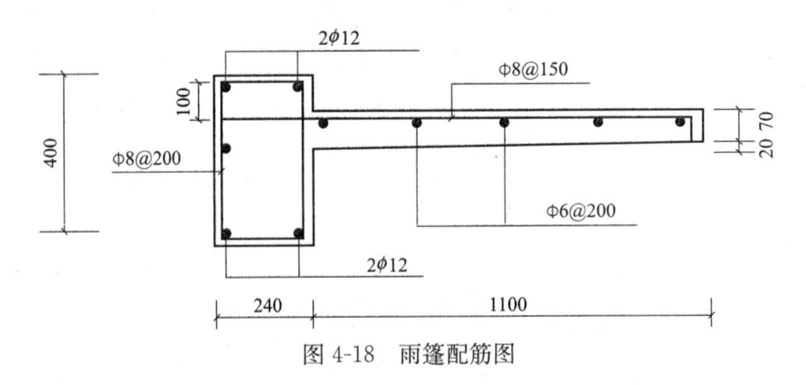

图 4-18 雨篷配筋图

其绑扎注意事项如下：

（1）主、负筋位置应摆放正确，不可放错。

（2）雨篷梁与板的钢筋应保证锚固尺寸。

（3）雨篷钢筋骨架在模内绑扎时，严禁脚踩在钢筋骨架上进行绑扎。

（4）钢筋的弯钩应全部向内。

（5）雨篷板的上部受拉，故受力筋在上，分布筋在下，切勿颠倒。

（6）雨篷板双向钢筋的交叉点均应绑扎，钢丝方向成八字形。

（7）应垫放足够数量的钢筋撑脚，确保钢筋位置的准确。

（8）高处作业时要注意安全。

### 4.4.7 肋形楼盖钢筋绑扎

（1）处理好主梁、次梁、板三者的关系。

（2）纵向受力钢筋采用双排布置时，两排钢筋之间应垫以直径≥25mm 的短钢筋，用以保持其间距一致。

（3）箍筋的接头须交错布置在两根架立钢筋上。

（4）应严格控制板上的负弯矩筋位置，避免被踩踏下移。

（5）板、次梁与主梁的交叉处，板的钢筋在上，次梁的钢筋居中，主梁的钢筋在下。若有圈梁或垫梁与主梁连接，则主梁的钢筋在上。

### 4.4.8 楼梯钢筋绑扎

楼梯钢筋骨架一般是在底模板支设后进行绑扎，如图 4-19 所示。

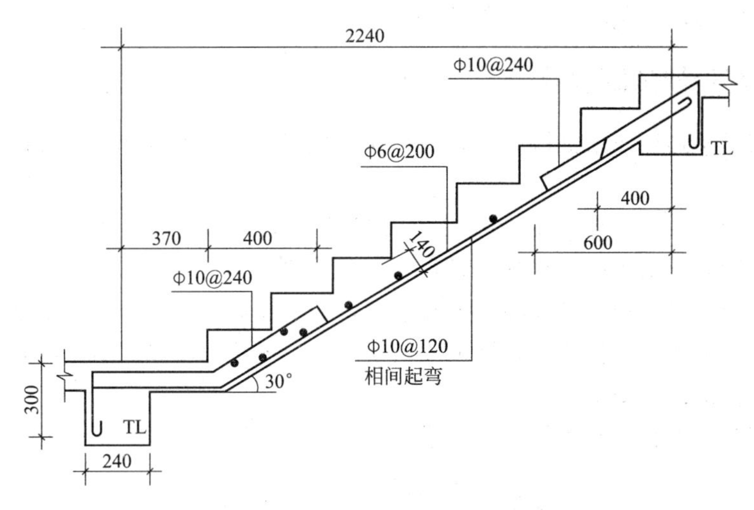


图 4-19 现浇钢筋混凝土楼梯配筋图

（1）在楼梯底板上划主筋和分布筋的位置线。

（2）钢筋的弯钩应全部向内，不准踩在钢筋骨架上进行绑扎。

（3）根据设计图纸中主筋、分布筋的方向，先绑扎主筋后绑扎分布筋，每个交点均应绑扎。如有楼梯梁时，先绑梁后绑板筋。板筋要锚固到梁内。

（4）底板筋绑完，待踏步模板吊绑支好后，再绑扎踏步钢筋。主筋接头数量和位置均要符合设计和施工质量验收规范的规定。

### 4.4.9 钢筋网片预制绑扎

钢筋网片的预制绑扎多用于小型构件。此时，钢筋网片的绑扎多在平地上或工作台上进行，其绑扎形式如图 4-20 所示。为防止在运输、安装过程中发生歪斜、变形，大型钢筋网片的预制绑扎，应采用加固钢筋在斜向拉结，其形式如图 4-21 所示。一般大型钢筋网片预制绑扎的操作程序为：平地上画线→摆放钢筋→绑扎→临时加固钢筋的绑扎。

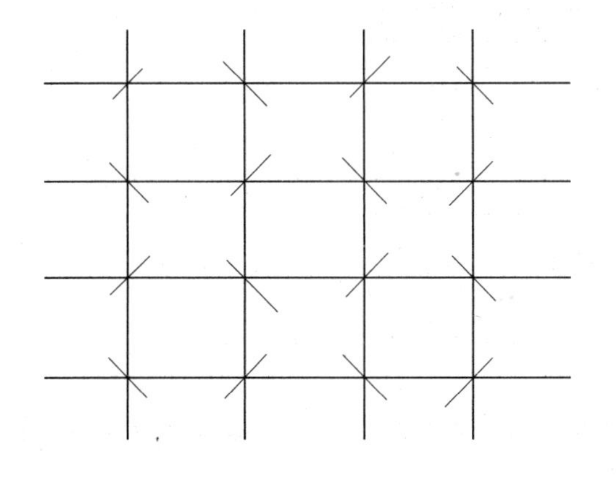

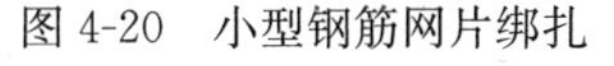

图 4-20 小型钢筋网片绑扎

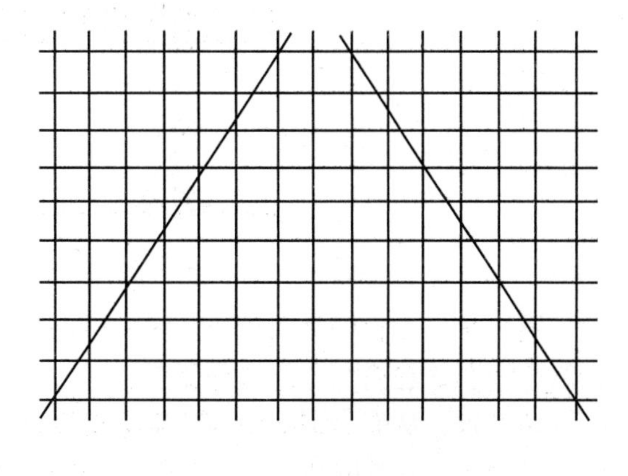

图 4-21 大片钢筋网的预制

钢筋网片若为单向主筋时，只需将外围两行钢筋的交叉点逐点绑扎，而中间部位的交叉点可隔根呈梅花状绑扎；若为双向主筋时，应将全部的交叉点绑扎牢固。相邻绑扎点的钢丝扣要成八字形，以免网片歪斜变形。

### 4.4.10 钢筋骨架预制绑扎

绑扎钢筋骨架必须使用钢筋绑扎架，钢筋绑扎架构造是否合理，将直接影响绑扎效率及操作安全。

绑扎轻型骨架（如小型过梁等）时，一般选用单面或双面悬挑的钢筋绑扎架。这种绑扎架的钢筋和钢筋骨架，在绑扎操作时其穿、取、放、绑扎都比较方便。绑扎重型钢筋骨架时，可用两个三脚架担一光面圆钢组成一对，并由几对三脚架组成一组钢筋绑扎架。由于这种绑扎架是由几个单独的三脚架组成，使用比较灵活，可以调节高度和宽度，稳定性也较好，故可保证操作安全。

钢筋骨架预制绑扎操作步骤（以大梁为例）如图 4-22 所示。

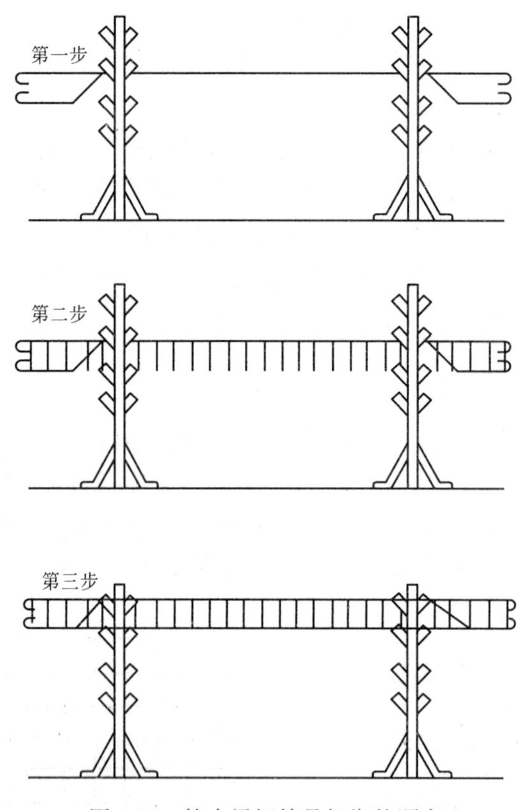


图 4-22 简支梁钢筋骨架绑扎顺序

第一步，布置钢筋绑扎架，安放横杆，并将梁的受拉钢筋和弯起筋置于横杆上。受拉钢筋弯钩和弯起筋的弯起部分朝下。

第二步，从受力钢筋中部往两边按设计要求标出箍筋的间距，将全部箍筋自受力钢筋的一端套入，并按间距摆开，与受力钢筋绑扎好。

第三步，绑扎架立钢筋。升高钢筋绑扎架，穿入架立钢筋，并随即与箍筋绑扎牢固。抽去横杆，钢筋骨架落地、翻身即为预制好的大梁钢筋骨架。

## 4.5 绑扎钢筋网、架安装

单片或单个预制钢筋网、架的安装比较简单，只需在钢筋入模后，按照规定的保护层厚度垫好垫块，便可进行下一道工序。但当多片或是多个预制的钢筋网、架在一起组合使用时，则需注意节点相交处的交错和搭接。

钢筋网与钢筋骨架宜分段（块）安装，其分段（块）的大小、长度宜按结构配筋、施工条件、起重运输能力确定。一般，钢筋网的分块面积为 6～20m²；钢筋骨架的分段长度为 6～12m。

预制好的钢筋网、架，从绑扎点运到安装地点的过程中，为防止钢筋网、架产生较大变形，应采取临时加固措施，如图 4-23、图 4-24 所示。

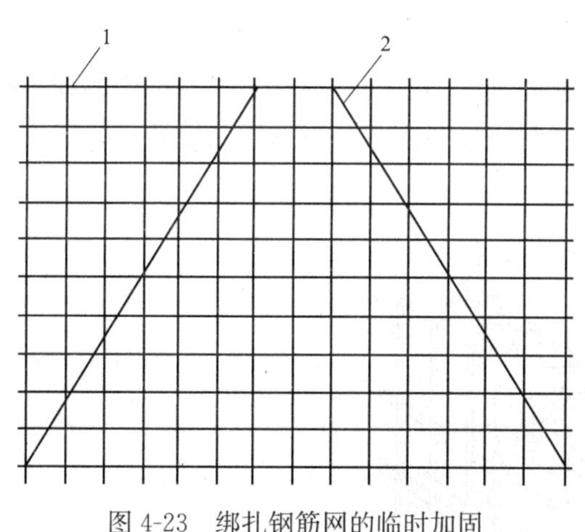


图 4-23　绑扎钢筋网的临时加固

1—钢筋网；2—加固筋

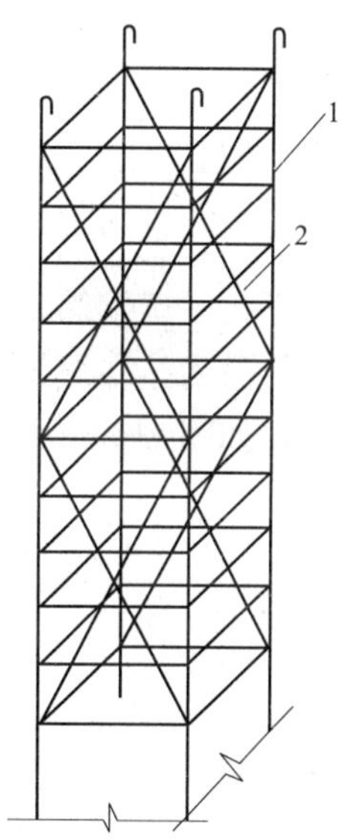


图 4-24　绑扎骨架的临时加固

1—钢筋骨架；2—加固筋

可采用钢筋运输车（图 4-25）进行运输。该种车型长 6m，宽约 0.8m，车轮是用架子车底盘加固改装的，载重量大，车架用钢管焊制而成，如果运输更长的钢筋，车架两端还可插上“⊓”形钢管，使车身接长。可见该车适合于钢筋骨架和长钢筋的运输，如果横向再作临时加宽（绑几根横杆即可），则还可运输较大的预制钢筋网片。

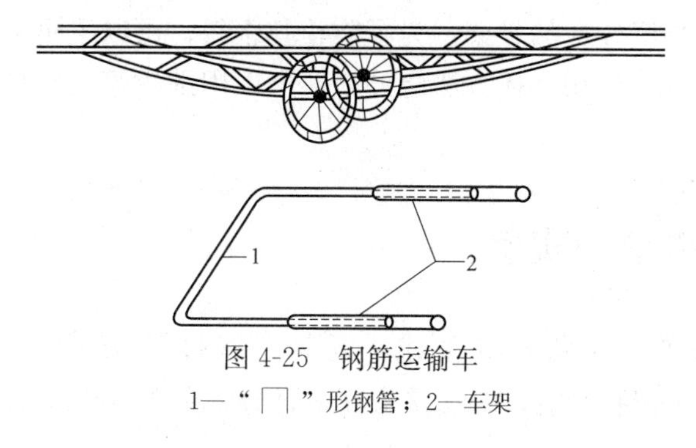


图 4-25　钢筋运输车

1—“⊓”形钢管；2—车架

确定好节点和吊装方法。吊装节点应根据大小、形状、重量及刚度来确定；起吊节点由施工员确定。宽度大于 1m 的水平钢筋网应采用四点起吊；跨度小于 6m 的钢筋骨架应采用二点起吊。跨度大、刚度差的钢筋骨架应采用横吊梁（铁扁担）四点起吊，如图 4-26 所示。

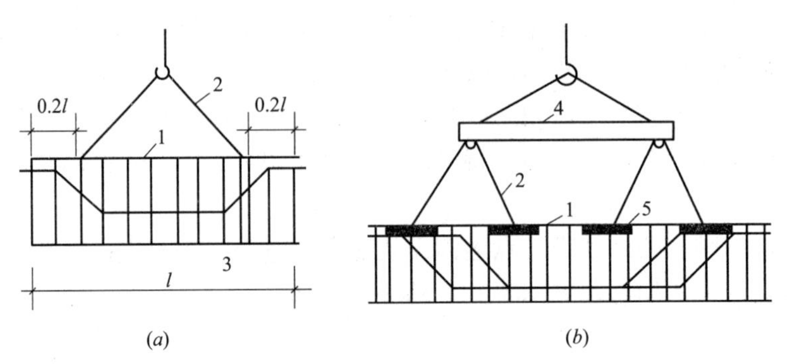


图 4-26　钢筋骨架的绑扎起吊

（a）二点绑扎；（b）采用铁扁担四点起吊

1—钢筋骨架；2—吊索；3—兜底索；4—铁扁担；5—短钢筋

为了保证在吊运钢筋骨架时，吊点处钩挂的钢筋不变形，应在钢筋骨架内的挂吊钩处设短钢筋，将吊钩挂在短钢筋上，这样既可以有效地防止骨架变形，又能防止骨架中局部钢筋的变形，如图 4-27 所示。

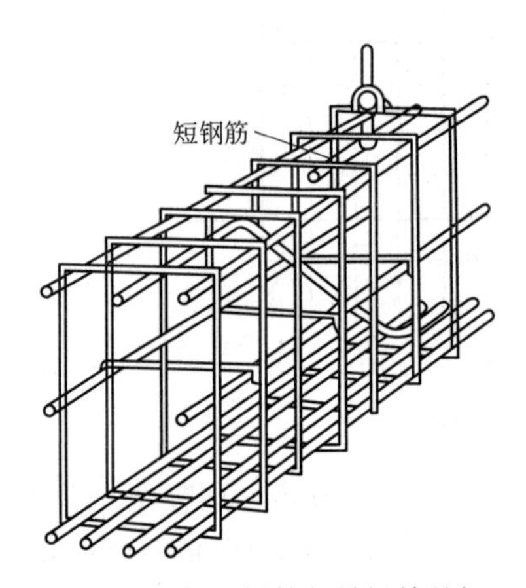


图 4-27　加短钢筋起吊钢筋骨架

另外，在搬运大钢筋骨架时，还需根据骨架的刚度情况，决定骨架在运输过程中的临时加固措施。如截面高度较大的骨架，为了防止其歪斜，可以采用细钢筋进行拉结；柱骨架的刚度比较小，故除了采用上述方法之外，还可以用细竹竿、杉杆等临时绑扎加固。

## 4.6　钢筋绑扎搭接的实例

**【例 4-1】** 某构件无抗震设防要求，混凝土强度等级 C25，纵向受压钢筋采用 HRB335（Ⅱ）级 $\phi$18 带肋钢筋，绑扎接头面积百分率介于 60%，试确定其搭接长度。

解：最小搭接长度＝45$d$×1.35×0.7＝42.525$d$＝765.45mm。

钢筋每个接头可按增加800mm长度备料。

**【例4-2】** 某构件二级抗震等级，混凝土强度等级C35，纵向受拉钢筋采用RRB400（Ⅲ）级$\phi$28环氧树脂涂层钢筋，绑扎接头面积百分率介于40％，试确定其搭接长度。

解：最小搭接长度＝40$d$×1.2×1.1×1.25×1.15＝75.9$d$＝2126mm。

钢筋每个接头可按增加2150mm长度备料。

**【例4-3】** 某无垫层基础梁构件，最小混凝土保护层厚度70mm，按3级抗震等级要求设防，混凝土强度等级C30，纵向受拉钢筋采用HRB400（Ⅲ）级$\phi$22带肋钢筋，绑扎接头面积百分率40％，试确定其搭接长度。

解：最小搭接长度＝40$d$×1.2×0.8×1.05＝40.32$d$＝887.04mm。

钢筋每个接头可按增加900mm长度备料。

# 5 钢筋连接施工安全技术

## 5.1 钢筋加工机械操作安全技术

**1. 一般规定**

（1）机械上不准堆放物件，以防机械震动时落入机体内。

（2）钢筋装入压滚，手与滚筒应保持一定距离；机器运转中不得调整滚筒；严禁戴手套操作。

（3）钢筋调直到末端时，人员必须躲开，以防甩动伤人。

（4）短于2m或直径大于9mm的钢筋调直，应低速加工。

**2. 钢筋调直切断机安全操作技术**

（1）料架、料槽应安装平直，对准导向筒、调直筒及下切刀孔的中心线。

（2）用手转动飞轮，检查传动机构及工作装置，调整间隙，紧固螺栓，确定正常后才可启动空运转；检查轴承应无异响，齿轮啮合良好，等运转正常后才能作业。

（3）按照所调直钢筋的直径，选用适当的调直块以及传动速度，经调试合格才能送料。

（4）在调直块没有固定、防护罩没有盖好前不能送料。作业中，禁止打开各部防护罩也不可调整间隙。

（5）在钢筋送入后，手与曳引轮一定要保持一定距离，不许接近。

（6）送料前应将不直的料切去，导向筒前应装一根1m长的钢管，钢筋一定要先穿过钢管，再送入调直机前端的导孔内。

（7）作业后，应松开调直筒的调直块并使其回到原来的位置，同时预压弹簧一定要回位。

**3. 钢筋弯曲机安全操作技术**

（1）钢筋要贴紧挡板，注意放入插头的位置和回转方向，不得错开。

（2）弯曲长钢筋，应有专人扶住，并站在钢筋弯曲方向的外面，互相配合，不得拖拉。

（3）调头弯曲时，应防止碰撞人和物；若需更换插头、加油或清理，须在停机后进行。

（4）不能戴手套操作。

**4. 钢筋切断机安全操作技术**

（1）机械运转正常，方准断料。断料时，手与刀口距离不得少于15cm；活动刀片前进时禁止送料。

（2）切断钢筋时禁止采用超过机械的负载能力。切断低合金钢等特种钢筋时，应用高硬度刀片。

(3) 切长钢筋时应有专人扶住，操作时动作要一致，不得任意拖拉；切短钢筋须用套管或钳子夹料，不得用手直接送料。

(4) 切断机旁应设放料台；机械运转中，严禁用手直接清除刀口附近的短头和杂物；在钢筋摆动范围和刀口附近，非操作人员不得停留。

(5) 不能在运转未定妥时清擦机械。

**5. 预应力钢筋拉伸设备安全操作技术**

(1) 在采用钢模配套张拉时，两端应有地锚，并须配有卡具、锚具，钢筋两端要有镦头。场地外两端外侧须有防护栏杆及警告标志。

(2) 检查卡具、锚具以及被拉钢筋两端镦头，若有裂纹或破损，须及时修复或更换。

(3) 空载运转时，应校正千斤顶及压力表的指示吨位，对比张拉钢筋所需吨位以及延伸长度。检查油路应无泄漏，确认正常后，才能作业。

(4) 作业中操作应平稳、均匀，张拉时两端不许站人。拉伸机在有压力情况下，禁止拆卸液压系统中的任何零件。张拉时，不许用手摸或脚踩钢筋或钢丝。

(5) 在测量钢筋的伸长或拧紧螺母时，应先停止拉伸，操作人员一定要站在侧面操作。

(6) 用电热张拉法带电操作时，应穿绝缘胶鞋及戴绝缘手套。

(7) 作业后应切断电源，锁好电闸箱，将千斤顶全部卸荷，并将拉伸设备放在指定地点进行保养。

## 5.2 钢筋焊接安全技术

**1. 预防触电**

在焊接工作中所用的设备大都采用 380V 或 220V 的网路电压，空载电压一般也在 60V以上。所以焊工首先要防止触电。特别是在阴雨天或潮湿的地方工作更要注意防护。预防触电的措施有以下几个方面：

(1) 焊接中使用的各种设备，包括点焊机、对焊机、弧焊变压器、电渣压力焊机、埋弧压力焊机等机壳的接地必须良好。

(2) 焊接设备的安装、修理和检查必须由电工进行。焊机在使用中发生故障，焊工应立即切断电源，通知电工检查修理。焊工不得随意拆修焊接设备。

(3) 焊工推拉闸刀时，头部不要正对电闸，防止因短路造成的电弧火花烧伤面部，必要时应戴绝缘手套。

(4) 电焊钳应有可靠的绝缘。焊接完毕后，电焊钳要放在可靠的地方，再切断电源。电焊钳的握柄必须是电木、橡胶、塑料等绝缘材料制成。

(5) 焊接电缆必须绝缘良好，不要把电缆放在电弧附近或炽热的焊缝上，防止高温损坏绝缘层。电缆要避免碰撞磨损，防止破皮，有破损的地方应立即修好或更换。

(6) 更换焊条时要戴好防护手套。夏天因天热出汗，工作服潮湿时注意不要靠在钢板上，避免触电。

（7）工作中当有人触电时，不要赤手拉触电者，应迅速切断电源。如触电者已处于昏迷状态，要立即施行人工呼吸，并尽快送往医院抢救。

**2. 保护眼睛和皮肤**

（1）闪光对焊时，要预防闪光飞溅物溅入眼睛，应戴防护眼镜。

（2）电弧焊时要预防电弧光的伤害。焊接电弧产生的紫外线对焊工的眼睛和皮肤具有较大的刺激性，稍不注意就容易引起电光性眼炎和皮肤灼伤。

**3. 防止高空坠落**

（1）患有高血压、心脏病、癫痫病与肺结核等病症者以及酒后者，均不得高空作业。

（2）雨天、雪天和五级以上的大风天，无可靠防护措施，禁止高空作业。

（3）登高作业时，须首先检查攀登物是否牢固，然后再攀登。

（4）高空作业时，要使用标准的防火安全带、安全帽，并系紧戴牢，还应穿胶底鞋。如用安全绳，长度不可超过 2m。

（5）使用的梯子，跳板和脚手架应安全可靠。脚手架要有扶手，工作时要站牢把稳。

（6）不要用高频引弧器，以防麻电，失足坠落摔伤。

**4. 防止急性中毒**

（1）在焊接作业点装设局部排烟装置。

（2）在容器、管道内或地沟里进行焊接作业时，应有专人看护或两人轮焊（即一个工作，一个看护），如发现异常情况，可及时抢救。最好是在焊工身上再系一条牢靠的安全绳，另一端系个铜铃于容器外，一旦发生情况，可以铃为信号，而绳子又可作为救护工具。

（3）对有毒和可燃介质的容器进行带压不置换动火时，焊工应戴防毒面具，而且应在上风侧操作；采取置换作业补焊时，在焊工进入前，对容器内空气进行化验，必须保持含氧量在 19％～21％范围内，有毒物质的含量应符合《工业企业设计卫生标准》的规定。

（4）为消除焊接过程产生的窒息性和其他有毒气体的危害，应加强机械通风，稀释毒物的浓度。可根据作业点空间大小、空气流动和烟尘、毒气的浓度等，可采取局部通风换气和全面通风换气。

**5. 预防焊接有害因素**

所有焊接操作都会产生有害气体和粉尘两种污染，其中明弧焊问题较大。明弧焊还存在弧光辐射的危害；采用高频振荡器引弧有高频电磁场危害，钍钨棒电极有放射性危害，等离子流以 10000m/min 的速度从喷枪口高速喷射出来时有噪声危害等。焊接发生的这些有害因素与所采用的焊接方法、焊接工艺规范、焊接材料及作业环境等因素有关。我们应当根据具体的情况，采取必要的劳动卫生防护措施。

（1）焊接烟尘和有毒气体的防护

1）通风措施：采取通风防护措施，可大大降低焊接烟尘和有毒气体的浓度，使其达到或接近国家卫生标准要求。

2）加强个人防护措施：除了口罩（包括送风口罩和分子筛除臭口罩）等常用的一般防护用品外，在通风不易解决的场合，如封闭容器内焊接作业，应采用通风焊帽等特殊防护用品。

3）改革工艺和改进焊接材料：改革工艺和改进焊接材料也是一项主要措施。如实行机械化、自动化，就可降低工人的劳动强度、提高劳动生产率及减少焊工与毒性物质接触的机会；通过研制改进焊接材料，使焊接过程中产生的烟和气降低，符合卫生标准要求。这是消除焊接烟尘和有毒气体危害的根本措施。

(2) 弧光辐射的防护

为了保护眼睛不受电弧的伤害，焊接时必须使用镶有特制防护眼镜片的面罩。

防护镜片有两种，一种是有吸水式滤光镜片；另一种是反射式防护镜片。滤光镜片有几种牌号，可根据焊接电流强度和个人眼睛情况，进行选择。

为防止弧光灼伤皮肤，焊工必须穿好工作服、戴好手套和鞋盖等。工作服应用表面平整、反射系数大的纺织品制作。决不允许卷起袖口，穿短袖衣及敞开衣领等进行电弧焊操作。

(3) 放射性物质防护

焊接放射性防护，主要是防止含钍的粉尘和气溶胶进入体内。

(4) 噪声的防护

1) 焊工应佩戴隔声耳罩或隔声耳塞等防护工具。

2) 在房屋结构、设备等部分采用吸声和隔声材料。

3) 研制和采用适合于焊枪喷口部位的小型消声器。

4) 噪声强度与工作气体的流量等有关，在保证焊接工艺和质量要求的前提下，应选择低噪声的工作参数。

(5) 高频电磁场防护措施

1) 焊件接地良好，可大大降低高频电流。焊接地点距焊件越近，越能降低高频电流，这是因为焊把对地的脉冲高频电位得到降低的缘故。

2) 电焊软线和焊枪装设屏蔽。因脉冲高频电是通过空间与手把的电容耦合到人体身上的，加装接地、屏蔽能使高频电场局限在屏蔽内，从而大大减少对人体的影响。

3) 在不影响使用的前提下，降低振荡器频率。脉冲高频电的频率越高，通过空气和绝缘体的能力越强，对人体影响越大。因此，降低频率能使情况有所改善。

4) 减少高频电的持续时间，即在引弧后，立即切断振荡器线路。

**6. 现场焊接安全**

(1) 搬动钢筋时，要小心谨慎，防止由于摔、跌、碰、撞，造成人身事故。同时要戴好手套，防止钢筋毛刺及棱角划伤皮肤。

(2) 清除焊渣及铁锈、毛刺、飞溅物时，戴好手套和保护眼镜，注意周围工作的人，防止渣壳或飞溅物飞出，造成自己和他人损伤。

(3) 焊工在拖拉焊接电缆、氧气和乙炔胶管时，要注意周围的环境条件，不要用力过猛，拉倒别人或摔伤自己，造成意外事故。

(4) 焊工在高空作业时，应仔细观察焊接处下面有无人和易燃物，防止金属飞溅造成下面人员烫伤或发生火灾。

(5) 氧气胶管、乙炔胶管、焊接电缆要固定好，勿背在肩上。高空作业，要系安全带。焊工用的焊条、清渣锤、钢丝刷、面罩要妥善安放，以免掉下伤人。

(6) 钢筋焊接附近，不得堆放易燃、易爆物品。

# 参 考 文 献


[1] 国家标准．钢筋混凝土用钢 第1部分：热轧光圆钢筋 GB 1499.1—2008 [S]. 北京：中国标准出版社，2008.

[2] 国家标准．钢筋混凝土用钢 第2部分：热轧带肋钢筋 GB 1499.2—2007 [S]. 北京：中国标准出版社，2007.

[3] 国家标准．钢筋混凝土用余热处理钢筋 GB 13014—2013 [S]. 北京：中国标准出版社，2013.

[4] 国家标准．冷轧带肋钢筋 GB 13788—2008 [S]. 北京：中国标准出版社，2008.

[5] 行业标准．冷轧扭钢筋 JG 190—2006 [S]. 北京：中国标准出版社，2006.

[6] 行业标准．钢筋连接用灌浆套筒 JG/T 398—2012 [S]. 北京：中国标准出版社，2013.

[7] 行业标准．钢筋连接用套筒灌浆料 JG/T 408—2013 [S]. 北京：中国标准出版社，2013.

[8] 行业标准．钢筋焊接及验收规程 JGJ 18—2012 [S]. 北京：中国建筑工业出版社，2012.

[9] 行业标准．钢筋焊接接头试验方法标准 JGJ/T 27—2014 [S]. 北京：中国建筑工业出版社，2014.

[10] 行业标准．钢筋机械连接技术规程 JGJ 107—2016 [S]. 北京：中国建筑工业出版社，2016.

[11] 行业标准．钢筋套筒灌浆连接应用技术规程 JGJ 355—2015 [S]. 北京：中国建筑工业出版社，2015.

[12] 上官子昌．钢筋连接操作细节 [M]. 北京：机械工业出版社，2011.

[13] 徐有邻，吴晓星．滚轧直螺纹钢筋连接技术应用指南 [M]. 北京：化学工业出版社，2005.

[14] 高崇云．钢筋连接技术 [M]. 江苏：江苏人民出版社，2011.

[15] 林振伦，张云．钢筋焊接网混凝土结构实用技术指南 [M]. 北京：中国建筑工业出版社，2008.